U0372750

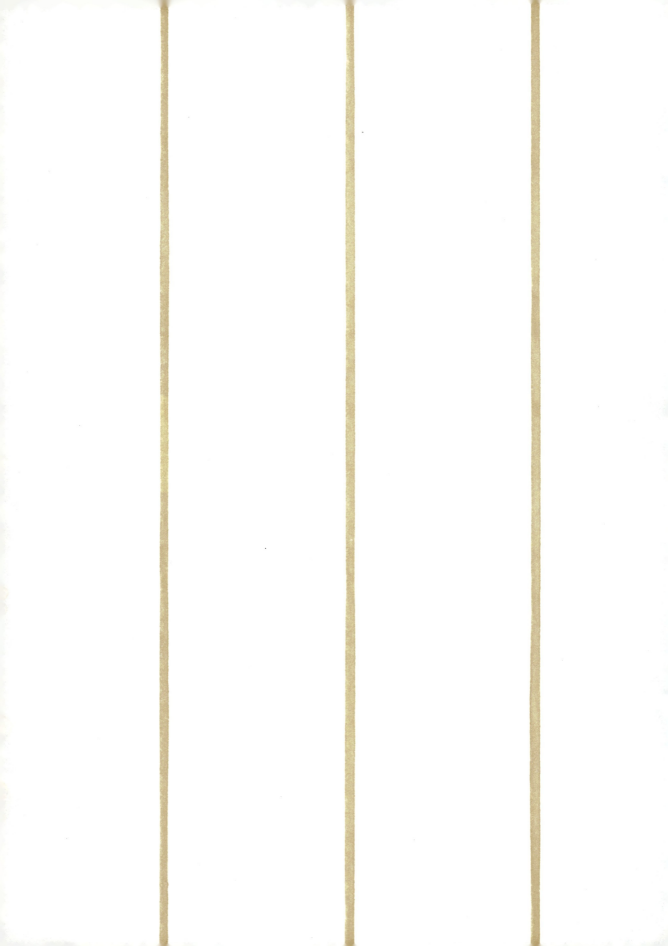

普通高等教育土建学科专业"十二五"规划教材
全国高职高专教育土建类专业教学指导委员会规划推荐教材

建筑工程计量与计价
（第三版）

（土建类专业适用）

本教材编审委员会组织编写
王武齐 主编
王春宁 左 涛 主审

中国建筑工业出版社

图书在版编目（CIP）数据

建筑工程计量与计价/王武齐主编. —3 版. —北京：中国建筑工业出版社，2012.11

普通高等教育土建学科专业"十二五"规划教材. 全国高职高专教育土建类专业教学指导委员会规划推荐教材（土建类专业适用）

ISBN 978-7-112-14832-5

Ⅰ. ①建… Ⅱ. ①王… Ⅲ. ①建筑工程-计量-教材②建筑造价-教材 Ⅳ. ①TU723.3

中国版本图书馆 CIP 数据核字（2012）第 255317 号

本书根据住房和城市建设部 2008 年颁发的建设工程工程量清单计价规范编写。内容包括：概述、建筑工程定额、人工、材料、机械台班单价、建筑工程费用组成、建筑工程工程量计算、建筑工程费用计算、工程结算。重点介绍建筑工程工程量计算及费用计算的基本方法，并有实例。每章后附有习题。

本书为高等职业技术学院建筑工程类专业教材，也可作为从事工程造价工作的专业人员参考。

* * *

责任编辑：朱首明　刘平平
责任设计：陈　旭
责任校对：刘梦然　赵　颖

普通高等教育土建学科专业"十二五"规划教材
全国高职高专教育土建类专业教学指导委员会规划推荐教材
建筑工程计量与计价（第三版）
（土建类专业适用）
本教材编审委员会组织编写
王武齐　主编
王春宁　左　涛　主审

*

中国建筑工业出版社出版、发行（北京西郊百万庄）
各地新华书店、建筑书店经销
霸州市顺浩图文科技发展有限公司制版
北京同文印刷有限责任公司印刷

*

开本：787×1092 毫米　1/16　印张：19¼　字数：440 千字
2013 年 2 月第三版　2014 年 11 月第二十六次印刷
定价：35.00 元
ISBN 978-7-112-14832-5
(22892)

版权所有　翻印必究
如有印装质量问题，可寄本社退换
（邮政编码　100037）

修订版教材编审委员会名单

主　任：赵　研

副主任：危道军　胡兴福　王　强

委　员（按姓氏笔画为序）：

丁天庭　于　英　卫顺学　王付全　王武齐
王春宁　王爱勋　邓宗国　左　涛　石立安
占启芳　卢经杨　白　俊　白　峰　冯光灿
朱首明　朱勇年　刘　静　刘立新　池　斌
孙玉红　孙现申　李　光　李社生　杨太生
何　辉　张　弘　张　伟　张若美　张学宏
张鲁风　张瑞生　吴承霞　宋新龙　陈东佐
陈年和　武佩牛　林　密　季　翔　周建郑
赵琼梅　赵慧琳　胡伦坚　侯洪涛　姚谨英
夏玲涛　黄春蕾　梁建民　鲁　军　廖　涛
熊　峰　颜晓荣　潘立本　薛国威　魏鸿汉

本教材编审委员会名单

主　任： 杜国城

副主任： 杨力彬　张学宏

委　员（按姓氏笔画为序）：

丁天庭　于　英　王武齐　危道军　朱勇年

朱首明　杨太生　林　密　周建郑　季　翔

胡兴福　赵　研　姚谨英　葛若东　潘立本

魏鸿汉

修订版序言

本套教材第一版是 2003 年由原土建学科高职教学指导委员会根据"研究、咨询、指导、服务"的工作宗旨，本着为高职土建施工类专业教学提供优质资源、规范办学行为、提高人才培养质量的原则，在对建筑工程技术专业人才培养方案进行深入研究、论证的基础上，组织全国骨干高职高专院校的优秀编者按照系列开发建设的思路编写的，首批编写了《建筑识图与构造》、《建筑材料》、《建筑力学》、《建筑结构》、《地基与基础》、《建筑施工技术》、《高层建筑施工》、《建筑施工组织》、《建筑工程计量与计价》、《建筑工程测量》、《工程项目招投标与合同管理》等 11 门主干课程教材。本套教材自 2004 年面世以来，被全国有关高职高专院校广泛选用，得到了普遍赞誉，在专业建设、课程改革和日常教学中发挥了重要的作用，并于 2006 年全部被评为国家及建设部"十一五"规划教材。在此期间，按照构建理论和实践两个课程体系，根据人才培养需求不断拓展系列教材涵盖面的工作思路，又编写完成了《建筑工程识图实训》、《建筑施工技术管理实训》、《建筑施工组织与造价管理实训》、《建筑工程质量与安全管理实训》、《建筑工程资料管理实训》、《建筑工程技术资料管理》、《建筑法规概论》、《建筑 CAD》、《建筑工程英语》、《建筑工程质量与安全管理》、《现代木结构工程施工与管理》、《混凝土与砌体结构》等 12 门课程教材，使本套教材的总量达到 23 部，进一步完善了教材体系，拓宽了适用领域，突出了适应性和与岗位对接的紧密程度，为各院校根据不同的课程体系选用教材提供了丰厚的教学资源，在 2011 年 2 月又全部被评为住房和城乡建设部"十二五"规划教材。

本次修订是在 2006 年第一次修订之后组织的第二次系统性的完善建设工作，主要目的是为了适应专业建设发展的需要，适应课程改革对教材提出的新要求，及时吸取新标准、新技术、新材料和新的管理模式，更好地为提高学校的人才培养质量服务。为了确保本次修订工作的顺利完成，土建施工类专业分指导委员会会同中国建筑工业出版社于 2011 年 9 月在西安市召开了专门的工作会议，就本次教材修订工作进行了深入的研究、论证、协商和部署。本次修订工作是在认真组织前期论证、广泛征集使用院校意见、紧密结合岗位需求、及时跟进专业和课程改革进程的基础上实施的。在整体修订方案的框架内，各位主编均提出了明确和细致的修订方案、切实可行的工作思路和进度计划，为确保修订质量提供了思想和技术方面的保障。

修订版序言

今后，要继续坚持"保持先进、动态发展、强调服务、不断完善"的教材建设思路，不片面追求在教材版次上的整齐划一，根据实际情况及时对具备修订条件的教材进行修订和完善，以保证本套教材的生命和活力，同时还要在行动导向课程教材的开发建设方面积极探索，在专业专门化方向及拓展课程教材编写方面有所作为，使本套教材在适应领域方面不断扩展，在适应课程模式方面不断更新，在课程体系中继续上下延伸，不断为提高高职土建施工类专业人才培养质量做出贡献。

全国高职高专教育土建类专业教学指导委会
土建施工类专业分指导委员会
2012 年 5 月

序·言

高等学校土建学科教学指导委员会高等职业教育专业委员会（以下简称土建学科高等职业教育专业委员会）是受教育部委托并接受其指导，由建设部聘任和管理的专家机构。其主要工作任务是，研究如何适应建设事业发展的需要设置高等职业教育专业，明确建设类高等职业教育人才的培养标准和规格，构建理论与实践紧密结合的教学内容体系，构筑"校企合作、产学结合"的人才培养模式，为我国建设事业的健康发展提供智力支持。在建设部人事教育司的领导下，2002年，土建学科高等职业教育专业委员会的工作取得了多项成果，编制了土建学科高等职业教育指导性专业目录；在"建筑工程技术"、"工程造价""建筑装饰技术"、"建筑电气技术"等重点专业的专业定位、人才培养方案、教学内容体系、主干课程内容等方面取得了共识；制定了建设类高等职业教育专业教材编审原则；启动了建设类高等职业教育人才培养模式的研究工作。

近年来，在我国建设类高等职业教育事业迅猛发展的同时，土建学科高等职业教育的教学改革工作亦在不断深化之中，对教育定位、教育规格的认识逐步提高；对高等职业教育与普通本科教育、传统专科教育和中等专业教育在类型、层次上的区别逐步明晰；对必须背靠行业、背靠企业，走校企合作之路，逐步加深了认识。但由于各地区的发展不尽平衡，既有理论又能实践的"双师型"教师队伍尚在建设之中等原因，高等职业教育的教材建设对于保证教育标准与规格，规范教育行为与过程，突出高等职业教育特色等都有着非常重要的现实意义。

"建筑工程技术"专业（原"工业与民用建筑"专业）是建设行业对高等职业教育人才需求量最大的专业，也是目前建设类高职院校中在校生人数最多的专业。改革开放以来，面对建筑市场的逐步建立和规范，面对建筑产品生产过程科技含量的迅速提高，在建设部人事教育司和中国建设教育协会的领导下，对该专业进行了持续多年的改革。改革的重点集中在实现三个转变，变"工程设计型"为"工程施工型"，变"粗坯型"为"成品型"，变"知识型"为"岗位职业能力型"。在反复论证人才培养方案的基础上，中国建设教育协会组织全国各有关院校编写了高等职业教育"建筑施工"专业系列教材，于2000年12月由中国建筑工业出版社出版发行，受到全国同行的普遍好评，其中《建筑构造》、《建筑结构》和《建筑施工技术》被教育部评为普通高等教育"十五"国家级规划教材。土建学科高等职业教育专业委员会成立之后，根据当前建设类高职院校对"建筑工程技术"专业教材的迫

序言

切需要；根据新材料、新技术、新规范急需进入教学内容的现实需求，积极组织全国建设类高职院和建筑施工企业的专家，在对该专业课程内容体系充分研讨论证之后，在原高等职业教育"建筑施工专业"系列教材的基础上，组织编写了《建筑识图与构造》、《建筑力学》、《建筑结构》（第二版）、《地基与基础》、《建筑材料》、《建筑施工技术》（第二版）、《建筑施工组织》、《建筑工程计量与计价》、《建筑工程测量》、《高层建筑施工》、《工程项目招投标与合同管理》等11门主干课程教材。

教学改革是一个不断深化的过程，教材建设是一个不断推陈出新的过程，希望这套教材能对进一步开展建设类高等职业教育的教学改革发挥积极的推进作用。

土建学科高等职业教育专业委员会
2003年7月

修订版前言

为适应建设工程的实际需要，2008年中华人民共和国住房和城乡建设部在《建设工程工程量清单计价规范》（GB 50500—2003）的基础上修订并颁发了《建设工程工程量清单计价规范》（GB 50500—2008），本教材根据新颁发的计价规范在本教材第二版的基础上进行了修订。

由于本教材的内容和体系符合教学和实际工作的需要未作改动，主要对第四章、第五章、第六章按照新规范的要求进行了较大的修改，其他各章仅作局部修改，具体内容如下：

1. 对全书涉及新规范变化的内容，按照新规范进行全面修改。
2. 取消了第八章（计量与计价软件简介）。

本版教材由王武齐（四川建筑职业技术学院副教授）主持全面修改，由左涛（四川省造价管理总站高级工程师）和王春宁（黑龙江建筑职业技术学院高级工程师）主审。

本书在修订过程中，得到了高职高专教育土建类专业指导委员会、中国建筑工业出版社的大力支持，在此一并表示感谢。

前·言

为适应我国市场经济深化改革的需要，满足我国加入 WTO、融入世界大市场的要求，我国造价管理实行了"国家宏观控制，由市场竞争形成价格"的宏观管理政策。本书是根据高等学校土建学科教学指导委员会高等职业教育专业委员会制定的建筑工程技术专业的教育标准、培养方案及该门课程教学基本要求，并按照中华人民共和国建设部新颁发的《建设工程工程量清单计价规范》编写的。

本书有以下主要特点：

1. 内容及体系全新。为适应现在建设工程招投标及工程造价管理改革的需要，本书是建立在建设部新颁发的建设工程工程量清单计价规范的基础之上，按工程量清单计价的内容编写的。全书体系新颖，"建筑工程计价概述"一章介绍工程量清单计价的基本概念及方法，以后各章介绍工程量清单计价各环节的具体内容。

2. 实用性强。本书有很强的实用性和可读性，适合高等职业技术培训的需要。为培养学生动手的综合能力，编写了完整的工程量清单计价实例，并附有插图，易学易懂。

本书由王武齐（四川建筑职业技术学院副教授）主编，并编写第一章、第六章、第五章第五节；丁春静（沈阳建筑工程学院职业技术学院副教授）任副主编，并编写第四章、第七章；李成贞（湖南城建职业技术学院高级讲师）编写第二章、第五章第一～四节；邹蓉（湖北城建职业技术学院高级讲师）编写第三章；陈立生（天津市建筑工程职工大学副教授）编写第八章。

本书由王春宁（黑龙江建筑职业技术学院高级工程师）主审。

本书在编写过程中，参考了有关书籍和资料，得到了高等学校土建学科教学指导委员会高等职业教育专业委员会及中国建筑工业出版社的大力支持，在此一并表示衷心感谢。

由于工程量清单计价规范刚出台，作者对规范内容的理解难以深透，加之水平有限而且时间仓促，书中难免存在不妥之处，敬请读者不吝赐教。

目 录 CONTENTS

第一章 概述 1
 第一节 基本建设概述 3
 第二节 建筑工程计价 7
 第三节 工程量清单计价 9
 复习思考题 18

第二章 建筑工程定额 19
 第一节 建筑工程定额概念及分类 21
 第二节 建筑工程定额组成 25
 第三节 建筑工程定额应用 32
 复习思考题与习题 42

第三章 人工、材料、机械台班单价 43
 第一节 人工单价 45
 第二节 材料预算价格 45
 第三节 施工机械台班单价 50
 复习思考题与习题 53

第四章 建筑工程费用组成 55
 第一节 基本建设费用的组成 57
 第二节 建筑工程费用的组成 61
 复习思考题 69

第五章 建筑工程工程量计算 71
 第一节 概述 73
 第二节 建筑面积计算 75
 第三节 建筑工程工程量计算 84
 第四节 装饰工程工程量计算 149
 第五节 工程量清单编制 165
 复习思考题 230

目录

第六章　建筑工程费用计算 ……………………………………………………… 233
　第一节　分部分项工程费计算 …………………………………………… 235
　第二节　措施费计算 ……………………………………………………… 245
　第三节　其他项目费计算 ………………………………………………… 247
　第四节　规费及税金计算 ………………………………………………… 249
　第五节　建筑工程费用计算实例 ………………………………………… 251
　复习思考题与习题 ………………………………………………………… 278

第七章　工程结算 …………………………………………………………………… 281
　第一节　概述 ……………………………………………………………… 283
　第二节　竣工结算的编制 ………………………………………………… 288
　复习思考题 ………………………………………………………………… 294

参考文献 …………………………………………………………………………… 295

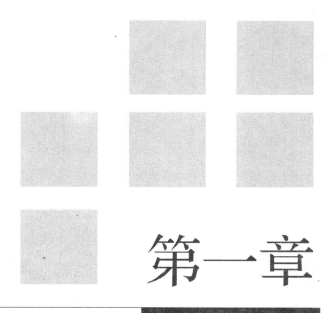

第一章

概 述

学习重点:

1. 基本建设概念、基本建设分类,基本建设项目划分、基本建设造价文件的分类。

2. 建筑工程计价概念及计价模式。

3. 工程量清单计价意义、工程量清单计价概念、计价原则,工程量清单计价依据及程序。

第一章 概述

第一节 基本建设概述

一、基本建设概述

（一）基本建设概念

基本建设是指国民经济各部门固定资产的形成过程。即基本建设是把一定的建筑材料、机器设备等，通过建造、购置和安装等活动，转化为固定资产，形成新的生产能力或使用效益的过程。与此相关的其他工作，如土地征用、房屋拆迁、青苗赔偿、勘察设计、招标投标、工程监理等也是基本建设的组成部分。

（二）基本建设分类

基本建设按其形式及项目管理方式等的不同大致分为以下几类：

1. 按建设形式的不同分类

（1）新建项目，是指新开始建设的基本建设项目，或在原有固定资产的基础上扩大三倍以上规模的建设项目。

（2）扩建项目，是指在原有固定资产的基础上扩大三倍以内规模的建设项目。其建设目的是为了扩大原有生产能力或使用效益。

（3）改建项目，是指对原有设备、工艺流程进行的技术改造，以提高生产效率或使用效益。如某城市由于发展的需要，将原40m宽的道路拓宽改造为90m宽集行车绿化为一体的迎宾大道，就属于改造工程。

（4）迁建项目，是指由于各种原因迁移到另外的地方建设的项目。如某市因城市规模扩大，需将在新市区的化肥厂迁往郊县，就属于迁建项目。这也是基本建设的补充形式。

（5）恢复项目（又称重建项目），是指因遭受自然灾害或战争使得全部报废而投资重新恢复建设的项目。

2. 按建设过程的不同分类

（1）筹建项目，是指在计划年度内正在准备建设还未正式开工的项目。

（2）施工项目（也称在建项目），是指已开工并正在施工的项目。

（3）投产项目，是指建设项目已经竣工验收，并且投产或交付使用的项目。

（4）收尾项目，是指已经竣工验收并投产或交付使用，但还有少量扫尾工作的建设项目。

3. 按资金来源渠道的不同分类

（1）国家投资项目，是指国家预算计划内直接安排的建设项目。

（2）自筹建设项目，是指国家预算以外的投资项目。自筹建设项目又分地方自筹和企业自筹项目。

(3) 外资项目，是指由国外资金投资的建设项目。

(4) 贷款项目，是指通过向银行贷款的建设项目。

4. 按建设规模的不同分类

基本建设按建设规模的不同，分为大型、中型、小型建设项目。一般是按产品的设计能力或全部投资额来划分。财政部财建［2002］394号文规定，基本建设项目竣工财务决算大中小型划分标准为：经营性项目投资额在5000万元（含5000万元）以上、非经营性项目投资额在3000万元（含3000万元）以上的为大中型项目，其他项目为小型项目。

(三) 基本建设项目的划分

为了基本建设工程管理和确定工程造价的需要，基本建设项目划分为建设项目、单项工程、单位工程、分部工程和分项工程五个基本层次。如图1-1所示。

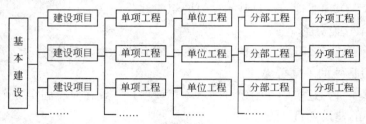

图1-1 基本建设项目划分

1. 建设项目

建设项目是指经过有关部门批准的立项文件和设计任务书，经济上实行独立核算，行政上实行统一管理的工程项目。

一般情况下一个建设单位就是一个建设项目，建设项目的名称一般是以这个建设单位的名称来命名。如：××水泥厂、××汽车修理厂、××自来水厂等工业建设；××度假村、××儿童游乐场、××电信城等民用建设均是建设项目。

一个建设项目由多个单项工程构成，有的建设项目如改扩建项目也可能由一个单项工程构成。

2. 单项工程

单项工程，是指在一个建设项目中，具有独立的设计文件，建成后可以独立发挥生产能力和使用效益的项目，它是建设项目的组成部分。如一个工厂的车间、办公楼、宿舍、食堂等，一个学校的教学楼、办公楼、实验楼、学生公寓等均属于单项工程。

单项工程是具有独立存在意义的完整的工程项目，是一个复杂的综合体。一个单项工程由多个单位工程构成。

3. 单位工程

单位工程是指具有独立的设计文件，可以独立组织施工和进行单体核算，但不能独立发挥其生产能力或使用效益，且不具有独立存在意义的工程项目。单位工程是单项工程的组成部分。

在工业与民用建筑中一般包括建筑工程、装饰工程、电气照明工程、设备安装工程等多个单位工程。

一个单位工程由多个分部工程构成。

4. 分部工程

分部工程是指按工程的工程部位、结构形式的不同等划分的工程项目。如：在建筑工程这个单位工程中包括土（石）方工程、桩与地基基础工程、砌筑工程、混凝土及钢筋混凝土工程、厂库房大门特种门木结构工程、金属结构工程、屋面及防水工程等多个分部工程。

分部工程是单位工程的组成部分。一个分部工程由多个分项工程构成。

5. 分项工程

分项工程是指根据工种、使用材料以及结构构件的不同划分的工程项目。如：混凝土及钢筋混凝土这个分部工程中的带型基础、独立基础、满堂基础、设备基础、矩形柱、异形柱等均属分项工程。

分项工程是工程量计算的基本元素，是工程项目划分的基本单位，所以工程量均按分项工程计算。

如图1-2所示，是×大学扩建工程的项目划分示意图。该大学的扩建工程包括综合楼、实验大楼和1号教学楼三部分。

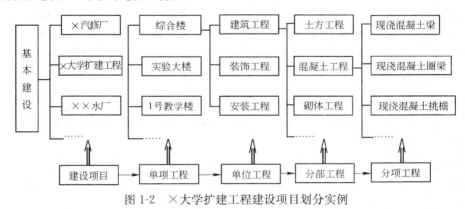

图1-2 ×大学扩建工程建设项目划分实例

二、基本建设造价文件的分类

基本建设造价文件包括：投资估算、设计概算、施工图预算、标底、标价、竣工结算及竣工决算等。

1. 投资估算

投资估算，是指建设项目在可行性研究、立项阶段，由可研单位或建设单位编制，用以确定建设项目的投资控制额的基本建设造价文件。

投资估算一般比较粗略，仅作控制总投资使用。其方法是根据建设规模结合估算指标进行估算，一般根据平方米指标、立方米指标或产量等指标进行估算。如某城市拟建经济型地铁20km，经调查同类型地铁估计每千米约需资金4.5亿元，共需资金

20×4.5＝90亿元。又如某城市拟建日产6万t就近取地下水的自来水厂，估计每日产万吨水厂约需资金800万元，共需资金6×800＝4800万元资金。再如某单位拟建教学楼2万m²，每平方米约需资金1200元，共需资金2400万元。

投资估算在通常情况下应将资金打足，以保证建设项目的顺利实施。

投资估算编制在可行性研究报告时编制。

2. 设计概算

设计概算，是指建设项目在设计阶段由设计单位根据设计图纸进行计算的，用以确定建设项目概算投资、进行设计方案比较，进一步控制建设项目投资的基本建设造价文件。

设计概算根据施工图纸设计深度的不同，其概算的编制方法也有所不同。设计概算的编制方法有三种：根据概算指标编制概算，根据类似工程预算编制概算，根据概算定额编制概算。

在方案设计阶段和修正设计阶段，根据概算指标或类似工程预算编制概算；在施工图设计阶段可根据概算定额编制概算。

设计概算由设计院根据设计文件编制，是设计文件的组成部分。

3. 施工图预算

施工图预算，是指在施工图设计完成之后工程开工之前，根据施工图纸及相关资料编制的，用以确定工程预算造价及工料的基本建设造价文件。由于施工图预算是根据施工图纸及相关资料编制，施工图预算确定的工程造价更接近实际。

施工图预算由建设单位或委托有相应资质的造价咨询机构编制。

4. 标底、标价

标底（招标控制价），是指建设工程发包方为施工招标选取工程承包商而确定的标底价格文件。以标底作为施工招标的控制价，所以标底又称"招标控制价"。即招标控制价就是招标人根据国家或省级、行业建设主管部门颁发的有关计价依据和办法，按设计施工图纸计算的，对招标工程限定的最高工程造价。

标价（投标价），是指建设工程施工招投标过程中投标方的投标报价文件。某投标方中标后的投标报价叫中标价。

标底由建设单位或委托有相应资质的造价咨询机构编制，标价由投标单位编制。

5. 竣工结算

竣工结算，是指建设工程承包商在单位工程竣工后，根据施工合同、设计变更、现场技术签证、费用签证等竣工资料，编制的确定工程竣工结算造价的经济文件。是工程承包方与发包方办理工程竣工结算的重要依据。

竣工结算是在单位工程竣工后由施工单位编制，建设单位或委托有相应资质的造价咨询机构审查，审查后经双方确认的竣工结算是办理工程最终结算的重要依据。

6. 竣工决算

竣工决算，是指建设项目竣工验收后，建设单位根据竣工结算以及相关技术经济文件编制的，用以确定整个建设项目从筹建到竣工投产全过程实际总投资的经济文件。

竣工决算由建设单位编制，编制人是会计师。投资估算、设计概算、施工图预算、标底、标价、竣工结算的编制人是造价工程师。

由此可见，基本建设造价文件在基本建设程序的不同阶段，有不同内容和不同的形式，与之对应关系如图 1-3 所示。

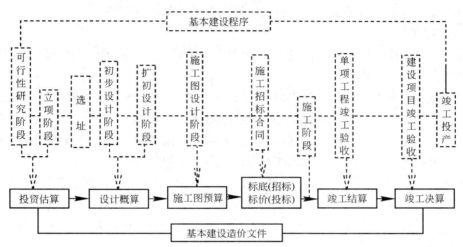

图 1-3　基本建设造价文件分类图

第二节　建筑工程计价

一、计价的概念

计价，即计算建筑工程造价。

建筑工程造价即建设工程产品的价格。建筑工程产品的价格由成本、利润及税金组成，这与一般工业产品是相同的。但两者的价格确定方法大不相同，一般工业产品的价格是批量价格，如某种规格型号的计算机价格 6980 元/台，则成百上千台该规格型号计算机的价格均是 6980 元/台，甚至全国一个价。而建筑工程的价格则不能这样，每一栋房屋建筑都必须单独定价，这是由建筑产品的特点所决定的。

建筑产品有建设地点的固定性、施工的流动性、产品的单件性，施工周期长、涉及部门广等特点，每个建筑产品都必须单独设计和独立施工才能完成，即使利用同一套图纸，也会因建设地点、时间、地质和地貌构造、各地消费水平等的不同，人工、材料的单价的不同，以及各地规费计取标准的不同等诸多因素影响，从而带来建筑产品价格的不同。所以，建筑产品价格必须由特殊的定价方式来确定，那就是每个建筑产品必须单独定价。当然，在市场经济的条件下，施工企业的管理水平不同、竞争获取中标的目的不同，也会影响到建筑产品价格高低，建筑产品的价格最终是由市场竞争形成。

二、计价模式

由于建筑产品价格的特殊性，与一般工业产品价格的计价方法相比，采取了特殊的计价模式及其方法，即按定额计价模式和按工程量清单计价模式。

（一）定额计价模式

按定额计价这种模式，是在我国计划经济时期及计划经济向市场经济转型时期，所采用的行之有效的计价模式。

定额计价的基本方法是"单位估价法"，即根据国家或地方颁布的统一预算定额规定的消耗量及其单价，以及配套的取费标准和材料预算价格，先计算出相应的工程数量，套用相应的定额单价计算出定额直接费，再在直接费的基础上计算各种相关费用及利润和税金，最后汇总形成建筑产品的造价。其基本数学模型是：

建筑工程造价＝[Σ(工程量×定额单价)×(1＋各种费用的费率＋利润率)]×(1＋税金率)

装饰及安装工程造价＝[Σ(工程量×定额单价)＋Σ(工程量×定额人工费单价)×(各种费用的费率＋利润率)]×(1＋税金率)

定额单价包括人工费、材料费和机械费三部分。

预算定额是国家或地方统一颁布的，视为地方经济法规，必须严格遵照执行。一般概念上讲不管谁来计算，由于计算依据相同，只要不出现计算错误，其计算结果是相同的。

按定额计价模式确定建筑工程造价，由于有预算定额规范消耗量，有各种文件规定人工、材料、机械单价及各种取费标准，在一定程度上防止了高估冒算和压级压价，体现了工程造价的规范性、统一性和合理性。但对市场的竞争起到了抑制作用，不利于促进施工企业改进技术、加强管理、提高劳动效率和市场竞争力，现在提出了另一种计价模式——工程量清单计价模式。

（二）工程量清单计价模式

工程量清单计价模式，是在2003年提出的一种工程造价确定模式。这种计价模式是国家仅统一项目编码、项目名称、计量单位和工程量计算规则（即"四统一"），由各施工企业在投标报价时根据企业自身情况自主报价，在招投标过程中经过竞争形成建筑产品价格。

工程量清单计价模式的实施，实质上是建立了一种强有力而行之有效的竞争机制，由于施工企业在投标竞争中必须报出合理低价才能中标，所以对促进施工企业改进技术、加强管理、提高劳动效率和市场竞争力会起到积极的推动作用。

工程量清单计价模式的造价计算是"综合单价"法，即招标方给出工程量清单，投标方根据工程量清单组合分部分项工程的综合单价，并计算出分部分项工程的费用，再计算出税金，最后汇总成总造价。其基本数学模型是：

建筑工程造价＝[Σ(工程量×综合单价)＋措施项目费＋其他项目费＋规费]×(1＋

税金率）

综合单价包括人工费、材料费、机械费、管理费和利润五部分。

综上所述，定额计价模式采用的方法是单位估价法，而工程量清单计价模式采用的方法是综合单价法。

第三节　工程量清单计价

为适应社会主义市场经济发展的需要和加入WTO与国际接轨的要求，随着招投标制、合同制的逐步推行，我国工程造价管理作出了重要改革，确立了"国家宏观调控、市场竞争形成价格"的现行工程造价的确定原则。

根据《中华人民共和国招标投标法》、建设部令107号《建筑工程施工发包与承包计价管理办法》，2003年2月17日中华人民共和国建设部、中华人民共和国国家质量监督检验检疫总局联合发布了《建设工程工程量清单计价规范》GB 50500—2003，2003年7月1日开始施行。该规范的出台标志着我国造价改革的重要里程碑，使我国造价确定发生了根本性的变化。2008年7月9日重新修订发了《建设工程工程量清单计价规范》（GB 50500—2008）（简称"计价规范"，后同），并于2008年12月1日施行。

一、工程量清单计价的意义

（一）是工程造价改革的产物

我国工程造价的确定，长期以来实行的是以预算定额为主要依据，人材机消耗量、人材机单价、费用的"量、价、费"相对固定的静态计价模式。1992年针对这一做法中存在的问题，提出了"控制量、指导价、竞争费"的动态计价模式，这一改革措施在我国实行社会主义市场经济初期起到了积极作用，但仍难以改变预算定额中国家指令性状态，难以满足招标投标和评标的要求。因为，控制的量实质上是社会平均水平，无法体现各施工企业的实际消耗量，不利于施工企业管理水平和劳动生产率的提高、不能够充分体现市场的公平竞争。实行工程量清单计价，就能改变这些弊端。工程造价改革如图1-4所示。

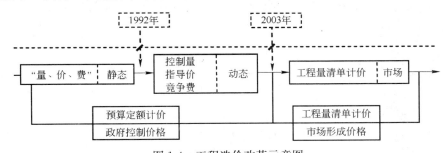

图1-4　工程造价改革示意图

（二）是规范建设市场秩序，适应社会主义市场经济发展的需要

采用预算定额计算建设工程造价的模式，实质上是计划经济的产物，在计划经济时期起到了积极的作用。随着社会主义市场经济的逐步深入，实行工程量清单计价，才能够真正体现公开、公正、公平的市场竞争原则；有利于规范业主在招标中的行为，避免招标单位在招标中盲目压价的不公正行为；有利于保证发承包双方的经济利益。在实行社会主义市场经济的今天，政府宏观调控，市场竞争形成价格，才能真正符合市场经济规律。

（三）有利于工程造价的政府管理职能转变

按照政府部门真正履行"经济调节、市场监管、社会管理和公共服务"职能的要求，对工程造价实行政府管理的模式必须作相应的改变，建设工程造价实行政府宏观调控、企业自主报价、市场竞争形成价格、社会全面监督管理办法。由过去政府直接干预转变为仅对工程造价依法监管。

（四）有利于促进建设市场有序竞争和企业健康发展

采用工程量清单计价模式，由于工程量清单是公开的，可避免招标中的暗箱操作、弄虚作假等不规范行为。对于发包方，由于工程量清单是招标文件的组成部分，招标单位必须编制出准确的工程量清单，并承担相应风险，促进招标单位提高管理水平。对于承包方，由于在投标中要以低价中标，必须认真分析工程成本和利润，精心选择施工方案，严格控制人工、材料、机械等，以及各种现场费用及技术措施费用的消耗，确定投标报价。所以，有利于促进建设市场有序竞争和企业健康发展。

（五）是加入世界贸易组织，融入世界大市场的需要

随着我国改革开放进一步加快，中国经济日益融入世界市场，特别是我国加入世界贸易组织后，行业壁垒下降，建设市场进一步对外开放。国外的企业以及投资的项目越来越多地进入国内市场，我国建筑企业在国外投资和经营的项目也在增加。为适应这种对外开放建设市场的形势，就必须实行国际通行的计价做法。在我国实行工程量清单计价，有利于提高国内建设各方主体参与国际化竞争的能力，有利于提高工程建设的管理水平。

二、工程量清单计价的概念

（一）工程量清单计价

工程量清单计价，是建设工程招标投标中，招标人按照国家统一的工程量计算规则提供工程量清单，由投标人依据工程量清单自主报价，并按照经评审合理低价中标的计价模式。

工程量清单计价有以下几个方面的概念：

1. 工程量清单计价虽属招标投标范畴，但相应的建设工程施工合同签订、工程竣工结算办理均应执行该计价相关规定。

2. 工程量清单由招标人提供，招标标底及投标标价均应据此编制。投标人不得改变工程量清单中的数量。工程量清单编制应遵守计价规范中规定的规则。

3. 根据"国家宏观调控，市场竞争形成价格"的价格确定原则，国家不再统一定价，工程造价由投标人自主确定。

4. "低价中标"是核心。为了有效控制投资，制止哄抬标价，有的地区规定招标人应公布预算控制价（称"拦标价"），凡是投标报价高于"预算控制价"的，其投标应予拒绝。

5. 低价中标的低价，是指经过评标委员会评定的合理低价，并非恶意低价。对于恶意低价中标造成不能正常履约的，以履约保证金来制约，报价越低履约保证金越高。有的地区制定了一整套工程量清单计价管理办法，有效遏制恶意低价。

（二）计价原则

工程量清单计价应遵循公正、公平、合法、诚实信用的原则。

公平，市场经济活动的基本原则就是客观、公正、公平。要求计价活动有高度的透明度，工程量清单的编制要实事求是，不弄虚作假，招标要机会均等，一律公平地对待所有投标人。投标人要从本企业的实际情况出发，不能低于成本报价，不能串通报价。双方应本着互惠互利，双赢的原则进行招标投标活动，既要使投资方在保证质量、工期等的前提下节约投资，又要使承包方有正常的利润可得。

合法，工程量清单计价活动是政策性、经济性、技术性很强的工作，涉及国家的法律、法规和标准规范比较广泛。所以工程量清单计价活动必须符合包括建筑法、招标投标法、合同法、价格法及中华人民共和国建设部 2001 年第 107 号令《建筑工程施工发包与承包计价管理办法》（以下简称 107 号令），以及涉及工程造价的工程质量、安全及环境保护等方面的工程建设标准规范。

诚实信用，不但在计价过程中遵守执业道德，做到计价公平合理，诚信于人，在合同签定、履行以及办理工程竣工结算过程中也应遵循诚信原则，恪守承诺。

工程量清单计价必须作到科学合理、实事求是。107 号令第十九条明确规定，造价工程师在招标标底或者投标报价编制、工程结算审核和工程造价鉴定中，有意抬高、压低价格，情节严重的，由造价工程师注册管理机构注销其执业资格。

一方面，严格禁止招标方恶意压价以及投标方恶意低价中标，避免豆腐渣工程；另一方面，要严格禁止抬高价格，增加投资。

（三）招标标底及投标报价的编制

1. 招标标底

设有标底或招标控制价（即"拦标价"）的招标工程，标底或招标控制价由招标人或受其委托具有相应资质的工程造价咨询机构及招标代理机构编制。

标底或招标控制价的编制应按照当地建设行政主管部门发布的消耗量定额、市场价格信息，依据工程量清单、施工图纸、施工现场实际情况、合理的施工手段和招标文件的有关要求等进行编制。

2. 投标标价

投标标价由投标人或其委托的具有相应资质的工程造价咨询机构编制。

投标标价由投标人依据招标文件中的工程量清单，招标文件的有关要求，施工现场实际情况，结合投标人自身技术和管理水平、经营状况、机械配备，制定出施工组织设计以及本企业编制的企业定额（或参考当地建设行政主管部门发布的消耗量定额），市场价格信息进行编制。投标人的投标报价由投标人自主确定。

三、工程量清单计价依据及程序

（一）计价依据

工程量清单的计价依据是计价时不可缺少的重要资料，内容包括：工程量清单、消耗量定额、计价规范、招标文件、施工图纸及图纸答疑、施工组织设计及材料预算价格及费用标准等。

1. 工程量清单

工程量清单是由招标人提供的，供投标人计价的工程量资料，其内容包括：工程量清单封面、填表须知、总说明、分部分项工程量清单、措施项目清单、其他项目清单零星工作项目表。工程量清单是计价的基础资料。

2. 定额

定额包括消耗量定额和企业定额。

消耗量定额，是由当地建设行政主管部门根据合理的施工组织设计，按照正常施工条件下制定的，生产一个规定计量单位工程合格产品所需人工、材料、机械台班的社会平均消耗量。主要供编制标底使用，这个消耗量标准也可供施工企业在投标报价时参考。

企业定额，是施工企业根据本企业的施工技术和管理水平，以及有关工程造价资料制定的，供本企业使用的人工、材料、机械台班消耗量定额。企业定额是本企业投标报价时的重要依据。

定额是编制招标标底或投标标价组合分部分项工程综合单价时，确定人工、材料、机械消耗量的依据。目前，绝大部分施工企业还没有本企业自己的消耗量定额，可参照当地建设行政主管部门编制的消耗量定额，并结合企业自身的具体情况，进行投标报价。

3. 建设工程工程量清单计价规范

计价规范是采用工程量清单计价时，必须遵照执行的强制性标准。计价规范是编制工程量清单和工程量清单计价的重要依据。

4. 招标文件

招标文件的具体要求是工程量清单计价的前提条件，只有清楚地了解招标文件的具体要求，如招标范围、内容、施工现场条件等，才能正确计价。

5. 施工图纸及图纸答疑

施工图纸及图纸答疑，是编制工程量清单的依据，也是计价的重要依据。

6. 施工组织设计或施工方案

施工组织设计或施工方案，是计算施工技术措施费用的依据。如降水、土方施工、钢筋混凝土构件支撑、垂直运输机械、脚手架施工措施费用等，均需根据施工组织设计或施工方案计算。

7. 材料预算价格及费用标准

材料预算价格即材料单价，材料费占工程造价的比重高达60%左右，材料预算价格的确定非常重要。材料预算价格应在调查研究的基础上根据市场确定。

费用标准包括管理费费率、措施费费率等，管理费、措施费（部分）是根据直接工程费（指人工费、材料费和机械费之和）或人工费乘以一定费率计算的，所以费率的大小直接影响最终的工程造价。费用比例系数的测算应根据企业自身具体情况而定。

（二）计价程序

工程量清单计价的一般程序：如图1-5所示。

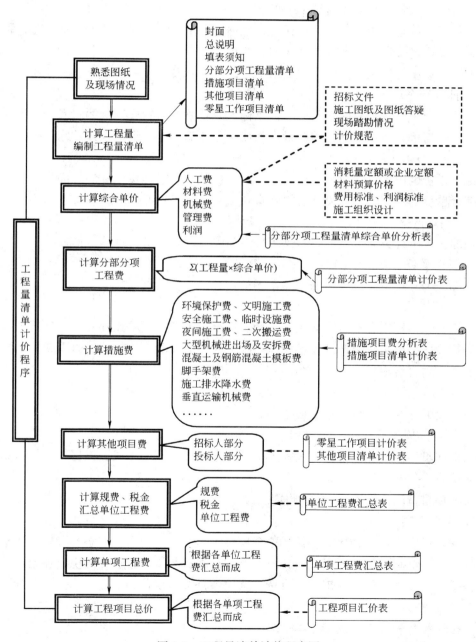

图 1-5　工程量清单计价程序图

1. 熟悉施工图纸及相关资料，了解现场情况

在编制工程量清单之前，要先熟悉施工图纸，以及图纸答疑、地质勘探报告，到工程建设地点了解现场实际情况，以便正确编制工程量清单。熟悉施工图纸及相关资料便于列制分部分项工程项目名称，了解现场便于列制施工措施项目名称。

2. 编制工程量清单

工程量清单包括封面、总说明、填表须知、分部分项工程量清单、措施项目清单、其他项目清单、零星工作项目清单七部分。

工程量清单是由招标人或其委托人，根据施工图纸、招标文件、计价规范，以及现场实际情况，经过精心计算编制而成的。

工程量清单的编制方法详见本书第五章。

3. 计算综合单价

计算综合单价，是标底编制人（指招标人或其委托人）或标价编制人（指投标人），根据工程量清单、招标文件、消耗量定额或企业定额、施工组织设计、施工图纸、材料预算价格等资料，计算分项工程的单价。

综合单价的内容包括：人工费、材料费、机械费、管理费、利润五部分。

综合单价的计算方法详见本书第六章。

4. 计算分部分项工程费

在综合单价计算完成之后，根据工程量清单及综合单价，计算分部分项工程费用。

分部分项工程费＝Σ（工程量×综合单价）

分部分项工程费的计算方法详见本书第六章。

5. 计算措施费

措施费包括环境保护费、文明施工费、安全施工费、临时设施费、夜间施工费、二次搬运费、大型机械进出场及安拆费、混凝土及钢筋混凝土模板费、脚手架费、施工排水降水费、垂直运输机械费等内容。

根据工程量清单提供的措施项目计算。

措施费的计算方法详见本书第六章。

6. 计算其他项目费

其他项目费由招标人部分和投标人部分两个部分的内容组成。根据工程量清单列出的内容计算。

其他项目费的计算方法详见本书第六章。

7. 计算单位工程费

前面各项内容计算完成之后，将整个单位工程费包括的内容汇总起来，形成整个单位工程费。在汇总单位工程费之前，要计算各种规费及该单位工程的税金。单位工程费内容包括分部分项工程费、措施项目费、其他项目费、规费和税金五部分，这五部分之和即单位工程费。

单位工程费的计算方法详见本书第六章。

8. 计算单项工程费

在各单位工程费计算完成之后，将属同一单项工程的各单位工程费汇总，形成该单项工程的总费用。

9. 计算工程项目总价

各单项工程费计算完成之后，将各单项工程费汇总，形成整个项目的总价。

四、工程量清单计价方法

工程量清单计价，按照中华人民共和国建设部令107号《建筑工程施工发包与承包计价管理方法》的规定，有综合单价法和工料单价法两种方法。

（一）综合单价法

综合单价法的基本思路是：先计算出分项工程的综合单价，再用综合单价乘以工程量清单给出的工程量，得到分部分项工程费，再加措施项目费、其他项目费及规费，再用分部分项工程费、措施项目费、其他项目费、规费的合计，乘以税率得到税金，最后汇总得到单位工程费。用公式表示为：

单位工程造价＝[Σ(工程量×综合单价)＋措施项目费＋其他项目费＋规费]×(1＋税金率)

综合单价法的重点是综合单价的计算。综合单价的内容包括：人工费、材料费、机械费、管理费及利润五个部分。措施项目费、其他项目费及规费是在分部分项工程费计算完成后进行计算。

计价规范明确规定综合单价法为工程量清单的计价方法。也是目前普遍采用的方法。

（二）工料单价法

工料单价法的基本思路是：先计算出分项工程的工料单价，再用工料单价乘以工程量清单给出的工程量，得到分部分项工程的直接费，再在直接费的基础计算管理费、利润。再加措施项目费、其他项目费及规费，再用分部分项工程费、措施项目费、其他项目费、规费的合计，乘以税率得到税金，最后汇总得到单位工程费。用公式表示为：

单位工程造价＝[Σ(工程量×工料单价)×(1＋管理费率＋利润率)＋措施项目费＋其他项目费＋规费]×(1＋税金率)

工料单价法的重点是工程料单价的计算。

工料单价的内容包括：人工费、材料费、机械费三个部分。管理费及利润在直接费计算完成后计算，这是与综合单价法不同之处。

显然，工料单价法的工料单价是不完全单价，不如综合单价直观，所以计价规范未采用此种方法。

综合单价及工料单价中消耗量均要依据工料消耗量定额来确定，招标人或其委托人编制招标标底时，依据当地建设行政主管部门编制的消耗量定额来确定；投标人编制投标标价时，依据本企业自己编制的消耗量定额来确定，在施工企业没有本企业的消耗量定额时，可参照当地建设行政主管部门编制的消耗量定额。

五、《建设工程工程量清单计价规范》(GB 50500—2008) 简介

2003 年 7 月 1 日中华人民共和国住房和城乡建设部与中华人民共和国国家质量监督检验检疫总局联合颁发了《建设工程工程量清单计价规范》（GB 50500—2003）。2008 年 7 月 9 日进行了重新修订并颁发了《建设工程工程量清单计价规范》（GB 50500—2008），以下简称《计价规范》。

全部使用国有资金投资或国有资金投资为主（简称"国有资金投资"）的工程建设项目，必须采用工程量清单计价。非国有资金投资的工程建设项目，可采用工程量清单计价。

（一）计价规范的内容

计价规范由正文和附录两部分构成。

1. 正文

正文包括总则、术语、工程量清单编制、工程量清单计价、工程量清单及其计价格式五部分。

（1）总则

总则包括计价规范的编制依据、使用范围、计价原则等内容。

（2）术语

术语包括工程量清单、项目编码、综合单价、措施项目、暂列金额、暂估价、计日工、总承包服务费、索赔、现场签证、企业定额、规费、税金、发包人、承包人、造价工程师、造价员、工程造价咨询人、招标控制价、投标价、合同价、竣工结算价等内容。

（3）工程量清单计价

包括一般规定、招标控制价、投标价、工程合同价款的约定、工程计量与价款支付、索赔与现场签证、工程价款调整、竣工结算、工程计价争议处理等内容。

（4）工程量清单计价表格

包括计价表格组成和计价表格的使用说明两部分。具体包括封面、总说明、汇总表、分部分项工程量清单表、措施项目清单表、其他项目清单表、规费税金项目清单与计价表、工程款支付申请（核准）表等内容。

2. 附录

附录包括以下六部分：

附录 A：建筑工程工程量清单项目及计算规则

附录 B：装饰装修工程工程量清单项目及计算规则

附录 C：安装工程工程量清单项目及计算规则

附录 D：市政工程工程量清单项目及计算规则

附录 E：园林绿化工程工程量清单项目及计算规则

附录 F：矿山工程工程量清单项目及计算规则

附录中具体规定了项目编码、项目名称、计量单位和工程量计算规则"四统一"的内容。

每个附录均包括"实体项目"和"措施项目"两部分。

(二)计价规范的特点

1. 强制性。主要表现在以下两个方面:

(1)计价规范是由建设主管部门按照强制性国家标准的要求批准颁布,规定全部使用国有资金或国有资金投资为主的大中型建设工程应按《计价规范》规定执行。

(2)计价规范明确规定,工程量清单是招标文件的组成部分,并规定了招标人在编制工程量清单时必须遵守的规则,做到四统一,即统一项目编码、统一项目名称、统一计量单位、统一工程量计算规则。

2. 适用性。工程量清单项目列有项目特征和工作内容,反映的是工程实体项目,项目名称明确清晰,工程量计算规则简洁明了,易于在编制工程量清单时确定具体项目名称和工程计价。

3. 竞争性。计价规范仅规定了"四统一",为对工料消耗量及单价、各种施工指施作统一规定,给投标报价流出自主报价空间,充分体现其竞争性。

(1)计价规范中人工、材料、机械没有具体的消耗量,投标企业可根据企业定额和市场价格信息,也可参照当地建设行政主管部门发布的社会平均消耗量定额进行报价。

(2)计价规范中措施项目,在工程量清单中只列措施项目名称,具体采用什么措施,如模板、脚手架、垂直运输机械、临时设施、施工降水排水,由投标企业根据企业的施工组织设计,视具体情况确定报价。

(三)计价规范中强制性规定

1. 第1.0.3条,全部使用国有资金投资或国有资金投资为主(以上二者简称"国有资金投资")的工程建设项目,必须采用工程量清单计价。

"国有资金投资"的工程建设项目,包括使用国有资金投资和国家融资投资的工程建设项目。是指国家财政性的预算内资金或预算外资金,国家机关、国有企事业单位和社会团体的自有资金及借款资金,国家通过对内发行政府债券或向外国政府及国际金融机构举债所筹集的资金的工程建设项目。

"国有资金投资为主"的工程建设项目,是指国有资金占总投资额在50%以上的工程,或虽不足50%但国有资产投资者实质上拥有控股权的工程建设项目。

2. 第3.1.2条,采用工程量清单方式招标,工程量清单必须作为招标文件的组成部分,其准确性和完整性由招标人负责。

3. 第3.2.1条,分部分项工程量清单应包括项目编码、项目名称、项目特征、计量单位和工程量。

4. 第3.2.2条,分部分项工程量清单应根据附录规定的项目编码、项目名称、项目特征、计量单位和工程量计算规则进行编制。

5. 第3.2.3条,分部分项工程量清单的项目编码,应采用十二位阿拉伯数字表示。一至九位应按附录的规定设置,十至十二位应根据拟建工程的工程量清单项目名称设置,同一招标工程的项目编码不得有重码。

6. 第3.2.4条,分部分项工程量清单的项目名称应按附录的项目名称结合拟建工程的实际确定。

7. 第3.2.5条，分部分项工程量清单中所列工程量应按附录中规定的工程量计算规则计算。

8. 第3.2.6条，分部分项工程量清单的计量单位应按附录中规定的计量单位确定。

9. 第3.2.7条，分部分项工程量清单项目特征应按附录中规定的项目特征，结合拟建工程项目的实际予以描述。

10. 第4.1.2条，分部分项工程量清单应采用综合单价计价。

11. 第4.1.3条，招标文件中的工程量清单标明的工程量是投标人投标报价的共同基础，竣工结算的工程量按发、承包双方在合同中约定应予计量且实际完成的工程量确定。

12. 第4.1.5条，措施项目清单中的安全文明施工费应按照国家或省级、行业建设主管部门的规定计价，不得作为竞争性费用。

13. 第4.1.8条，规费和税金应按国家或省级、行业建设主管部门的规定计算，不得作为竞争性费用。

14. 第4.3.2条，投标人应按招标人提供的工程量清单填报价格。填写的项目编码、项目名称、项目特征、计量单位、工程量必须与招标人提供的一致。

复 习 思 考 题

1. 什么是基本建设？
2. 基本建设如何分类？
3. 基本建设项目怎样划分？
4. 什么是建设项目、单项工程、单位工程、分部工程、分项工程？举例说明。
5. 基本建设造价文件包括哪些内容？各在什么时间编制？各有什么主要作用？
6. 什么是标底、标价，各由谁来编制？
7. 什么是工程量清单计价？
8. 工程量清单计价的原则？
9. 工程量清单计价程序是怎样的？工程量清单计价的依据有哪些？
10. 计价规范由几部分组成？有哪些强制性规定？

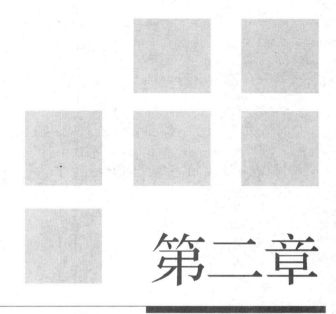

第二章

建筑工程定额

学习重点：
1. 定额及建筑工程定额的概念、建设工程定额的分类。
2. 建筑工程定额的组成。
3. 建筑工程定额的应用，包括定额直接套用、定额换算。

第二章 建筑工程定额

第一节 建筑工程定额概念及分类

一、建筑工程定额的概念和作用

（一）建筑工程定额的概念

1. 定额

定额，即人为规定的标准额度。就产品生产而言，定额反映生产成果与生产要素之间的数量关系。在某产品的生产过程中，定额反映在现有的社会生产力水平条件下，为完成一定计量单位质量合格的产品，所必须消耗一定数量的人工、材料、机械台班的数量标准。

2. 建筑工程定额

建筑工程定额，是指在正常的施工条件下，为了完成一定计量单位质量合格的建筑产品，所必须消耗的人工、材料（或构配件）、机械台班的数量标准。

（二）建筑工程定额的作用

建筑工程定额主要有以下几个方面的作用：

1. 是招投标活动中编制标底标价的重要依据

建筑工程定额是招投标活动中确定建筑工程分项工程综合单价的依据。在建设工程计价工作中，根据设计文件结合施工方法，应用相应建筑工程定额规定的人工、材料、施工机械台班消耗标准，计算确定工程施工项目中人工、材料、机械设备的需用量，按照人工、材料、机械单价和管理用及利润标准来确定分项工程的综合单价。

2. 是施工企业组织和管理施工的重要依据

为了更好地组织和管理工程建设施工生产，必须编制施工进度计划。在编制计划和组织管理施工生产中，要以各种定额来作为计算人工、材料和机械需用量的依据。

3. 是施工企业和项目部实行经济责任制的重要依据

工程建设改革的突破口是承包责任制。施工企业对外通过投标承揽工程任务，编制投标报价；工程施工项目部进行进度计划和进度控制，进行成本计划和成本控制，均以建筑工程定额为依据。

4. 是总结先进生产方法的手段

建筑工程定额是一定条件下，通过对施工生产过程的观察，分析综合制定的。它比较科学地反映出生产技术和劳动组织的先进合理程度。因此我们可以以建筑工程消耗量定额的标定方法为手段，对同一工程产品在同一施工操作条件下的不同生产方式进行观察、分析和总结从而得出一套比较完整的先进生产方法。

5. 是评定优选工程设计方案的依据

一个设计方案是否经济，正是以工程定额为依据来确定该项工程设计的技术经济指标，通过对设计方案技术经济指标比较，确定该工程设计是否经济。

二、建设工程定额的分类

建设工程定额的种类繁多，根据不同的划分方式有不同的名称，如图 2-1 所示。

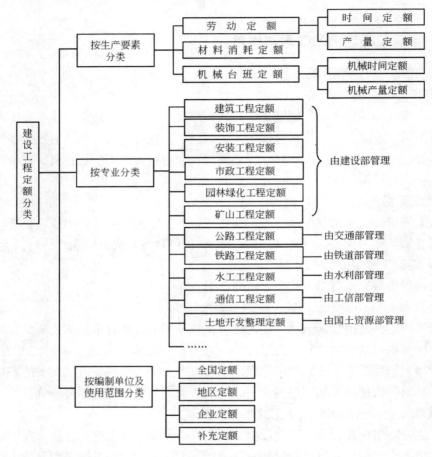

图 2-1　建设工程定额分类图

（一）按生产要素分

生产过程是劳动者利用劳动手段、对劳动对象进行加工的过程。显然生产活动包括劳动者、劳动手段、劳动对象三个不可缺少的要素。劳动者指生产活动中各专业工种的工人，劳动手段是指劳动者使用的生产工具和机械设备，劳动对象是指原材料、半成品和构配件。按此三要素分类可分为劳动定额、材料消耗定额、机械台班消耗定额。

1. 劳动定额

劳动定额又称人工定额，它反映生产工人劳动生产率的平均先进水平。根据其表示形式可分成时间定额和产量定额。

（1）时间定额

时间定额又称工时定额,是指在合理的劳动组织与合理使用材料的条件下,完成质量合格的单位产品所必须消耗的劳动时间。时间定额以"工日"或"工时"为单位。

(2)产量定额

产量定额又称每工产量,是指在合理的劳动组织与合理使用材料的条件下,规定某工种某技术等级的工人(或人工班组)在单位时间里必须完成质量合格的产品数量。产量定额的单位是产品的单位。

2. 材料消耗定额

材料消耗定额,简称材料定额,是指在节约与合理使用材料条件下,生产质量合格的单位工程产品,所必须消耗的一定规格的质量合格的材料、成品、半成品、构配件、动力与燃料的数量标准。材料消耗定额的单位是材料的单位。

3. 机械台班消耗定额

机械台班消耗定额又称机械台班使用定额,简称机械定额。它是指在正常施工条件下,施工机械运转状态正常,并合理地、均衡地组织施工和使用机械时,机械在单位时间内的生产效率。按其表示形式的不同可分为机械时间定额和机械产量定额。

(1)机械时间定额

机械时间定额是指在合理组织施工和合理使用机械的条件下,某种类型的机械为完成符合质量要求的单位产品所必须消耗的机械工作时间。单位以"台班"或"台时"表示。

(2)机械产量定额

机械产量定额是指在合理组织施工和合理使用机械的条件下,某种类型的机械在单位机械工作时间内,应完成符合质量要求的产品数量。单位是产品的单位。

(二)按专业分类

建设工程定额按专业分类有:建筑工程定额、装饰工程定额、安装工程定额、市政工程定额、仿古园林工程定额和矿山工程定额,以及公路工程定额、铁路工程定额、水工工程定额和土地整理定额等。

1. 建筑工程定额

建筑工程是指从狭义角度意义的房屋建筑工程结构部分。建筑工程定额是指建筑工程人工、材料及机械的消耗量标准。其内容包括:土(石)方工程、桩及地基基础工程、砌筑工程、混凝土及钢筋混凝土工程、厂库房大门特种门木结构工程、金属结构工程、屋面及防水工程和防腐、隔热、保温工程。

2. 装饰工程定额

装饰工程是指房屋建筑的装饰装修工程。装饰工程定额是指建筑装饰装修工程人工、材料及机械的消耗量标准。其内容包括:楼地面工程、墙柱面工程、顶棚工程、门窗工程、油漆、涂料、裱糊工程和其他工程。

3. 安装工程定额

安装工程是指各种管线、设备等的安装工程。安装工程定额是指安装工程人工、材料及机械的消耗量标准。其内容包括:机械设备安装工程、电气设备安装工程、热力设备安装工程、炉窑砌筑工程、静置设备与工艺金属结构制作安装工程、工业管道工程、消防工程、给排水、采暖、热气工程、通风空调工程、自动化控制仪表安装工程、通信设备及线路工程、建筑智能化系统设备安装过程、长距离输送管道工程。

4. 市政工程定额

市政工程是指城市的道路、桥涵和市政管网等公共设施及公用设施的建设工程。市政工程定额是指市政工程人工、材料及机械的消耗量标准。其内容包括：土石方工程、道路工程、桥涵护涵工程、隧道工程、市政管网工程、地铁工程、钢筋工程、拆除工程。

5. 园林绿化工程定额

园林绿化工程定额是指园林绿化工程人工、材料及机械的消耗量标准。其内容包括：绿化工程、园路、园桥、假山工程、园林景观工程。

6. 矿山工程定额

矿山工程定额是指矿山工程人工、材料及机械的消耗量标准。其内容包括露天工程（爆破、采装运输、岩土排弃、路基及附属、筑坝、窄轨铁路铺设等工程）和井巷工程（立井井筒、冻结、钻井、地面预注浆、斜井井筒、平硐及平巷、斜巷工程硐室、铺轨工程斜坡道、天溜井、其他工程辅助系统工程）。

7. 公路工程定额

公路工程定额指城际交通公路工程人工、材料及机械的消耗量标准。其内容包括城际公路工程、桥梁和隧道工程。具体内容包括路基工程、路面工程、隧道工程、桥涵工程、防护工程、交通工程、及线路设施、临时工程、材料采集机加工、材料运输。由中华人民共和国交通部颁发。

8. 铁路工程定额

铁路工程定额指铁路工程人工、材料及机械的消耗量标准。其内容包括铁路桥涵工程、铁路隧道工程、铁路信号工程、铁路电力工程、铁路站场工程。由中华人民共和国铁道部颁发。

9. 通信工程定额

通信工程定额指通信工程人工、材料及机械的消耗量标准。其内容包括通信电源设备安装工程、有线通信设备安装工程、无线通信设备安装工程、通信线路工程、通信管道工程。由中华人民共和国工业和信息化部编制。

10. 土地开发整理定额

土地整理工程定额指土地整理工程人工、材料及机械的消耗量标准。其内容包括：土石方工程、砌体工程、管道安装工程、农用井工程、设备安装工程、道路工程、植物工程、梯田工程。

（三）按编制单位及使用范围分类

建设工程定额按编制单位及使用范围分类有：全国定额、地区定额及企业定额。

1. 全国定额

全国定额是指由国家主管部门编制，用作各地区（省、市、区）编制地区消耗量定额依据的定额。如《全国统一建筑工程基础定额》、《全国统一建筑装饰装修工程消耗量定额》。

2. 地区定额

地区定额，是指由本地区建设行政主管部门根据合理的施工组织设计，按照正常施工条件下制定的，生产一个规定计量单位工程合格产品所需人工、材料、机械台班的社会平均消耗量定额。地区定额作为编制标底依据，在施工企业没有本企业定额的情况下也可作为投标的参考依据。

3. 企业定额

企业定额，是指施工企业根据本企业的施工技术和管理水平，以及有关工程造价资料制定的，供本企业使用的人工、材料和机械消耗量定额。目前我国的建设工程施工企业尚未编制企业定额。

4. 补充定额

补充定额又称一次性定额。由于新技术、新材料而在原来的定额中没有纳入的项目，根据具体工程的实际情况进行补充，一次性临时使用的定额，叫补充定额。

全国定额、地区定额、企业定额和补充定额的异同见表2-1。

全国定额、地区定额、企业定额和补充定额比较表　　　　表2-1

定额名称 异同点	全国定额	地区定额	企业定额	补充定额
编制内容相同	确定分项工程的人工、材料和机械台班消耗量标准			
定额水平不同	全国社会平均水平	本地区社会平均水平	本企业个别水平	社会平均水平
编制单位不同	主管部	各省、市、区	施工企业	当地造价站
使用范围不同	全国	本地区（指省、市、区）	本企业	某个工程
定额作用不同	作为各地区编制本地区消耗量定额的依据	作为本地区编制标底，或施工企业参考	本企业内部管理及投标使用	一次性使用

第二节　建筑工程定额组成

建筑工程定额由总说明、分部定额、附录三部分组成，见图2-2。

一、总说明

总说明一般包括定额的编制依据、适用范围、定额的作用、定额包括的内容以及该定额使用过程中的注意事项等内容。

1. 定额编制依据

定额编制依据一般应包括计价规范、基础定额、现行国家产品标准、设计规范、施工质量验收规范、质量评定标准和安全技术操作规程等内容。

```
                    ┌ 总说明
                    │           ┌ 分部说明
                    │           │ 工程量计算规划
建筑工程定额 ┤ 分部定额 ┤           ┌ 定额编号
                    │           │           │ 项目名称
                    │           └ 定额项目表 ┤ 工程内容
                    │                       │ 定额单位
                    │                       │ 消耗量(人工、材料、机械)
                    │                       └ 基 价(综合单价)
                    └ 附录
```

图 2-2　建筑工程定额组成图

2. 定额适用范围

定额适用范围包括适用的工程类型（如适用于一般工业与民用建筑的新建、扩建和改建工程）、区域（如某地区的定额适用于该省行政区域内从事建设工程的建设、设计、咨询单位和施工企业）。

3. 定额作用

定额作用是指定额的用途。如某地区的定额规定，用于编制审查设计概算、施工图预算、标底、竣工结算的依据；用于招标人组合综合单价、衡量投标报价合理性的基础；用于投标人投标报价，用于施工企业加强内部管理和核算的参考。

4. 定额内容

（1）人工

定额中的人工工日消耗量包括基本用工、辅助用工、其他用工。

（2）材料

定额中的材料包括施工过程中消耗的构成工程实体的原材料、辅助材料、构配件、零件、半成品等。

（3）机械

定额中的机械包括施工机械作业发生的机械消耗量。

5. 定额使用过程中注意事项

定额总说明中还载明在使用定额时应注意的问题。如：

本定额的"工作内容"指主要施工工序，其他工序虽未详列，但定额已考虑。

本定额中仅列出主要材料的用量，次要和零星材料均包括在其他材料费内，以"元"表示。

本定额凡注明"××以内"者，包括"××"本身在内；注明"××以外"或"××以上"者，则不包括"××"本身在内。

在使用定额时，必须仔细阅读总说明的内容。

二、分部定额

分部定额由分部说明、工程量计算规则和定额项目表三部分组成。

第二章　建筑工程定额

1. 分部说明

分部说明主要包括使用本分部定额时应注意的相关问题说明。其具体内容包括：定额编制的问题、如何直接套用定额的问题以及如何换算定额的问题等多个方面。下面摘录某定额"砌筑工程"的分部说明：

墙体材料除水泥煤渣空心砖、加气混凝土砌块、预制混凝土空心砌块的规则系综合考虑外，红（青）砖、砌块、石的规格如下：红（青）砖 240mm×115mm×53mm，硅酸盐砌块 880mm×430mm×240mm，……（此条说明定额编制的问题）。

墙身外防潮层需贴砖时，应执行本分部贴砖定额项目。框架外表面需做1/2砖以上的贴砖时，应执行本分部砖墙定额项目（此条说明如何直接套用定额的问题）。

砖（石）墙身、基础如为弧形时，按相应定额项目人工增加10%，砖用量增加2.5%（此条说明如何换算定额的问题）。

必须仔细阅读这些说明，以达到正确使用定额的目的。

2. 工程量计算规则

工程量计算规则系本分部相关工程量的计算规则。定额中的工程量计算规则应与计价规范中规定的规则尽量保持一致。下面摘录某定额"砌筑工程"的分部工程量计算规则：

砖石基础长度，外墙基础长度按外墙中心线长度计算，内墙基础长度按内墙净长计算。

砖基础与砖墙（身）划分应以设计室内地坪为界（有地下室的以地下室室内设计地坪为界），以下为砖基础，以上为墙（柱）身。基础与墙身使用不同材料，位于设计室内地坪±300mm 以内时以不同材料为界，超过±300mm，应以设计室内地坪为界。砖围墙应以设计室外地坪为界，以下为基础，以上为墙身。

按设计图示尺寸以体积计算。扣除门窗洞口、过人洞、空圈、嵌入墙内的钢筋混凝土柱、梁、圈梁、挑梁、过梁及凹进墙内的壁龛、管槽、暖气槽、消火栓箱所占体积，不扣除梁头、板头、檩头、垫木、木楞头、沿缘木、木砖、门窗走头、砖墙内加固钢筋、木筋、铁件、钢管及单个面积 0.3m² 以内的孔洞所占体积，凸出墙面的腰线、挑檐、压顶、窗台线、虎头砖、门窗套不增加体积，凸出墙面的砖垛并入墙体体积内。

3. 定额项目表

定额项目表是定额的核心，占定额最大篇幅。

定额项目表包括定额编号、项目名称、工程内容、定额单位、消耗量、基价。

（1）定额编号

定额编号系该项定额的编号。定额编号一般应包括单位工程、分部工程、顺序号三个单元，如图 2-3 所示。由于利用计算机辅助计算工程造价比较普遍，定额编号应方便计算机识读。

如：AC0001　M5 混合砂浆（中砂）砌砖基础

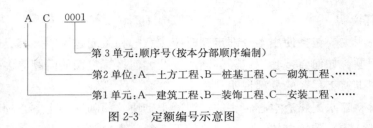

图 2-3 定额编号示意图

第 1 单元，单位工程顺序号，一般应与计价规范统一。A—代表建筑工程、B—代表装饰工程、C—代表安装工程、D—代表市政工程、E—代表园林绿化工程、F—代表矿山工程。

第 2 单元：分部工程顺序号。其编制方法有用英文字母编号和用阿拉伯数字编号两种。上例中 A—代表土方工程、B—代表桩基工程、C—代表砌筑工程、D—代表混凝土及钢筋混凝土工程……。

第 3 单元：顺序号，按本分部顺序编制，按 0001、0002、0003……编排。由于计算机的广泛使用，顺序号使用了占位码，便于计算机的识别。

(2) 项目名称

项目名称系分项工程的名称。项目名称应包括该项目使用的材料、部位或构件的名称、内容、项目特征等。如：

M5 混合砂浆（中砂）砌砖基础　（定额编号：AC0001）

钢网架制作安装　（定额编号：AF0002）

C30 混凝土（中砂）块体设备基础（20m³ 以内）　（定额编号：AD0044）

墙面一般抹灰　其他墙面　混合砂浆　细砂　（定额编号：BB0007）

(3) 工程内容

工程内容是指本分项工程所包括的工作范围。如：

"M5 混合砂浆（中砂）砌砖基础"项目的工程内容：砂浆调制、运输、铺设、砌砖、清理基坑、基槽等。

"C30 混凝土（中砂）块体设备基础"项目的工程内容：冲洗石子、混凝土搅拌、浇捣、养护等全部操作过程。（显然，该项目仅包括混凝土的制作、浇筑及养护，而不包括混凝土的模板以及该构件的钢筋）

"钢网架制作安装"项目的工程内容：放样划线、截断、平直、焊接、拼装、成品堆放、除锈、刷防锈漆一遍，构件拼装、加固、校正、就位、安装等全过程。

(4) 定额单位

定额单位是指该项目的单位，如"m"、"m²"、"m³"、"t"、"樘"、"台"、"个"、"套"、"组"。定额单位的确定原则是：

对于断面较为固定的长形构件或部位，按长度单位"m"确定其单位。如混凝土压顶、扶手等。

对于厚度较为固定的薄形构件或部位，按面积单位"m²"确定其单位。如各种抹灰项目、混凝土楼梯、混凝土台阶等。

第二章 建筑工程定额

对于不规则构件或部位按体积单位"m³"确定其单位。如各种混凝土及钢筋混凝土构件、各种砌体工程等。

各类钢构件按质量单位"t"确定其单位。如钢屋架、钢网架、钢托架、钢梁、钢吊车梁、钢支撑、钢檩条、钢天窗等。

对于可按自然计量单位确定其单位的项目按"樘"、"台"、"个"、"套"、"组"等确定其单位。

（5）消耗量

定额消耗量包括人工工日、材料数量和机械台班的消耗量。如C30混凝土块体设备基础（中砂）见表2-2。

A.D.1.2 设备基础（010401004）   表2-2

工程内容：1. 混凝土水平运输；2. 冲洗石子；
　　　　　3. 混凝土搅拌、浇捣、养护等全部操作过程。   单位：10m³

定额编号			AD0042	AD0043	AD00244
项目		单位	混凝土块体设备基础（中砂）		
			C20	C25	C30
人工	技工	工日	10.13	10.13	10.13
	普工	工日	2.53	2.53	2.53
材料	混凝土	m³	10.15	10.15	10.15
	水泥32.5	kg	3014.55	3522.05	
	水泥42.5	kg			3248.00
	中砂	m³	4.97	4.57	4.97
	砾石5-40	m³	8.93	8.93	8.83
	水	m³	10.30	10.30	10.30
	其他材料费	元	3.54	3.54	3.54
机械	机械费	元	104.75	104.75	104.75

（6）综合单价（基价）

在建筑工程定额中，为方便计价，除消耗量外还装有综合单价（即基价）。

综合单价系根据定额消耗量（包括人工、材料、机械的消耗量）和单价（包括人工、材料、机械的单价）计算，包括人工费、材料费、机械费、管理费和利润的分项工程单价。如某地计价定额中的"C20混凝土块体设备基础"（定额编号AD0042）的综合单价见表2-3。其综合单价的计算如下：

定额消耗量见表2-2。人工单价：技工50元/工日、普工35元/工日；材料单价：C20混凝土（中砂）168.72元/m³、水2.5 m³；机械费104.75元。管理费费率30%（人工费为基数）、利润率15%（人工费为基数）。

$$人工费=\Sigma(工日数量\times 工日单价)$$
$$=10.13\times 50+2.53\times 35=595.05 \text{元}/10m^3$$
$$材料费=\Sigma(材料数量\times 材料单价)$$
$$=10.15\times 168.72+10.30\times 2.5+3.54=元1741.80/10m^3$$

机械费＝104.75元/10m³

管理费＝（人工费＋机械费）×管理费费率
　　　＝（595.05＋104.75）×30％＝209.94元/10m³

利润＝（人工费＋机械费）×利润率
　　＝（595.05＋104.75）×15％＝104.97元/10m³

综合单价（基价）＝人工费＋材料费＋机械费＋综合费＝595.05＋1741.80＋104.75＋209.94＋104.97＝2756.51元/10m³

计算结果汇入表2-3。

A.D.1.2　设备基础（010401004）　　　　　　　　　　表2-3

工程内容：1. 混凝土水平运输；2. 冲洗石子；
　　　　　3. 混凝土搅拌、浇捣、养护等全部操作过程。　　　　　单位：10m³

定额编号			AD0042	AD0043	AD00244
项目		单价（元）	混凝土块体设备基础（中砂）		
	单位		C20	C25	C30
综合单价（基价）	元		2756.51	2940.02	3171.64
其中	人工费	元		595.05	595.05	595.05
	材料费	元		1741.80	1925.31	2156.93
	机械费	元		104.75	104.75	104.75
	管理费	元		209.94	209.94	209.94
	利润	元		104.94	104.97	104.97
材料	混凝土（中砂）C20	m³	168.72	10.15		
	混凝土（中砂）C25	m³	186.80		10.15	
	混凝土（中砂）C30	m³	209.62			10.15
	水泥 32.5	kg		(3014.55)	(3522.05)	
	水泥 42.5	kg				(3248)
	中砂	m³		(4.97)	(4.57)	(4.97)
	砾石 5-40	m³		(8.83)	(8.83)	(8.83)
	水	m³	2.5	10.3	10.3	10.3
	其他材料费	元		3.54	3.54	3.54

三、附录

附录一般包括施工机械台班定额、混凝土及砂浆配合比两个部分。

（一）施工机械台班定额

施工机械台班定额根据建设部颁发的《全国统一施工机械台班费用编制规则》，并结合实际情况进行编制。其内容包括：折旧费、大修理费、经常修理费、安拆费及场外运费、人工费、燃料动力费、其他费（包括养路费、车船使用税及保险费），其格式见表2-4。

第二章 建筑工程定额

混凝土及砂浆机械（摘录） 表2-4

定额编号			XF0001	XF0002	XF0003	XF0004
机械名称			涡浆式混凝土搅拌机			
规格型号			出料容量(L)			
			250	350	500	1000
机型			小	小	中	中
台班单价		元	49.10	79.37	123.70	243.55
费用组成	折旧费	元	19.24	27.70	48.21	97.69
	大修理费	元	3.18	4.58	7.97	16.15
	经常修理费	元	7.57	10.90	18.97	38.44
	安拆费及场外运费	元	5.47	5.47	5.47	20.49
	人工费	元				
	燃料动力费	元	13.64	30.72	43.08	70.78
	其他费	元				
人工·动力	人工	工日	1.00	1.00	1.00	1.00
	汽油	元	5.40			
	柴油	元	5.20			
	电	kW·h	0.40	34.10	34.10	34.10	34.10
	水	m³	2.30				

（二）混凝土及砂浆配合比

混凝土及砂浆配合比根据《普通混凝土配合比设计规程》、《砌筑砂浆配合比设计规程》等规范、标准编制。

混凝土及砂浆配合比中除包括净消耗量外，还应包括施工操作损耗。

该附录供换算混凝土及砂浆的配合比使用。其格式见表2-5、表2-6。

中砂塑性混凝土配合比（摘录） 表2-5

定额编号				YA0022	YA0023	YA0024	YA0025
项目		单位	单价(元)	塑性混凝土(中砂)			
				卵石 最大粒径:40mm			
				C10	C15	C20	C25
基价		元		118.28	130.62	141.76	154.76
其中	人工费	元					
	材料费	元		118.28	130.62	141.76	154.76
	机械费	元					
材料	水泥32.5级	kg	0.30	203.00	252.00	297.00	347.00
	中砂	m³	50.00	0.61	0.55	0.49	0.45
	卵石 5~40mm	m³	32.00	0.84	0.86	0.88	0.88
	水	m³		(0.19)	(0.19)	(0.19)	(0.19)

细砂塑性混凝土配合比（摘录） 表2-6

定额编号			YA0078	YA0079	YA0080	YA0081
项目		单位	单价（元）	塑性混凝土（细砂）		
				卵石 最大粒径：40mm		
				C10	C15	C20	C25
基价		元		118.80	131.89	143.61	156.96
其中	人工费	元					
	材料费	元		118.80	131.89	143.61	156.96
	机械费	元					
材料	水泥32.5级	kg	0.30	213.00	265.00	312.00	364.00
	细砂	m³	45.00	0.58	0.51	0.45	0.40
	卵石5～40mm	m³	32.00	0.90	0.92	0.93	0.93
	水	m³		(0.19)	(0.19)	(0.19)	(0.19)

第三节 建筑工程定额应用

建筑工程定额应用包括直接套用、定额换算和定额补充三种形式，如图2-4所示。

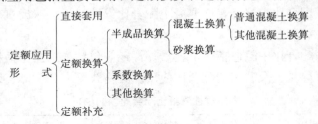

图2-4 定额应用形式分类图

直接套用：当工程项目的内容与定额内容完全相同时，直接套用定额。这是定额应用的主要形式。

定额换算：当工程项目的内容与定额内容不完全相同时，进行定额换算。

定额补充：当工程项目的内容与定额内容完全不相同时，进行定额补充。

一、直接套用

除能很明确地直接套用定额外，还应注意以下几个方面的问题：

1. 凡定额注明"××以内"者，包括"××"本身在内；注明"××以外"者，不包括"××"本身在内。

【例 2-1】 现浇 C20 中砂混凝土墙（墙厚 200mm）

混凝土墙体定额分为"墙厚 200mm 以内"、"墙厚 500mm 以内"和"墙厚 500mm 以上"三组。显然，厚度为 200mm 的墙应套"墙厚 200 以内"的定额。

2. 凡超过某档次时，不论与下一个档次相距多远，均高套下一档，不得在档次之间平均分配。

【例 2-2】 现浇 C20 中砂混凝土墙（墙厚 250mm）

与例 2-1 相比本例除墙厚有变化外，其余均相同。显然，厚度为 250mm 的墙应直接套用"墙厚 500mm 以内"定额即可，不得用"墙厚 500 以内"定额除以 2。

3. 在表头名称下注有"××以内"者，系指单个构件的参数。

【例 2-3】 C20 中砂混凝土块体设备基础（20m³）

块体设备基础分为单个设备基础体积"20m³ 以内"和"20m³ 以上"两组定额。这里的"20m³"不是定额的单位，而是单个设备基础的体积。所以，该项目应套用"20m³ 以内"的定额。

4. 凡从定额中查不到的项目，应仔细阅读说明或计算规则。

【例 2-4】 M5 细砂混合砂浆砌砖阳台栏杆

在定额表中直接查找不到"阳台栏杆"项目，但在砌筑工程的分部说明中有"零星砌砖适用于厕所蹲台、水槽腿、垃圾箱、台阶挡墙、梯带、阳台栏杆、楼梯栏板、池槽、池槽腿、小便槽、地垄墙、屋面隔热板下的砖墩、花台、花池……"，所以根据该说明，砖砌阳台栏杆应直接套用"零星砌砖"的定额项目。

【例 2-5】 钢筋混凝土 T 型吊车梁运输（运距 2.5km）

在定额表中直接查找不到"T 型吊车梁运输"项目，但定额表中有钢筋混凝土构件"Ⅰ类构件运输"、"Ⅱ类构件运输"和"Ⅲ类构件运输"三组定额。根据混凝土工程定额的分部说明知道吊车梁运输属于"Ⅰ类构件运输"，所以，T 型吊车梁运输应直接套用"Ⅰ类构件运输"的定额项目。

5. 要注意同一个项目，名称不同。

如：胶合板门——夹板门——层板门；墙脚排水坡——散水；筏板基础——满堂基础。

在定额套用过程中，绝大部分的项目是能够直接套用的，个别项目的定额套用要注意上面谈到的几个方面。

二、定额换算

定额换算根据其换算方法的不同有半成品换算、系数换算和其他换算三种。

（一）半成品换算

半成品换算是指混凝土或砂浆的换算。

半成品换算的基本方法见下面公式：

$$换算后的材料用量 = 半成品定额用量 \times 单位消耗量$$

式中：半成品定额用量即混凝土构件的定额消耗量（指消耗量定额中的量）；单位

消耗量即配合比表（指附录中的配合比表）中每立方米混凝土的原材料消耗量。

1. 混凝土换算

混凝土换算包括普通混凝土换算和其他混凝土换算两大类。

（1）普通混凝土换算

普通混凝土是指用于各种混凝土构件，由水泥、砂、石、水四种材料组成的混凝土。普通混凝土换算要注意以下几个方面：

1）混凝土品种选用

混凝土品种有塑性混凝土和低流动性混凝土两种。混凝土品种直接影响混凝土单价，如何选用混凝土品种是一个很重要的问题。原定额已经充分考虑了规范的规定，所以混凝土品种直接按定额选用即可。

2）石子粒径选用

石子粒径的大小直接影响混凝土单价，如何选用石子粒径是一个很重要的问题。常见的石子粒径见表2-7。

常见石子粒径表　　　　　　表2-7

序号	粒径名称	石子粒径(mm)				
1	粒径范围	5～10	5～20	5～40	5～31.5	20～80
2	最大粒径	10	20	40	31.5	80

定额充分考虑了规范的规定，所以石子粒径直接按定额选用即可。

3）石子品种选用

石子品种包括卵石和砾石两种。是采用卵石还是采用砾石，应根据当地的具体情况确定。

4）砂子品种选用

砂子品种是按砂子的平均粒径划分的，即中砂平均粒径0.36～0.42mm、细砂平均粒径0.26～0.36mm、特细砂平均粒径0.15～0.25mm。是采用何种粒径的砂子，应根据当地的具体情况确定。

砂、石粒径的大小与混凝土单价密切相关，一般地讲，砂、石粒径越大混凝土的单价越低，砂、石粒径越小混凝土的单价越高。在计算工程造价时应注意砂、石粒径的选用。

【例2-6】 C20混凝土独立基础（细砂）　　AD0026换

套用独立基础相关定额（见表2-8），无细砂混凝土独立基础定额，用独立基础定额AD0026换算（当然用AD0025或AD0027换亦可）。定额AD0026中使用的是中砂混凝土，应将C15中砂混凝土换为C20细砂混凝土，C20细砂混凝土查用定额附录（见表2-5、表2-6）YA0080，人工、机械不变。具体换算方法如下：

本例原定额中选用的是塑性混凝土（见表2-8材料栏混凝土旁边带"塑"字，不带"塑"字者为低流动性混凝土），所以仍用塑性混凝土。

本例原定额中选用的是5～40的粒径，所以仍用5～40的粒径。

第二章 建筑工程定额

本例假设当地仅有细砂卵石，所以采用细砂卵石混凝土。

1. 综合单价换算

综合单价换算可用、差价法、重新组合法三种方法进行换算。

（1）方法1：扣除换进法

综合单价＝2190.71－10.15×153.00＋10.15×172.95＝2393.20元/10m³

（2）方法2：差价法

综合单价＝2190.71＋10.15×（172.95－153.00）＝2393.20元/10m³

（3）方法3：重新组合法

综合单价＝353.60（人工费）＋104.75（机械费）＋114.59（管理费）＋45.84（利润）＋10.15×172.95（混凝土）＋10.30×1.50（水）＋3.54（其他材料费）＝2393.20元/10m³

换算后综合单价为2393.20元/10m³，材料费＝1571.94＋10.15×（172.95－153.00）＝1774.43元/10m³，人工费、机械费、管理费和利润同原定额不变。

无论采用哪种方法，计算的最终结果是相同的。

2. 材料用量换算（查表2-6 用YA0080换材料）

（1）32.5水泥：10.15×312.00＝3166.80m³/10m³

（2）细砂：10.15×0.45＝4.57m³/m³

（3）5-40卵石：10.15×0.93＝9.44m³/10m³

（4）水（不变）：10.30m³/10m³

（5）其他材料费（不变）：3.54元/10m³

（6）柴油（机械费的内容）：4.70kg/10m³（不变）

（因中砂混凝土与细砂混凝土每立方米的用水量均为0.19m³，所以用水量仍为10.30m³/10m³。定额用水量10.30m³中包括拌和混凝土用水以及养护混凝土的现场用水两部分用量）

其他材料费（不变）：3.54元/10m³

3. 机械（不变）：78.18元/10m³（该项目中的机械费仅指搅拌混凝土机械，不含垂直运输机械。垂直运输机械属措施费，不计算在分部分项工程的单价中）

A.D.1.2 独立基础（010401002） 表2-8

工程内容：1. 混凝土水平运输；2. 冲洗石子；
3. 混凝土搅拌、浇捣、养护等全部操作过程。 计量单位：10m³

定额编号			AD0025	AD0026	AD0027
项目		单位	独立基础(中砂)		
		单价(元)	C10	C15	C20
综合单价（基价）		元	2014.91	2190.71	2350.27
其中	人工费	元	353.60	353.60	353.60
	材料费	元	1396.14	1571.94	1731.50
	机械费	元	104.75	104.75	104.75
	管理费	元	114.59	114.59	114.59
	利润	元	45.84	45.84	45.84

续表

定额编号			AD0025	AD0026	AD0027
项目		单位	单价（元）	独立基础（中砂）		
				C10	C15	C20
材料	混凝土（塑．中砂）C10	m³	135.68	10.15	—	—
	混凝土（塑．中砂）C15	m³	153.00	—	10.15	—
	混凝土（塑．中砂）C20	m³	168.72	—	—	10.15
	水泥 32.5	kg		2060.45	2557.80	3014.55
	中砂	m³		6.19	5.58	4.97
	砾石 5-40	m³		8.53	8.73	8.93
	水	m³	1.50	10.30	10.30	10.30
	其他材料费	元		3.54	3.54	3.54
机械	柴油	kg		4.70	4.70	4.70

（2）其他混凝土换算

其他混凝土是指泡沫混凝土、防水混凝土、灌注桩混凝土、水下混凝土、加气混凝土、轻质混凝土、喷射混凝土、沥青混凝土、矿（炉）渣混凝土等。

其他混凝土换算与普通混凝土换算的方法基本相同。

【例 2-7】 C75 炉渣混凝土保温隔热屋面 AH0134 换

套用保温隔热屋面相应定额 AH0134（见表 2-9），该定额中炉渣混凝土的强度等级为 C50，将 C50 炉渣混凝土换为 C75 炉渣混凝土。根据附录 YF0013（见表 2-11）换算。

1. 综合单价换算

综合单价＝2106.13＋10.20×（150.10－137.60）＝2233.63元/10m³

换算后综合单价为2233.63元/10m³，材料费＝1408.11＋10.20×（150.10－137.60）＝1535.61元/10m³，人工费、机械费、管理费和利润同原定额不变。

2. 材料用量换算（查表 2-11 用 YF0013 换材料）

（1）32.5 水泥：10.20×174.00＝1774.80kg/10m³

（2）生石灰：10.20×145.00＝1479.00kg/10m³

（3）炉渣：10.20×1.36＝13.87m³/10m³

（4）水：10.20×0.30＝3.06m³/10m³（未变）

A.D.1.2 保温隔热屋面（010803001） 表 2-9

工程内容：1. 清理基层。2. 铺砌保温层。3. 拍实、平整、找坡。

计量单位：10m³

定额编号				AH0134	AH0135	AH0136	AH0137
项目		单位	单价（元）	炉渣混凝土	矿渣混凝土	石灰炉渣	石灰矿渣
综合单价（基价）		元		2106.13	2233.59	1345.46	1345.46
其中	人工费	元		468.35	468.35	498.65	198.65
	材料费	元		1408.11	1535.57	697.21	697.21
	机械费	元		68.59	68.59	—	—
	管理费	元		107.39	107.39	99.73	99.73
	利润	元		53.69	53.69	49.87	49.87

续表

定额编号			AH0134	AH0135	AH0136	AH0137
项目	单位	单价(元)	炉渣混凝土	矿渣混凝土	石灰炉渣	石灰矿渣
材料	炉渣混凝土 C50	m³	137.60	10.20	—	—	—
	矿渣混凝土 C50	m³	136.90	—	11.16	—	—
	1:10石灰炉渣	m³	68.58	—	—	10.10	—
	1:10石灰矿渣	m³	68.58	—	—	—	10.10
	水泥32.5级	kg		(1458.60)	(1475.76)	—	—
	生石灰	kg		(1224.00)	(1844.70)	—	—
	炉渣	m³		(14.99)	—	(13.64)	—
	矿渣	m³		—	(15.20)	—	(13.64)
	石灰	kg		—	—	(818.10)	(818.10)
	水	m³	1.50	3.06	3.35	3.03	3.03

石灰炉渣配合比（摘录）　　　　　　　　　　　　　　　表 2-10

定额编号			YF0001	YF0002	YF0003	YF0004
项目	单位	单价(元)	石灰炉渣			
			1:3	1:4	1:5	1:10
基价		元	83.64	79.64	76.24	68.58
其中	人工费	元				
	材料费	元	83.64	79.64	76.24	68.58
	机械费	元				
材料	生石灰	kg	0.18	218.00	—	—	—
	石灰	kg	0.18	—	178.00	148.00	81.00
	炉渣	m³	40.00	1.11	1.19	1.24	1.35
	水	m³		(0.30)	(0.30)	(0.30)	(0.30)

炉渣混凝土配合比（摘录）　　　　　　　　　　　　　　表 2-11

定额编号			YF0011	YF0012	YF0013	YF0014
项目	单位	单价(元)	炉渣混凝土			
			混凝土强度等级			
			C35	C50	C75	C100
基价		元	128.18	137.60	150.10	167.66
其中	人工费	元				
	材料费	元	128.18	137.60	150.10	167.66
	机械费	元				
材料	水泥32.5	kg	0.40	122.00	143.00	174.00	201.00
	生石灰	kg	0.15	101.00	120.00	145.00	167.00
	炉渣	m³	40	1.53	1.47	1.36	1.43
	水	m³		(0.30)	(0.30)	(0.30)	(0.30)

【例 2-8】 1 : 5 石灰炉渣保温隔热屋面　AH0136 换

套用保温隔热屋面相应定额 AH0136（见表 2-9），该定额石灰炉渣的配合比为 1 : 10，将 1 : 10 石灰炉渣换为 1 : 5 石灰炉渣。根据附录 YF0003（见表 2-10）换算。

1. 综合单价换算

综合单价 = 1345.46 + 10.10 × (76.24 − 68.58) = 1422.83 元/10m³

换算后综合单价为 1422.83 元/10m³，材料费 = 697.21 + 10.10 × (76.24 − 68.58) = 774.58 元/10m³，人工费、机械费、管理费和利润同原定额不变。

2. 材料用量换算（查表 2-10　用 YF0003 换材料）

(1) 生石灰：10.10 × 148.00 = 1494.80kg/10m³

(2) 炉渣：10.10 × 1.24 = 12.52m³/10m³

(3) 水：10.10 × 0.30 = 3.03m³/10m³（未变）

3. 砂浆换算

砂浆换算与混凝土换算的方法基本相同。

【例 2-9】 M2.5 水泥砂浆砌砖墙（细砂）　AC0011 换

套用砌砖墙相关定额，无细砂水泥砂浆砌砖墙定额，用定额 AC0011 换算（见表 2-12。当然用 AC0012 或 AC0013 换亦可）。AC0011 定额中使用的是细砂混合砂浆砌砖墙，应将细砂混合砂浆换为细砂水泥砂浆，细砂水泥砂浆查用定额附录（见表 2-13、表 2-14）YA0007，人工、机械不变。具体换算方法如下：

A.C.4.1　实心砖墙（010302001）　　　　　　　　　　　　　表 2-12

工程内容：调、运、铺砂浆，运砌块（砖），安放木砖、铁件，砌砖。　　　　计量单位：10m³

定额编号				AC0011	AC0012	AC0013
项目		单位	单价（元）	砖　墙		
				混合砂浆（细砂）		
				M5	M7.5	M10
	综合单价(基价)	元		2063.66	2093.45	2122.35
其中	人工费	元		513.15	513.15	513.15
	材料费	元		1387.11	1416.90	1445.80
	机械费	元		7.27	7.27	7.27
	管理费	元		104.08	104.08	104.08
	利润	元		52.04	52.04	52.04
材料	混合砂浆（细砂）M5	m³	142.00	2.24	—	—
	混合砂浆（细砂）M7.5	m³	155.30	—	2.24	—
	混合砂浆（细砂）M10	m³	168.20	—	—	2.24
	红(青)砖	千匹	200.00	5.31	5.31	5.31
	水泥 32.5	kg		(400.96)	(497.28)	(591.36)
	石灰膏	m³		(0.31)	(0.25)	(0.17)
	细砂	m³		(2.60)	(2.60)	(2.60)
	水	m³	1.50	1.21	1.21	1.21
	其他材料费	元		5.22	5.22	5.22

第二章 建筑工程定额

细砂水泥砂浆配合比（摘录）　　　　　　　表 2-13

定额编号		单价（元）	YC0007	YC0008	YC0009	YC0010
项目	单位		水泥砂浆			
			细砂			
			M2.5	M5	M7.5	M10
基价	元		136.20	142.60	153.00	161.40
其中 人工费	元		—	—	—	—
其中 材料费	元		136.20	142.60	153.00	161.40
其中 机械费	元		—	—	—	—
材料 水泥 32.5	kg	0.40	210.00	226.00	252.00	273.00
材料 细砂	m³	45.00	1.16	1.16	1.16	1.16
材料 水	m³		(0.30)	(0.30)	(0.30)	(0.30)

细砂混合砂浆配合比（摘录）　　　　　　　表 2-14

定额编号		单价（元）	YC00123	YC0024	YC0025	YC0026
项目	单位		混合砂浆			
			细砂			
			M2.5	M5	M7.5	M10
基价	元		128.70	142.00	155.30	168.20
其中 人工费	元		—	—	—	—
其中 材料费	元		128.70	142.00	155.30	168.20
其中 机械费	元		—	—	—	—
材料 水泥 32.5	kg	0.40	136.00	179.00	222.00	264.00
材料 细砂	m³	45.00	1.16	1.16	1.16	1.16
材料 石灰膏	m³	130.00	0.17	0.14	0.11	0.08
材料 水	m³		(0.30)	(0.30)	(0.30)	(0.30)

1. 综合单价换算

综合单价＝2063.66＋2.24×(136.20－142.00)＝2050.67元/10m³

换算后综合单价为 2050.67 元/10m³，材料费＝1387.11＋2.24×(136.20－142.00)＝1374.12 元/10m³，人工费、机械费、管理费和利润同原定额不变。

2. 材料用量换算（查表 2-13 用 YA0007 换材料）

(1) 32.5 水泥：2.24×210.00＝470.40m³/10m³

(2) 红（青）砖（不变）：5.31 千匹/10m³

(3) 细砂：2.24×1.16＝2.60m³/10m³

(4) 水（不变）：1.73m³/10m³

（因细砂混合砂浆与细砂水泥砂浆每立方米的用水量均为0.30m³，见表2-13、表2-14，所以定额用水量仍为1.73m³/10m³。定额用水量1.73m³ 中包括拌和砂浆用水以及浇砖的现场用水两部分用量）

(5) 其他材料费（不变）：3.63元/10m³

（二）系数换算

系数换算是指根据定额规定的系数及其基数换算。

系数换算的基本方法见下式：

换算后消耗量＝定额规定基数×定额规定系数

【例2-10】 M2.5水泥砂浆砌弧形砖墙（细砂）　AC0011换

（定额分部说明摘录：砖（石）墙身、基础如为弧形时，按相应定额项目人工增加10％，砖用量增加2.5％）

该例与例2-9相比，除该例是弧形墙外其余相同。砂浆换算与例2-9相同，弧形墙换算根据定额分部说明中的规定可知：人工增加10％（即人工工日×系数1.10），砖增加2.5％（即红砖量×系数1.025）。换算如下：

1. 综合单价换算

综合单价＝2063.66＋2.24×（136.20－142.00）＋（人工费）513.15×10％＋（砖）5.31×2.5‰×200＝2128.53元/10m³

换算后综合单价为2128.53元/10m³，材料费＝1387.11＋2.24×（136.20－142.00）＋（砖）5.31×2.5‰×200＝1400.67元/10m³，人工费＝513.15×1.1＝564.47元/10m³，机械费、管理费和利润同原定额不变。

2. 材料用量换算（查表2-13　用YA0007换材料）

(1) 32.5水泥：2.24×210.00＝470.40m³/10m³

(2) 红（青）砖：5.31×1.025＝5.44千匹/10m³

(3) 细砂：2.24×1.16＝2.60m³/10m³

水（不变）：1.73m³/10m³

其他材料费（不变）：3.63元/10m³

机械（不变）：5.64元/10m³

【例2-11】 螺旋楼梯贴彩釉砖

（定额分部说明摘录：螺旋形楼梯装饰面执行相应楼梯项目，乘以系数1.15）

查定额BA0161换（见表2-15）

1. 综合单价换算

综合单价＝11321.33×1.15＝13019.53元/100m²

(1) 人工费＝3453.80×1.15＝3971.87元/100m²

(2) 材料费＝6067.68×1.15＝6977.83元/100m²

(3) 机械费＝72.95×1.15＝83.89　元/100m²

(4) 管理费＝1208.83×1.15＝1390.16元/100m²

(5) 利润＝518.07×1.15＝595.78元/100m²

2. 材料用量换算（均乘系数1.15）

(1) 彩釉砖（300×300）：＝161.05×1.15＝185.21m²/100m²

(2) 1∶2水泥砂浆：2.33×1.15＝2.68m³/100m²

第二章 建筑工程定额

(3) 32.5 水泥：1398.00×1.15＝1607.70kg/100m²

(4) 白水泥（擦缝用）：15.00×1.15＝17.25kg/100m²

(5) 中砂（不变）：2.42×1.15＝2.78m³/100m²

(6) 其他材料费：68.51×1.15＝78.79元/100m²

B.A.6.2 块料楼梯面层（020106002） 表 2-15

工程内容：清理基层，弹线，调铺水泥砂浆、铺板、灌缝擦缝、清理净面等全部操作过程。

计量单位：100m²

定额编号		单位	单价（元）	BA0161	BA0162
项 目				楼梯	
				彩釉砖	缸砖
综合单价(基价)		元		11321.33	8402.89
其中	人工费	元		3453.80	3140.15
	材料费	元		6067.68	3619.71
	机械费	元		72.95	72.95
	管理费	元		1208.83	1099.05
	利润	元		518.07	471.02
材料	彩釉砖 300×300	m²	33.00	161.05	—
	缸砖 200×200	m²	18.00	—	159.26
	1:2 水泥砂浆(中砂)		289.92	2.33	2.33
	白水泥	kg	0.60	15.00	15.00
	水泥 32.5	kg		(1398.00)	(1398.00)
	中砂	m³		(2.42)	(2.42)
	其他材料费	元		68.51	68.51

A.B.3.4 变形缝（010703004） 表 2-16

工程内容：清理变形缝；熬沥青；油浸麻丝、木丝板；塞缝。

计量单位：10m

定 额 编 号		单位	AG0535	AG0536	AG0537	AG0538
项 目			油浸木丝板	嵌木条	灌沥青	沥青砂浆
人工	技工	工日	0.293	0.396	0.142	0.528
	普工	工日	0.073	0.099	0.036	0.132
材料	二等锯材	m³		0.06		
	冷底子油 30:70	kg			1.60	1.60
	沥青砂浆 1:2:7	m³				0.05
	石油沥青 30 号	kg	12.85		19.65	(12.86)
	木丝板	m²	1.57			
	石油沥青 30 号	kg			(0.51)	(12.35)
	汽油	kg			(1.23)	(1.23)
	滑石粉	kg				(23.90)
	中砂	m³				(0.06)
	其他材料费	元	1.56	0.99	6.58	8.25
机械	机械费	元	—	—	—	—

（定额分部说明摘录：灌沥青、石油沥青玛琋脂变形缝定额断面为 30mm×30mm，其余变形缝定额项目断面为 30mm×150mm，若设计变形缝断面与定额断面不同时，允许换算，人工不变）见图 2-5。

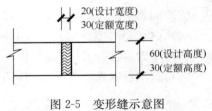

图 2-5 变形缝示意图

$$材料换算系数 = \frac{设计断面}{定额断面} = \frac{20 \times 60}{30 \times 30} = \frac{4}{3}$$

（1）人工（不变）

技工：0.142 工日/10m；普工：0.036 工日/10m

（2）材料

冷底子油 30：70：$1.6 \times \frac{4}{3} = 2.13$ kg/10m

石油沥青 30 号：$(19.65 + 0.51) \times \frac{4}{3} = 26.88$ kg/10m

汽油：$1.23 \times \frac{4}{3} = 1.64$ kg/10m

其他材料费：$6.58 \times \frac{4}{3} = 8.77$ 元/10m

（3）机械：无

复习思考题与习题

1. 什么是建筑工程定额？
2. 建设工程定额如何分类？
3. 什么是劳动定额？劳动定额有几种表现形式？
4. 建筑工程定额由哪些内容组成？
5. 定额项目表包括哪些内容？
6. 直接套用定额应注意哪些问题？
7. 试说明定额换算的一般形式与方法。
8. 试根据表 2-8、表 2-5、表 2-6，确定 C25 中砂混凝土杯口基础的人工、材料、机械的消耗量。
9. 试根据表 2-12～表 2-14，确定 M5 水泥砂浆弧形砖墙（细砂）的人工、材料、机械的消耗量。
10. 根据本地区消耗量定额，计算 600mm×600mm×10mm 大理石板楼地面（灰缝 2mm）人工、材料、机械耗用量。工程量为 1500m^2。
11. 某工程外墙裙水刷石工程量为 1400m^2。面层 1：2 水泥白石子浆 12mm 厚，底层 1：3 水泥砂浆 15mm 厚，试根据本地区消耗量定额计算该工程墙面人工、材料、机械耗用量。
12. 试分析在水泥强度等级、砂子粒径等其他条件均相同的情况下，为什么石子粒径越小，所配制的混凝土单价越高，反之越低？
13. 根据本地区消耗量定额确定本章第三节中例 2-6～例 2-12 所列项目的各种消耗量。

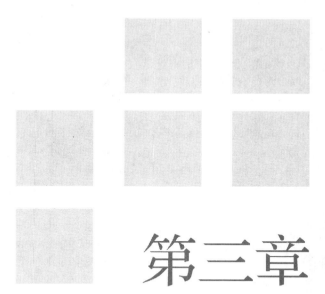

第三章

人工、材料、机械台班单价

学习重点：
1. 人工单价的概念、组成、确定。
2. 材料单价的概念、组成、确定。
3. 械机台班单价的概念、组成、确定。

第三章 人工、材料、机械台班单价

第一节 人工单价

一、人工单价的概念及组成

（一）人工单价的概念

人工单价也称工资单价，是指一个工人工作一个工作日应得的劳动报酬。即企业使用工人的技能、时间给予的补偿。

工作日，是指一个工人工作一个工作日。按我国劳动法的规定，一个工作日的工作时间为 8 小时。简称"工日"。

（二）人工单价的组成

人工单价应由基本工资、工资性补贴、生产工人辅助工资、职工福利费、生产工人劳动保护费等组成。

1. 基本工资：是指发放给生产工人的基本工资。
2. 工资性补贴：是指按规定标准发放的粮食补贴，煤、燃气补贴，交通补贴，住房补贴，流动施工津贴等。
3. 生产工人辅助工资：是指生产工人年有效施工天数以外非作业天数的工资，包括职工学习、培训期间的工资，调动工作、探亲、休假期间的工资，因气候影响的停工工资，女工哺乳时间的工资，病假在六个月以内的工资及产、婚、丧假期的工资。
4. 职工福利费：是指按规定标准计提的职工福利费。
5. 生产工人劳动保护费：是指按规定标准发放的劳动保护用品的购置费及修理费，徒工服装补贴，防暑降温费，在有碍身体健康环境中施工的保健费用等。

二、人工单价的确定

根据"国家宏观调控、市场竞争形成价格"的现行工程造价的确定原则，人工单价是由市场形成，国家或地方不再定级定价。

人工单价与当地平均工资水平、劳动力市场供需变化、政府推行的社会保障和福利政策等有直接联系。不同地区、不同时间（农忙、过节等）的人工单价均有不同。

第二节 材料预算价格

一、材料预算价格的概念及组成

（一）材料预算价格的概念

材料预算价格是指材料由其货源地（或交货地点）到达工地仓库（或指定堆放地点）的出库价格，包括货源地至工地仓库之间的所有费用。见图3-1。

图 3-1　材料预算价格示意图

（二）材料预算价格的组成

材料预算价格由材料原价、材料运杂费、运输损耗费、采购及保管费、检验试验费五部分组成，如图3-2所示。

图 3-2　材料预算价格组成示意图

1. 材料原价：材料原价即材料的购买价。内容包括包装费及供销部门手续费。

2. 材料运杂费：是指材料自货源地运至工地仓库所发生的全部费用，内容包括车船运输（包括运费、过路、过桥费）和装车、卸车等费用。

3. 材料运输损耗费（又称途耗）：是指材料在运输及装卸过程中不可避免的损耗。如材料不可避免的损坏、丢失、挥发等。

4. 材料采购及保管费：是指为组织采购和工地保管材料过程中所需要的各项费用。内容包括：采购费和工地保管费两部分。

（1）材料采购费

材料采购费是指采购人员的工资、异地采购材料的车船费、市内交通费、住勤补助费、通讯费等。

（2）工地保管费

工地保管费是指工地材料仓库的搭建、拆除、维修费，仓库保管人工的费用，仓库材料的堆码整理费用以及仓储损耗。

5. 材料检验试验费：是指对建筑材料、构件和建筑安装物进行一般鉴定、检查所发生的费用，包括自设试验室进行试验所耗用的材料和化学药品等费用。不包括新结构、新材料的试验费和建设单位对具有出厂合格证明的材料进行检验，对构件做破坏性试验及其他特殊要求检验试验的费用。

关于对有出厂合格证明的材料进行检验，若经检验材料合格者，其检验费应由提出检验方承担,若经检验材料不合格者,其检验费应由材料供应方承担。

二、材料预算价格的确定

在确定材料预算价格时,同一种材料若购买地及单价不同,应根据不同的供货数量及单价,采用加权平均的办法确定其材料预算价格。

(一)基本方法

1. 材料原价

(1)总金额法

即用购买材料的总金额除以总数量得到平均原价的方法。其公式是:

$$加权平均原价 = \frac{\Sigma(各货源地数量 \times 材料单价)}{\Sigma 各货源地数量}$$

(2)权数法

$$甲地权数 = \frac{甲地数量}{\Sigma 各货源地数量} \times 100\%$$

$$乙地权数 = \frac{乙地数量}{\Sigma 各货源地数量} \times 100\%$$

$$丙地权数 = \frac{丙地数量}{\Sigma 各货源地数量} \times 100\%$$

$$加权平均原价 = \Sigma(各地原价 \times 各地权数)$$

2. 材料运杂费

$$材料运杂费 = 材料运输费 + 材料装卸费$$

$$材料运输费 = \Sigma(各购买地的材料运输距离 \times 运输单价 \times 各地权数)$$

$$材料装卸费 = \Sigma(各购买地的材料装卸单价 \times 各地权数)$$

3. 材料运输损耗费

$$材料运输损耗费 = (材料原价 + 材料运杂费) \times 运输损耗费率$$

4. 材料采购保管费

$$材料采购保管费 = (材料原价 + 材料运杂费 + 材料运输损耗费)$$
$$\times 材料采购保管费率$$

采购保管费率一般为2.5%左右,各地区可根据不同的情况确定其比率。如有的地区规定:钢材、木材、水泥为2.5%,水电材料为1.5%,其余材料为3.0%。其中材料采购费占30%,材料保管费占70%。

5. 材料检验试验费

$$材料检验试验费 = 材料原价 \times 检验试验费率$$

6. 材料预算价格

材料预算价格 = 材料原价 + 材料运输费 + 材料损耗费 + 材料采购保管费 + 材料检验试验费 - 包装品回收残值

(二)计算实例

【例 3-1】 某工程使用 $\phi 22$ 螺纹钢总共 1000t，由甲、乙、丙三个购买地获得，相关信息见表 3-1，试计算其材料预算价格。

表 3-1

序号	货源地	数量(t)	购买价(元/t)	运输距离(km)	运输单价(元/t·km)	装车费(元/t)	备注
1	甲地	500	3320	60	1.5	8	
2	乙地	300	3330	45	1.5	8	
3	丙地	200	3340	56	1.6	7.5	
	合计	1000					

采购保管费率为 2.5%，检验试验费率为 1%，卸车费 6 元/t。

1. 材料原价
(1) 总金额法

$$材料原价 = \frac{500 \times 3320 + 300 \times 3330 + 200 \times 3340}{1000} = 3327 \text{ 元/t}$$

(2) 权数比重法

$$甲地比重 = \frac{500}{1000} = 50\%；乙地比重 = \frac{300}{1000} = 30\%；丙地比重 = \frac{200}{1000} = 20\%$$

$$材料原价 = 3320 \times 50\% + 3330 \times 30\% + 3340 \times 20\% = 3327.00 \text{ 元/t}$$

上述两种方法中第二种方法更简单，后面的各项计算均采用第二种方法。

2. 材料运杂费
(1) 运输费

$$材料运输费 = 1.5 \times 60 \times 50\% + 1.5 \times 45 \times 30\% + 1.6 \times 56 \times 20\% = 83.17 \text{ 元/t}$$

(2) 装卸费

$$材料装卸费 = 8 \times 50\% + 8 \times 30\% + 7.5 \times 20\% + 6.00 = 13.90 \text{ 元/t}$$

$$运杂费合计 = 83.17 + 13.90 = 97.07 \text{ 元/t}$$

3. 运输损耗费

$$运输损耗费 = (3327.00 + 97.07) \times 0\% = 0.00 \text{ 元/t（钢材无运输损耗）}$$

4. 材料采购保管费

$$材料采购保管费 = (3327.00 + 97.07 + 0.00) \times 2.5\% = 85.60 \text{ 元/t}$$

5. 检验试验费

$$检验试验费 = 3327.00 \times 1\% = 33.27 \text{ 元/t}$$

6. 材料预算价格

$$材料预算价格 = 3327.00 + 97.07 + 0.00 + 85.60 + 33.27 = 3542.94 \text{ 元/t}$$

【例 3-2】 某工程购买 $800 \times 800 \times 5$ 地砖共 3900 匹，由 A、B、C 三个购买地获得，

第三章 人工、材料、机械台班单价

相关信息见表 3-2，试计算其材料预算价格每平方米多少元。

表 3-2

序号	货源地	数量 (匹)	购买价 (元/匹)	运输单价 (元/m²·km)	运输距离 (km)	装卸费 (元/m²)	备 注
1	A 地	936	36	0.04	90	1.25	
2	B 地	1014	33	0.04	80	1.25	
3	C 地	1950	35	0.05	86	1.25	
	合 计	3900					

运输损耗率 2.0%，采购保管费率为 3.0%。

1. 材料原价

(1) 各地材料的购买比重

甲地比重 $=\dfrac{936}{3900}=24\%$；乙地比重 $=\dfrac{1014}{3900}=26\%$；丙地比重 $=\dfrac{1950}{3900}=50\%$

(2) 每平方米 800×800 地砖的块数

$$每平方米块料的块数 = \dfrac{1}{块料长 \times 块料宽}（块/m^2）$$

$$每平方米 800 \times 800 地砖的块数 = \dfrac{1}{0.80 \times 0.80} = 1.5625 \text{ 块}/m^2$$

(3) 材料原价

材料原价 $=(36 \times 24\% + 33 \times 26\% + 35 \times 50\%) \times 1.5625 = 54.25$ 元$/m^2$

2. 材料运杂费

(1) 运输费

运输费 $= 0.04 \times 90 \times 24\% + 0.04 \times 80 \times 26\% + 0.05 \times 86 \times 50\% = 3.85$ 元$/m^2$

(2) 装卸费

$$材料装卸费 = 1.25 \text{ 元}/m^2$$

$$运杂费合计 = 3.85 + 1.25 = 5.10 \text{ 元}/m^2$$

3. 运输损耗费

$$运输损耗费 = (54.25 + 5.10) \times 2.0\% = 1.19 \text{元}/m^2$$

4. 材料采购保管费

材料采购保管费 $=(54.25+5.10+1.19) \times 3.0\% = 1.82$ 元$/m^2$

5. 检验试验费

$$检验试验费 = 54.25 \times 0\% = 0 \text{ 元}/m^2$$

6. 材料预算价格

材料预算价格 $= 54.25 + 5.10 + 1.19 + 1.82 + 0 = 62.36$ 元$/m^2$

(三) 材料采购保管费的分配

在实际工作中某些材料由建设方采购供应，称"甲方供料"。凡由建设方采购供应的材料，材料的采购费及保管费存在分配问题。即材料采购供应方计取材料的采购费，施工方计取材料的保管费。具体怎样分配应在合同中予以明确，若合同中未明确的可按当地管理部门规定计算。

【例 3-3】 设例 3-2 中 800×800×5 地砖共 3900 匹，全由建设单位供货到工地现场，试计算施工单位应计取的保管费。根据合同规定施工单位计取材料采购保管费的 70% 作为保管费。

根据例 3-2 计算的结果计算施工单位应计取的材料保管费：

施工单位的材料保管费＝1.82×3900×(0.8×0.8)×70%＝3179.90元

第三节 施工机械台班单价

一、施工机械台班单价的概念及组成

施工机械台班单价是指一台施工机械在正常运转条件下一个工作班中所发生的全部费用。具体内容包括：折旧费、大修理费、经常修理费、安拆费及场外运输费、机上人工费、燃料动力费、其他费用（车船使用税、保险费、年检费）等七个部分。

（一）折旧费

折旧费是指施工机械在规定使用期限内，陆续收回其原始价值及购买资金的时间价值。

（二）大修理费

大修理费是指施工机械按规定大修理间隔期进行大修，以恢复其正常使用功能所需的费用。

（三）经常修理费

经常修理费是指施工机械除大修理以外的各级保养和临时故障排除所需的费用。包括为保障施工机械设备正常运转所需替换设备，随机使用的工具附具的摊销和维护费用，机械运转及日常保养所需的润滑、擦拭材料费用和机械停置期间的正常维护保养费用等。

（四）安拆费及场外运费

安拆费，是指施工机械在施工现场进行安装、拆卸，所需的人工、材料、机械费、试运转费以及机械辅助设施的折旧、搭设、拆除等费用。

场外运费，是指施工机械整体或分件，从停放场地点运至施工现场或由一个施工地点运至另一个施工地点的装卸、运输、辅助材料及架线等费用。

（五）机上人工费

第三章 人工、材料、机械台班单价

机上人工费是指机上司机（司炉）及随机操作人员所发生的费用，包括工资、津贴等。

（六）燃料动力费

燃料及动力费是指施工机械在施工作业中所耗用的液体燃料（汽油、柴油）、固体燃料（煤、木材）、水、电等费用。

（七）其他费用

其他费用包括车船使用税、保险费和年检费。

1. 车船使用税

车船使用税指按当地有关部门规定交纳的车船使用税。

2. 保险费

保险费是指按当地有关部门规定应缴纳的第三者责任险、车主保险费、机动车交通事故责任强制保险等。

二、施工机械台班单价的确定

（一）折旧费

$$台班折旧费=\frac{施工机械购买价\times(1-残值率)+贷款利息}{耐用总台班}$$

式中：

$$施工机械预算价格=原价\times(1+购置附加费率)+手续费+运杂费$$

$$残值率=\frac{施工机械残值}{施工机械预算价格}\times 100\%$$

耐用总台班＝修理间隔台班×修理周期（即施工机械从开始投入使用到报废前所使用的总台班数）

（二）大修理费

$$大修理费=\frac{一次修理费\times(修理周期-1)}{耐用总台班}$$

（三）经常修理费

$$经常修理费=大修理费\times K$$

式中：K 值为经常维修系数，它等于经常维修费与大修理费的比值。

$$K=\frac{经常修理费}{大修理费}$$

如：载重汽车 6t 以内：$K=5.61$；载重汽车 6t 以上：$K=3.93$。
自卸汽车 6t 以内：$K=4.44$；自卸汽车 6t 以上：$K=3.34$。
塔式起重机：$K=3.94$。

（四）安拆费及场外运费

$$安拆费及场外运费=\frac{安装拆卸费+进场及出场费}{耐用台班数}$$

（五）机上人工费

$$机上人工费 = 机上人工工日数 \times 人工单价$$

（六）燃料动力费

$$燃料动力费 = 燃料动力数量 \times 燃料动力单价$$

（七）其他费用

1. 养路费及车船使用税

$$台班养路费 = \frac{核定吨位 \times 每月每吨养路费 \times 12个月}{年工作台班}$$

2. 车船使用税

$$台班车船使用税 = \frac{每年车船使用税}{年工作台班}$$

3. 保险费

$$保险费 = \frac{按规定年缴纳保险费}{年工作台班数量}$$

三、施工机械台班单价确定举例

【例3-4】 某10t载重汽车有关资料如下：购买价格（辆）125000元；残值率6%；耐用总台班1200台班；大修理间隔台班240台班；一次性大修理费用4600元；大修理周期5次；经常维修系数 $K = 3.93$，年工作台班240台班；每台班消耗柴油40.03kg，柴油单价8.60元/kg；按规定年交纳保险费8500元；每台汽车配司机2名，人工单价90元/工日。试确定台班单价。

根据上述信息逐项计算如下：

1. 折旧费

$$折旧费 = \frac{125000 \times (1 - 6\%)}{1200} = 97.92 \text{元/台班}$$

2. 大修理费

$$大修理费 = \frac{4600 \times (5 - 1)}{1200} = 15.33 \text{元/台班}$$

3. 经常修理费

$$经常修理费 = 15.33 \times 3.93 = 60.25 \text{元/台班}$$

4. 安装拆卸及进出场费

轮式汽车不需计算此项费用。

5. 机上人员工资

机上人员工资 = 2.0 × 90.00 = 180.00元/台班（2工日/台班，90元/工日）

6. 燃料及动力费

燃料及动力费 = 40.03 × 8.6 = 344.26元/台班

第三章 人工、材料、机械台班单价

7. 其他费用

(1) 车船使用税 $=\dfrac{360}{240}=1.50$ 元/台班

(2) 保险费 $=\dfrac{8500}{240}=35.42$ 元/台班

其他费用合计 $=1.50+35.42=36.92$ 元/台班

该载重汽车台班单价 $=97.92+15.33+60.25+180.00+344.26+36.92$
$=734.68$ 元/台班

复习思考题与习题

1. 什么是人工单价？人工单价由哪些内容构成？
2. 人工单价怎样确定？调查本地建筑工人的单价是多少？
3. 什么是材料预算价格？
4. 材料预算价格由哪几部分组成？是否每种建筑材料均有途耗？
5. 举例说出途耗、仓储损耗、施工操作损耗的区别。三种损耗费用各属于什么费用？
6. 某工程 32.5 硅酸盐水泥的购买资料详表 3-3，试计算该材料的材料预算价格。

表 3-3

货源地	数量(t)	买价 (元/t)	运距 (km)	运输单价 (元/t·km)	装卸费 (元/t)	材料采购 保管费率
甲地	100	355	70	0.6	14	2.5%
乙地	300	330	40	0.7	16	2.5%
合计	400					

注：水泥运输损耗率 1.5%，检验试验费费率 1%。

7. 200×300 的内墙瓷砖购买资料见表 3-4。

表 3-4

货源地	数量(块)	买价 (元/块)	运距 (km)	运输单价 (元/km·m²)	装卸费 (元/m²)	备注
A 地	18200	2.50	210	0.02	1.2	火车运输
B 地	9800	2.40	65	0.04	1.5	汽车运输
C 地	10000	2.30	70	0.03	1.4	汽车运输
合计	38000					

注：运输损耗率 2.5%，采购保管费率 3%。

(1) 计算 200×300 的内墙瓷砖每平方米的材料预算价格。
(2) 若该瓷砖全部由建设单位供货至现场，试计算施工单位应该计取的保管费（设保管费按采购保管费的 70% 计算）。
8. 建筑材料在运输途中发生的过路、过桥费属于什么费用？
9. 什么是施工机械台班单价？施工机械台班单价由哪几部分组成？
10. 施工机械进出场及安拆费用、其他费用（车船使用税、保险费、年检费）是否每种施工机械都要发生？

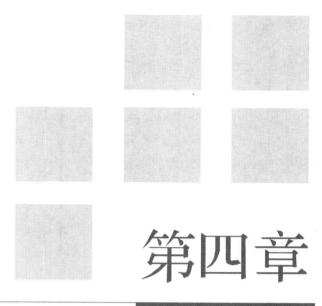

第四章

建筑工程费用组成

学习重点：
1. 基本建设费用的组成。
2. 建筑工程费用的组成，包括基本组成和工程量清单计价的费用组成。

第四章 建筑工程费用组成

第一节 基本建设费用的组成

基本建设费用是指基本建设项目从筹建到竣工验收交付使用整个过程中，所投入的全部费用的总和。内容包括：工程费用、其他费用、预备费、建设期贷款利息及铺底流动资金等。如图 4-1 所示。

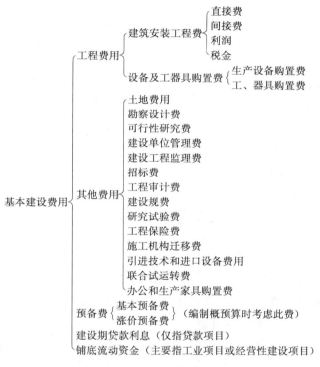

图 4-1 基本建设费用组成图

一、工程费用

工程费用由建筑安装费用和设备及工器具购置费两部分组成。

（一）建筑安装工程费用

建筑安装工程费用包括建筑工程费用和安装工程费用两部分。

1. 建筑工程费用

建筑工程费用是指包括房屋建筑物、构筑物以及附属工程等在内的各种工程费用。建筑工程有广义和狭义之分，这里的建筑工程系指广义建筑工程。狭义的建筑工程一般是指房屋建筑工程，广义的建筑工程包括以下内容：

(1) 房屋建筑工程，是指一般工业与民用建筑工程。具体包括土建工程和装饰工程。
(2) 构筑物工程，如水塔、水池、烟囱、炉窑等构筑物。
(3) 附属工程，如区域道路、围墙、大门、绿化等。

2. 安装工程费用

安装工程费用是指各种设备及管道等安装工程的费用。安装工程包括：
(1) 设备安装工程（包括机械设备、电气设备、热力设备等安装工程）
(2) 静置设备（容器、塔器、换热器等）与工艺金属结构制作安装工程
(3) 工业管道安装工程
(4) 消防工程
(5) 给排水、采暖、燃气工程
(6) 通风空调工程
(7) 自动化控制仪表安装工程
(8) 通信设备及线路工程
(9) 建筑智能化系统设备安装工程
(10) 长距离输送管道工程
(11) 高压输变电工程（含超高压）
(12) 其他专业设备安装工程（如化工、纺织、制药设备等）

建筑安装工程费用的具体内容组成见本章第二节。

(二) 设备及工器具购置费用

设备及工、器具购置费用，包括需要安装和不需要安装的设备及工、器具购置费用。

1. 设备购置费

设备购置费是指为建设项目购置或自制的达到固定资产标准的各种国产或进口设备、工具、器具的购置费用，它由设备原价和设备运杂费构成。

2. 工具、器具及生产家具购置费

工具、器具及生产家具购置费，是指为保证正式投入使用初期正常生产必须购置的没有达到固定资产标准的设备、仪器、工卡模具、器具、生产家具和备品备件等的购置费用。

二、其他费用

工程建设其他费用是指从工程筹建到工程竣工验收交付使用的整个建设期间，除建筑工程费用和设备及工、器具购置费用以外的，为保证工程建设顺利完成，交付使用后能够正常发挥效用而发生的各项费用的总和。内容包括：

1. 土地费用

土地费用是为获得建设用地而支付的费用。内容包括：土地使用费、拆迁安置费、坟墓迁移费、青苗赔偿费、文物保护费、临时租用施工场地费及复耕费等与土地使用有关的各项费用。

第四章 建筑工程费用组成

2. 勘察设计费

勘察设计费是指勘察费和设计费。勘察费是指勘察单位对施工现场进行地质勘察所需要的费用，设计费是指设计单位进行工程设计（包括方案设计初步设计及施工图设计）所需要的费用。

3. 可行性研究费、环境评估费、节能评估费

可行性研究费指建设项目建议书和可行性研究报告的编制和评估费用；环境评估费指建设项目环境影响报告书的编制和评估费用；节能评估费指建设项目节能评估费用。

4. 建设单位管理费

建设单位管理费是指建设单位从项目开工之日起至办理财务决算之日止发生的管理性质的开支。内容包括：不在原建设单位发工资的工作人员工资、基本养老保险费、基本医疗保险费、办公费、差旅交通费、劳动保险费、工具用具使用费、固定资产使用费、零星购置费、招募生产工人费、技术图书资料费、印花税、业务招待费、施工现场津贴、竣工验收费和其他管理性质开支。

5. 建设工程监理费

建设工程监理费是指建设单位委托工程监理单位对工程实施监理工作所需费用。

6. 招标费

招标费是指工程发包时进行工程招标所需要的费用。内容包括：招标管理费、招标代理费、标底编制费、建设工程交易中心综合服务费、招标投标会务服务费等。

7. 工程审计费

工程审计费是指工程概算、预算、结算及决算审计发生的费用。

8. 建设规费

建设规费是指当地有权部门按规定收取的工程建设相关的费用，属于行政事业性收费及经营服务性收费，具体内容包括：

（1）行政性收费：包括城市建设配套费、防空地下室易地建设费、水土保持设施补偿费、水土流失防治费、墙体改革材料专项资金、散装水泥专项资金等。

（2）事业性收费：包括白蚁防治费、新建建筑物防雷装置验收费等。

（3）经营服务性收费：包括城建档案技术咨询服务费、档案管理费、建设项目环境影响评价费、污水净化装置费、拔地钉桩费、水土保持设施方案编制费、房屋面积勘丈费等。

不包括工程排污费、社会保障费、住房公积金和危险作业意外伤害保险费属于工程费用的规费（详见本章第二节）。

9. 研究试验费

研究试验费是指为建设项目提供和验证设计参数、数据、资料等所进行的必要的试验费用以及设计规定在施工中必须进行试验、验证所需费用。

10. 工程保险费

工程保险费是指建设项目在建设期间根据需要实施工程保护所需的费用。具体内容包括：

（1）发包人现场自有人员保险。指工程施工场地内的发包人自有人员的生命及财产保除、第三人人员的生命及财产保险（即第三者责任险）。

(2) 建设工程一切险。指运至施工场地内用于工程的材料和待安装设备的保险。

11. 施工机构迁移费

施工机构迁移费是指施工机构根据建设任务的需要，成建制地由原驻地迁移到另一个地区的一次性搬迁费用。

12. 引进技术和进口设备费用

引进技术和进口设备费用是指从国外引进技术和进口设备的费用。

13. 联合试运转费

联合试运转费是指为正式投产作准备的联动试车费，如联动试车时购买原材料、动力费用（电、气、油等）、人工费、管理费等。联合试运转生产的产品售卖收入应抵减联合试运转成本。

14. 办公和生产家具购置费

办公和生产家具购置费是指购置办公和生产家具的费用，如办公桌、椅、不属于固定资产的计算机等办公和生产家具。

三、预备费

预备费也称为不可预见费，包括基本预备费和涨价预备费两部分。

1. 基本预备费

基本预备费是指在设计阶段难以预料的工程变更费用。内容包括：设计变更、地基局部处理等增加的费用，自然灾害造成的损失和预防灾害所采取的措施费用，竣工验收时为鉴定工程质量对隐蔽工程进行必要的挖掘和修复费用等。

2. 涨价预备费

涨价预备费指建设项目在建设期内由于价格等变化引起工程造价增加的预留费用。内容包括：人工、材料、设备、施工机械等价差，工程费用及其他费用调整，利率、汇率调整等增加的费用。

四、建设期贷款利息

一个建设项目需要投入大量的资金，自有资金的不足通常利用贷款来解决，但利用贷款必须支付利息。贷款期利息包括向国内银行和其他非银行金融机构贷款、出口信贷、外国政府贷款、国际商业银行贷款以及在境内外发行的债券等在贷款期内应偿还的贷款利息。存款利息应冲减贷款利息。

五、铺底流动资金

铺底流动资金，主要是指工业建设项目中，为投产后第一年产品生产作准备的铺底流动资金。一般按投产后第一年产品销售收入的30%计算。

关于固定资产投资方向调节税，该税于1991年开始征收，固定资产投资方向调节税是国民经济各产业结构调整的"税"种，简称"投调税"。2000年暂停收取。

第二节 建筑工程费用的组成

一、建筑工程费用的基本组成

根据中华人民共和国建设部及财政部 2003 年 10 月 15 日联合颁发的关于印发《建筑安装工程费用项目组成》的通知（建标［2003］206 号），我国现行建筑安装工程费用，按费用性质划分由直接费、间接费、利润和税金四部分组成（图 4-2）。

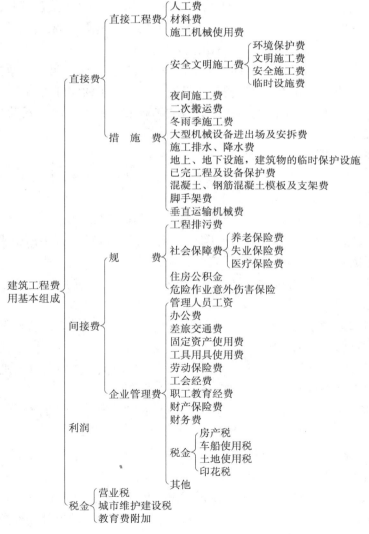

图 4-2 建筑工程费用基本组成图

（一）直接费

直接费由直接工程费和措施费两部分组成。

1. 直接工程费

直接工程费是指施工过程中耗费的构成工程实体的各项费用。内容包括人工费、材料费和施工机械使用费。

（1）人工费：是指直接从事建筑安装工程施工的生产工人开支的各项费用。内容包括：

1）基本工资：是指发放给生产工人的基本工资。

2）工资性补贴：是指按规定标准发放的物价补贴，煤、燃气补贴，交通补贴，住房补贴，流动施工津贴等。

3）生产工人辅助工资：是指生产工人年有效施工天数以外非作业天数的工资，包括职工学习、培训期间的工资，调动工作、探亲、休假期间的工资，因气候影响的停工工资，女工哺乳时间的工资，病假在六个月以内的工资及产、婚、丧假期的工资。

4）职工福利费：是指按规定标准计提的职工福利费。

5）生产工人劳动保护费：是指按规定标准发放的劳动保护用品的购置费及修理费，徒工服装补贴，防暑降温费，在有碍身体健康环境中施工的保健费用等。

（2）材料费：是指施工过程中耗费的构成工程实体的原材料、辅助材料、构配件、零件、半成品的费用。内容包括：

1）材料原价（即材料购买价）。

2）材料运杂费：是指材料自来源地运至工地仓库或指定堆放地点所发生的全部费用。

3）运输损耗费：是指材料在运输装卸过程中不可避免的损耗。

4）采购及保管费：是指为组织采购、供应和保管材料过程中所需要的各项费用。内容包括：采购费、仓储费、工地保管费、仓储损耗。

5）检验试验费：是指对建筑材料、构件和建筑安装物进行一般鉴定、检查所发生的费用，包括自设试验室进行试验所耗用的材料和化学药品等费用。不包括新结构、新材料的试验费和建设单位对具有出厂合格证明的材料进行检验，对构件做破坏性试验及其他特殊要求检验试验的费用。

（3）施工机械使用费：是指施工机械作业所发生的机械使用费以及机械安拆费和场外运费。施工机械台班费由下列内容组成：

1）折旧费：指施工机械在规定的使用年限内，陆续收回其原值及购置资金的时间价值。

2）大修理费：指施工机械按规定的大修理间隔台班进行必要的大修理，以恢复其正常功能所需的费用。

3）经常修理费：指施工机械除大修理以外的各级保养和临时故障排除所需的费用。包括为保障机械正常运转所需替换设备与随机配备工具附具的摊销和维护费用，机械运转中日常保养所需润滑与擦拭的材料费用及机械停滞期间的维护和保养费用等。

第四章 建筑工程费用组成

4) 安拆费及场外运费：安拆费指施工机械在现场进行安装与拆卸所需的人工、材料、机械和试运转费用以及机械辅助设施的折旧、搭设、拆除等费用；场外运费指施工机械整体或分体自停放地点运至施工现场或由一施工地点运至另一施工地点的运输、装卸、辅助材料及架线等费用。

5) 人工费：指机上司机（司炉）和其他操作人员的人工费及上述人员在施工机械规定的年工作台班以外的人工费。

6) 燃料动力费：指施工机械在运转作业中所消耗的固体燃料（煤、木柴）、液体燃料（汽油、柴油）及水、电等费用。

7) 其他费用：指施工机械按照国家规定和有关部门规定应缴纳的车船使用税、保险费及年检费等。

2. 措施费

措施费是指为完成工程项目施工，发生于该工程施工前和施工过程中非工程实体项目的费用。包括内容：

(1) 安全文明施工费：承包人按照国家法律、法规等规定，在和他履行中为保证安全施工、文明施工，保护现场内外环境等所采用的措施发生的费用。内容包括环境保护费、文明施工费、安全施工费和临时设施费四部分。

1) 环境保护费：是指施工现场为达到环保部门要求所需要的各项费用。环境保护费包括范围：现场施工机械设备降低噪音、防止扰民措施的费用；水泥和其他容飞扬的细颗粒建筑材料密闭存放或采取覆盖措施等费用；工程防止扬尘洒水费用；土石方、建渣外运车辆冲洗、防洒漏等费用；现场污染源的控制、生活垃圾清理外运、场地排水排污措施的费用；其他环境保护措施费。

2) 文明施工费：是指施工现场文明施工所需要的各项费用。文明施工费包括范围："五牌一图"的费用；现场围挡的墙面美化（包括内外粉刷、刷白、标语等）、压顶装饰费用；现场厕所便槽刷白、贴面砖，水泥砂浆地面或地砖费用，建筑物内临时便溺设施费用；其他施工现场临时设施的装饰装修、美化措施费用；现场生活卫生设施费用；符合卫生要求的饮水设备、淋浴、消毒等设施费用；生活用洁净燃料费用；防煤气中毒、防蚊虫叮咬等措施费用；施工现场操作场地的硬化费用；现场绿化费用、治安综合治理费用；现场配备医药保健器材、物品费用和急救人员培训费用；用于现场工人的防暑降温费、电风扇、空调等设备及用电费用；其他文明施工措施费用。

3) 安全施工费：是指施工现场安全施工所需要的各项费用。安全施工费包括：安全资料、特殊作业专项方案的编制，安全施工标志的购买及安全宣传的费用；"三宝"（安全帽、安全带、安全网）、"四门"（楼梯口、电梯井口、通道口、预留洞口），"五临边"（阳台围边、楼板围边、屋面围边、槽坑围边、卸料平台两侧）、水平防护架、垂直防护架、外架封闭等防护费用；施工安全用电费用、包括配电箱三级配电、两级保护装置要求、外电防护措施；起重机、塔吊等起重设备（含井架、门架）及外用电梯的安全防护措施（含警示标志）费用及卸料平台的临边防护、层间安全门、防护棚等设施费用；建筑工地起重机械检验检测费用；施工机具防护棚及其围栏的安全保护设施费用；

施工安全防护通道的费用；工人的安全防护用品、用具购置费用；消防设施与消防器材的配置费用；电气保护、安全照明设施费；其他安全防护措施费用。

4）临时设施费：是指施工企业为进行建筑工程施工所必须搭设的生活和生产用的临时建筑物、构筑物和其他临时设施的搭设、维修、拆除或摊销费用等。

临时设施包括：临时宿舍、文化福利及公用事业房屋与构筑物，仓库、办公室、加工厂以及规定范围内道路、水、电、管线等临时设施和小型临时设施。

施工现场临时建筑物、构筑物如临时宿舍、办公室，食堂、厨房、厕所、诊疗所、临时文化福利房、临时仓库、加工厂、搅拌台、临时简易水塔、水池等临时设施的搭设、维修、拆除、或摊销的费用；施工现场临时水管道、临时供电管线、小型临时设施等的搭设、维修、拆除或摊销的费用；施工现场规定范围内临时简易道路铺设，临时排水沟、排水设施的安砌、维修、拆除费用；施工现场采用彩色、定型钢板，砖、混凝土砌块等围挡的安砌、维修、拆除费或摊销费；

（2）夜间施工费：是指因夜间施工所发生的夜班补助费、夜间施工降效、夜间施工照明设备摊销及照明用电，夜间施工时，施工现场交通标志、安全标牌、警示灯等的设置、移动、拆除等费用。为保证工程施工正常进行，非夜间施工在地下室等特殊施工部位施工时所采用的照明设备的安拆、维护、摊销及照明用电等费用。

（3）二次搬运费：是指因施工场地狭小等特殊情况而发生的二次搬运费用。

（4）冬雨季施工费：是指因冬雨季施工期间，采取防寒保温或防雨措施所增加的费用。具体内容包括：

1）冬雨（风）季施工时增加的临时设施（防寒保暖、防水、防雨、防风设施）的搭设、拆除。

2）冬雨（风）季施工时，对砌体、混凝土等采用的特殊加温、保湿和养护措施。

3）冬雨（风）季施工时，施工现场的防滑处理、对影响施工的雨雪的清除。

4）包括冬雨（风）季节施工时增加的临时设施的摊销、施工人员的劳动保护用品、冬雨（风）季施工劳动效率降低等费用。

（5）大型机械设备进出场及安拆费：是指机械整体或分体自停放场地运至施工现场或由一个施工地点运至另一个施工地点，所发生的机械进出场运输及转移费用及机械在施工现场进行安装、拆卸所需的人工费、材料费、机械费、试运转费和安装所需的辅助设施的费用。

（6）混凝土及钢筋混凝土模板及支架费：是指混凝土施工过程中需要的各种钢模板、木模板、支架等的支、拆、运输费用及模板、支架的摊销（或租赁）费用。

（7）脚手架费：是指施工需要的各种脚手架搭、拆、运输费用及脚手架的摊销（或租赁）费用。

（8）地上、地下设施，建筑物的临时保护设施：是指在工程施工过程中，对已建成的地上、地下设施和建筑物进行的遮盖、封闭、隔离等必要的保护措施所发生的费用。

（9）已完工程及设备保护费：是指竣工验收前，对已完工程及设备进行保护（覆盖、包裹、封闭、隔离等必要保护措施）所发生的费用。

（10）施工排水费及降水费：是指为确保工程在正常条件下施工，采取各种排水、降水措施所发生的各种费用。排水费是指排除地表水费用，降水费是指降地下水的费用。

（11）垂直运输机械费：是指材料、半成品、构配件的垂直运输机械，在施工过程中垂直运输机械的运行费用。垂直运输机械包括施工电梯、塔吊、卷扬机以及电动葫芦。

（二）间接费

间接费由规费、企业管理费组成。

1. 规费

规费是指政府和有关权力部门规定必须缴纳的费用（简称规费）。内容包括：

（1）工程排污费：是指施工现场按规定缴纳的工程排污费。

（2）社会保障费

1）养老保险费：是指企业按规定标准为职工缴纳的基本养老保险费。

2）失业保险费：是指企业按照国家规定标准为职工缴纳的失业保险费。

3）医疗保险费：是指企业按照规定标准为职工缴纳的基本医疗保险费。

（3）住房公积金：是指企业按规定标准为职工缴纳的住房公积金。

（4）危险作业意外伤害保险：是指按照建筑法规定，企业为从事危险作业的建筑安装施工人员支付的意外伤害保险费。

2. 企业管理费：是指建筑安装企业组织施工生产和经营管理所需费用。内容包括：

（1）管理人员工资：是指管理人员的基本工资、工资性补贴、职工福利费、劳动保护费等。

（2）办公费：是指企业管理办公用的文具、纸张、账表、印刷、邮电、书报、会议、水电、烧水和集体取暖（包括现场临时宿舍取暖）用煤等费用。

（3）差旅交通费：是指职工因公出差、调动工作的差旅费、住勤补助费，市内交通费和误餐补助费，职工探亲路费，劳动力招募费，职工离退休、退职一次性路费，工伤人员就医路费，工地转移费以及管理部门使用的交通工具的油料、燃料及牌照费。

（4）固定资产使用费：是指管理和试验部门及附属生产单位使用的属于固定资产的房屋、设备仪器等的折旧、大修、维修或租赁费。

（5）工具用具使用费：是指管理使用的不属于固定资产的生产工具、器具、家具、交通工具和检验、试验、测绘、消防用具等的购置、维修和摊销费。

（6）劳动保险费：是指由企业支付离退休职工的易地安家补助费、职工退职金、六个月以上的病假人员工资、职工死亡丧葬补助费、抚恤费、按规定支付给离休干部的各项经费。

（7）工会经费：是指企业按职工工资总额计提的工会经费。

（8）职工教育经费：是指企业为职工学习先进技术和提高文化水平，按职工工资总额计提的费用。

(9) 财产保险费：是指施工管理用财产、车辆保险。

(10) 财务费：是指企业为筹集资金而发生的各种费用。

(11) 税金：是指企业按规定缴纳的房产税、车船使用税、土地使用税、印花税等。

(12) 其他：包括技术转让费、技术开发费、业务招待费、绿化费、广告费、公证费、法律顾问费、审计费、咨询费等。

3. 利润

利润是指施工企业完成所承包工程获得的盈利。

4. 税金

税金是指国家税法规定的应计入建筑安装工程造价的营业税、城市维护建设税及教育费附加。

二、工程量清单计价费用组成

根据《建设工程工程量清单计价规范》的规定，建筑安装工程费用按计价程序划分，由分部分项工程费用、措施费用、其他项目费用、规费、税金五部分组成，见图4-3。这五部分费用与基本构成（图4-2）相比没有本质的区别，只是根据清单计价的需要，顺序上发生了变化。

（一）分部分项工程费

分部分项工程费采用综合单价计算，综合单价应由完成工程量清单中一个规定计量单位项目所需的人工费、材料费、施工机械使用费、管理费和利润，并考虑风险因素。

1. 人工费是指直接从事建筑安装工程施工的生产工人开支的各项费用。

2. 材料费是指施工过程中耗费的构成工程实体的原材料、辅助材料、构配件、零件、半成品的费用。

3. 施工机械使用费指使用施工机械作业所发生的费用。

4. 企业管理费是指建筑安装企业组织施工生产和经营管理所需费用。

5. 利润指按企业经营管理水平和市场的竞争能力，完成工程量清单中各个分项工程应获得并计入清单项目中的利润。

分部分项工程费中，还应考虑风险因素。风险费用是指投标企业在确定综合单价时，应考虑的物价调整以及其他风险因素所发生的费用。

（二）措施费

措施费是指施工企业为完成工程项目施工，应发生于该工程施工前和施工过程中生产、生活、安全等方面的非工程实体费用。内容同前。

（三）其他项目费

其他项目费包括暂列金额、暂估价、计日工程和总承包服务费。

1. 暂列金额

暂列金额是指招标人在工程招标范围内为可能发生的工程变更和价格调整等暂列的金额。主要内容包括施工中可能发生的工程变更、合同约定调整因素出现时的工程价款调整、施工合同签订时尚未确定或者不可预见的所需材料、设备、服务的采购以及发

第四章 建筑工程费用组成

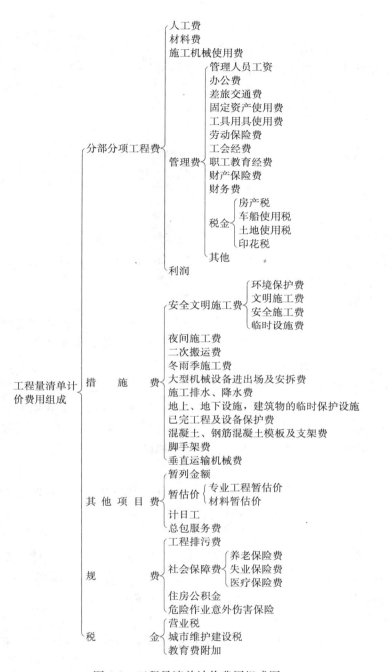

图 4-3 工程量清单计价费用组成图

注：安全文明施工费、规费和税金是不可竞争费

生的现场签证、索赔等的费用。

2. 暂估价

暂估价是指招标人在工程量清单中提供的用于支付必然发生但暂时不能确定的材料的单价以及专业工程的金额。包括材料暂估价和专业工程暂估价。

(1) 材料暂估价

材料暂估价,是指招标人对于品质不便确定而价值差异较大的材料(因招标文件不得指明其品牌和产地),进行材料单价的暂估。如花岗石、地砖等饰面材料以及电气材料等。

材料暂估价在招标文件中给出其材料的单价,在办理工程竣工结算时根据双方确定的单价进行调整,计入竣工结算造价。

(2) 专业工程暂估价

专业工程暂估价,是指对必须由专业资质施工队伍才能施工的工程项目,进行的专业工程暂估价。如幕墙、桩基础、金属门窗、电梯、锅炉、自动消防、钢网架、安防、中央空调等工程项目。

3. 计日工

计日工是指在施工过程中,投标人为完成发包人提出的施工图纸以外的零星项目或工作,在投标时报出(并按合同中约定)的计日工的每个工日的综合单价。在结算时按此单价计算计日工的费用。

4. 总承包服务费

总承包服务费,是指在总承包人为协调发包人进行的工程分包和协调发包人自行采购设备、材料等进行的管理、服务,以及竣工资料汇总整理等服务所需的费用。

(1) 专业工程分包服务费

专业工程分包服务费,是指总承包人对发包人进行的分包工程项目的管理、服务以及竣工资料汇总整理所发生费用。具体内容包括:分包人在施工现场的使用总承包人提供的水、电、垂直运输、脚手架以及总承包人对分包工程的管理、协调和竣工资料整理备案等所发生的费用。对于具体工程而言应在招标文件中见具体内容。

(2) 甲方供料服务费

甲方供料服务费,是指总承包人对发包人自行采购设备、材料发生的管理费。如材料的卸车和市内短途运输以及工地保管费等。

(四) 规费

规费,是指省级政府或省级有关权力部门规定必须缴纳的,应计入工程建筑安装工程造价费用。内容包括:工程排污费、社会保障费(包括养老保险费、失业保险费、医疗保险费)、住房公积金、危险作业意外伤害保险等。

(五) 税金

税金是指国家税法规定的应计入建筑工程造价的营业税、城市维护建设税及教育费附加等。

在上述五部分费用中,安全文明施工费、规费和税金三种费用是不可竞争费。不可竞争费在编制招标控制价(标底)、投标报价(标价)和竣工结算时均按相关规定计算,不参与竞争。

显然,建筑工程费用的组成从不同的角度分析而有所不同。根据费用性质的不同建筑工程费用由直接费、间接费、利润和税金四部分组成,根据清单计价程序的需要建筑工程费用由分部分项工程费、措施费、其他项目费、规费和税金五部分组成,但其实质

第四章 建筑工程费用组成

是相同的，仅组成的顺序发生了变化而已，将图 4-2 和图 4-3 进行比较就不难看出。

复 习 思 考 题

1. 基本建设费用由哪几部分构成？各包括哪些内容？
2. 房屋建筑工程费、电梯安装工程费、电梯购置费、土地费、设计费、监理费、建设期贷款利息，各应属于什么费用？
3. 建筑工程费用按费用性质划分（基本组成）包括哪几部分？建筑工程费用按工程量清单计价顺序划分包括哪几部分？它们有什么关联？
4. 直接费和直接工程费有什么区别？间接费包括哪些内容？
5. 分部分项工程费包括哪些内容？
6. 什么是规费，包括哪些内容？了解当地规费的计算规定。
7. 工程造价总组成中的税金与企业管理费中的税金，各包括哪些内容？
8. 混凝土搅拌机的进出场及安拆费与施工电梯的进出场及安拆费，各属于什么费用？
9. 与建设工程相关的规费很多，计入工程费用中的规费与计入其他费用中的规费各有哪些内容？了解当地有哪些规费？
10. 哪些费用是不可竞争费？

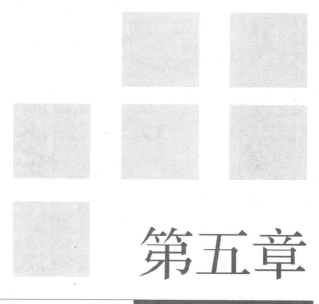

第五章

建筑工程工程量计算

学习重点：

1. 工程量的概念、工程量计算依据、作用和工程量计算"四统一"原则。

2. 建筑面积计算规则及计算方法。

3. 建筑工程工程量计算规则及计算方法。内容包括：土石方工程、桩与地基基础工程、砌筑工程、混凝土及钢筋混凝土工程、厂库房大门特种门木结构工程、金属结构工程、屋面及防水工程、防腐隔热保温工程。

4. 装饰工程工程量计算规则及计算方法。内容包括：楼地面工程、墙柱面工程、顶棚工程、门窗工程、油漆涂料裱糊工程及其他工程。

5. 工程量清单编制。

第五章 建筑工程工程量计算

第一节 概 述

一、工程量的概念

工程量是指以物理计量单位或自然计量单位所表示各分项工程或结构、构件的实物数量。

物理计量单位，即需经量度的单位。如"m^3"、"m^2"、"m"、"t"等常用的计量单位。

自然计量单位，即不需量度而按自然个体数量计量的单位。如"樘"、"个"、"台"、"组"、"套"等常用的计量单位。

二、工程量计算的依据

1. 《建设工程工程量清单计价规范》（GB 50500—2008）

《建设工程工程量清单计价规范》（GB 50500—2008）是住建部和国家质监总局于2008年7月9日颁发的国家标准，建设工程的工程量必须依据《计价规范》计算。在《计价规范》中有各分项工程的计量单位和工程量计算规则。

2. 施工图纸及相关标准图

施工图纸是指拟建工程的施工图纸。相关标准图是指该工程施工图纸涉及的相关标准图集，现行标准图集包括国家标准图集、省标准图集和地方标准图集。

三、工程量计算的"四统一"原则

按照《建设工程工程量清单计价规范》要求，凡实行工程量清单计价进行招标投标的工程，必须根据《建设工程工程量清单计价规范》的规定，统一项目名称、项目编码、计量单位、计算规则的"四统一"原则，计算工程量和编制分部分项工程量清单。

（一）项目名称

项目名称是指分项工程的名称，应按规范要求编列。编列项目名称应包括项目名称、项目特征和工程内容三个部分。项目名称编列的基本格式见表5-1。

【例5-1】 列制某砖混结构工程的M5水泥砂浆砖砌条形基础（墙基）、M5水泥砂浆砖砌独立基础（柱基）的项目名称。根据施工图纸设计内容列制出该项目名称，见表5-1。

在表5-1的序号1中：

项目名称：砖基础

项目特征：1. 垫层材料种类、厚度：C10混凝土，200mm厚；2. 砖品种、规格、强度等级：240×115×53 页岩砖、MU10；3. 基础类型：条形基础；4. 基础深度：2.8m 以内；5. 砂浆强度等级：M5 水泥砂浆。

工程内容：1. 砂浆制作、运输；2. 铺设垫层；3. 砌砖；4. 防潮层铺设；5. 材料运输。

分部分项工程量清单　　　　　　　　　　　表 5-1

工程名称：　　　　　　　　　　　　　　　　　　　　　　　　　第　页，共　页

序号	项目编码	项目名称	项目特征	工程内容	计量单位	工程数量
1	010301001001	砖基础	1. 垫层材料种类、厚度：C10混凝土，200mm 厚 2. 砖品种、规格、强度等级：240×115×53 页岩砖、MU10 3. 基础类型：条形基础 4. 基础深度：2.8m 以内 5. 砂浆强度等级：M7.5 水泥砂浆	1. 砂浆制作、运输 2. 铺设垫层 3. 砌砖 4. 防潮层铺设 5. 材料运输	m³	
2	010301001002	砖基础	1. 垫层材料种类、厚度：C10混凝土，200mm 厚 2. 砖品种、规格、强度等级：240×115×53 页岩砖、MU10 3. 基础类型：独立基础 4. 基础深度：2.8m 以内 5. 砂浆强度等级：M5 水泥砂浆	1. 砂浆制作、运输 2. 铺设垫层 3. 砌砖 4. 防潮层铺设 5. 材料运输	m³	
			……			

（二）项目编码

项目编码即分部分项工程的代码。工程量清单的项目编码采用五个单元十二位编码设置。前面四个单元共 9 位，实行统一编码；第五个单元属于自编码，由工程量清单编制人根据工程具体情况编制，如图 5-1 所示。

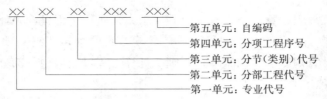

图 5-1　项目编码示意图

第一单元：即一级编码，共有两位代码，表示工程专业的代号。现行国家计价规范纳入了六个专业，01 代表"建筑工程"，02 代表"装饰装修工程"，03 代表"安装工程"，04 代表"市政工程"，05 代表"园林绿化工程"，06 代表"矿山工程"。

第二单元：即二级编码，共有两位代码，表示同一类工程中分章（分部）序号。如：建筑工程中 01 代表"土（石）方工程"，02 代表"桩与地基基础工程"，03 代表"砌筑工程"，04 代表"混凝土及钢筋混凝土工程"，05 代表"厂库房大门、特种门、木结构工程"，06 代表"金属结构工程"，07 代表"屋面及防水工程"，08 代表"防腐、

隔热、保温工程"。

第三单元：即三级编码，共有两位代码，表示章（分部）中分节序号。如：建筑工程的砌筑工程中 01 代表"砖基础"，02 代表"砖砌体"，03 代表"砖构筑物"，04 代表"砌块砌体"，05 代表"石砌体"，06 代表"砖散水、地坪"。

第四单元：即四级编码，共有三位代码，表示章（分部）分节中分项工程的项目序号编码。如：建筑工程的砌筑工程中砖砌体的 001 代表"实心砖墙"，002 代表"空斗墙"，003 代表"空花墙"，004 代表"填充墙"，005 代表"实心砖墙"，006 代表"零星砌砖"。

第五单元：即五级编码，共有三位代码，表示各分部分项工程中子目（细目）序号。由工程量清单编制人根据工程实际编制，又称"自编码"。如在表 5-1 中，同一工程中既有 M7.5 水泥砂浆砖砌条形基础（墙基），又有 M5 水泥砂浆砖砌独立基础（柱基），则前者的自编码为 001，后者的自编码为 002。

（三）计量单位

工程量的计算单位，必须按计价规范中规定的单位确定。一般情况下，一个项目中仅有一个单位，但个别的项目中可能有多个单位，凡有多个单位的项目应注意按不同的内容分别选用不同的单位，不是同一内容既可这个单位又可用另一个单位。

如：在计价规范中"零星砌体"（统一编码 010302006）项目有"m^3"、"m^2"、"m"、"个"四个单位可供选择。砖砌台阶的单位用"m^2"、砖砌地垄墙的单位用"m"、砖砌锅台的单位用"个"、花台花池等的单位用"m^3"。

（四）工程量计算规则

工程量必须按计价规范中的工程量计算规则计算。

如在计价规范中砖基础（项目编码 010301001）的工程量计算规则规定："按设计图示尺寸以体积计算。包括附墙垛基础宽出部分体积，扣除地梁（圈梁）、构造柱所占体积，不扣除基础大放脚 T 形接头处的重叠部分及嵌入基础内的钢筋、铁件、管道、基础砂浆防潮层和单个面积 $0.3m^2$ 以内的孔洞所占体积，靠墙暖气沟的挑檐不增加。基础长度：外墙基础按外墙的中心线，内墙基础按内墙的净长线计算。"

第二节　建筑面积计算

一、正确计算建筑面积的意义

建筑面积是指建筑物各层水平投影面积的总和。

正确计算建筑面积有以下几方面的意义：

1. 建筑面积是确定建筑工程规模的重要指标

确定建筑工程规模的指标很多，如建筑层数、建筑总高、建筑面积、建筑体积等，但最能确切反映建筑工程规模的指标是建筑面积。

2. 建筑面积是计算各种技术经济指标的重要依据

许多技术经济指标与建筑面积有关，如：

单位造价 $=\dfrac{工程总造价}{建筑面积}$（元/m²）。这一指标反映每平方米建筑面积的建造价值。

单位用料 $=\dfrac{某种材料用量}{建筑面积}$（m³/m²、m²/m²、kg/m²）。这一指标反映每平方米建筑面积的材料消耗量，如钢材 50kg/m²、水泥 226kg/m²、石子 0.40m³/m² 等。

容积率 $=\dfrac{总建筑面积}{用地面积总和}$。这一指标反映每平方米用地面积建造的房屋的建筑面积，如 1.21 表示每平方米用地面积建造了 1.21m² 的房屋建筑面积。

建筑密度 $=\dfrac{建筑物占地面积}{用地面积总和}$（%）。这一指标反映在用地面积上建造房屋建筑的稀密程度。

3. 建筑面积是计算相关工程量的基础

建筑面积是计算脚手架工程量、垂直运输机械费工程量等的基础。

二、建筑面积计算

1982 年国家经委基本建设办公室（82）经基建设字 58 号印发的《建筑面积计算规则》，由于时间较长，变化较大，已不适应现实需要。建设部根据实际情况，于 2005 年 4 月 15 日发布了《建筑工程建筑面积计算规范》GB/T 50353—2005，2005 年 7 月 1 日执行，本书根据该规范内容编写。

《建筑工程建筑面积计算规范》适用于新建、扩建、改建的工业与民用建筑工程的面积计算。

计算建筑面积的具体规定如下：

1. 单层建筑

单层建筑物的建筑面积，按勒脚以上结构外围水平投影面积计算（见图 5-2a、图 5-2b），并符合下列规定：

（1）单层建筑物高度≥2.20m 者计算全面积；高度＜2.20m 者计算 1/2 面积，如图 5-2 (c) 所示。

（2）单层建筑内设有部分楼隔层者，局部楼层的二层及以上楼层，有围护结构的按围护结构外围水平面积计算面积，无围护结构的按其结构底板水平面积计算。

如图 5-2 (c) 所示。层高≥2.20m 者计算全面积；层高＜2.20m 者计算 1/2 面积。

【例 5-2】计算如图 5-2 所示的建筑面积。设 $H=5.75$m，其中 $H_1=3.60$m，$H_2=2.15$m。

单层建筑的建筑面积　　$9.84\times10.74=105.68$m²

楼隔层的建筑面积　　$3.24\times3.54\div2=5.73$m²

　　　合计　　　　　　$105.68+5.73=111.41$m²

第五章 建筑工程工程量计算

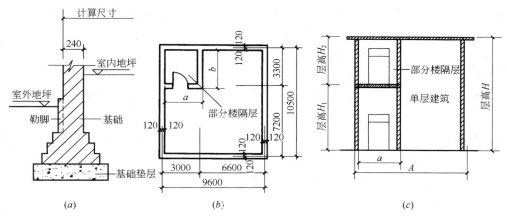

图 5-2 单层建筑面积计算示意图
(a) 勒脚示意图；(b) 面积计算示意图；(c) 楼隔层示意图

楼隔层的首层已包括在单层建筑内，不再计算建筑面积，所以规范规定仅计算二层及二层以上的建筑面积。由于图 5-2 中 $H_2=2.15m<2.20m$，故楼隔层（第二层）按 1/2 计算面积。

围护结构，指围合建筑空间四周的墙体、门、窗等。后同。

(3) 利用坡屋顶内空间时，净高≥2.10m 的部位计算全面积；1.20≤净高＜2.10m 的部位计算 1/2 面积；净高＜1.20m 的部位不计算面积，如图 5-3 所示。

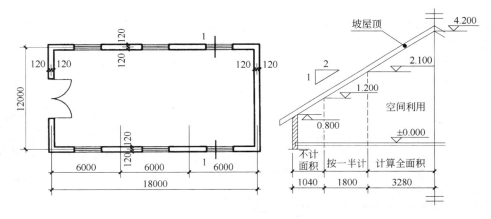

图 5-3 坡屋顶示意图

【例 5-3】 计算图 5-3 所示单层建筑的建筑面积。

根据建筑面积计算规定，先计算建筑净高 1.20m、2.10m 处与外墙外边线的距离。根据屋面的坡度（1∶2），计算出建筑净高 1.20m、2.10m 处与外墙外边线的距离分别为 1.04m、1.80m、3.28m（见图 5-3 标注）。

建筑面积=3.28×2×18.24+1.80×18.24×2÷2=152.49m²

2. 多层建筑

多层建筑首层应按其外墙勒脚以上结构外围水平投影面积计算；二层及以上楼层按

其外墙结构面积外围水平面积计算。层高≥2.20m者计算全面积；层高<2.20m者计算1/2面积。见图5-4。

层高，指上下两层楼面（或楼面与地面）之间的垂直距离。后同。

【例5-4】 如图5-4所示，设第1~5层的层高3.9m，第6层的层高2.1m，经计算第1~4层每层的外墙外围面积为1166.60m²，第5、6层每层的外墙外围面积为475.90m²。计算该工程建筑面积。

建筑面积＝（第1~4层）1166.60×4＋（第5层）475.90＋（第6层）475.90÷2
　　　　＝5380.25m²

3. 多层建筑坡屋顶内和场馆看台下（见图5-5）

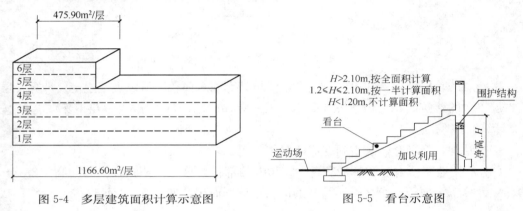

图5-4　多层建筑面积计算示意图　　　图5-5　看台示意图

（1）当设计加以利用时，净高≥2.1m的部位计算全面积；1.2≤净高<2.1m的部位计算1/2面积；净高<1.2m的部位不计算面积。参见图5-3。

（2）当设计不利用时，不计建筑面积。

4. 地下室、半地下室等

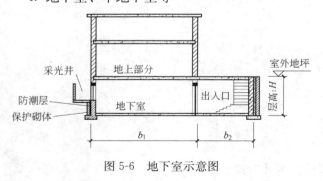

图5-6　地下室示意图

地下室、半地下室（车间、商店、车站、车库、仓库）等，包括相应的有永久性顶盖的出入口，应按其外墙上口（不包括采光井、外墙防潮层及其保护墙）外边线所围水平面积计算。层高≥2.20m者计算全面积；层高<2.20m者计算1/2面积。见图5-6。

地下室，指房间地平面低于室外地平面的高度超过该房间净高的1/2者。

半地下室，指房间地平面低于室外地平面的高度超过该房间净高的1/3，且不超过1/2者。

5. 坡地的建筑物吊脚架空层、深基础架空层（见图5-7、图5-8）

（1）设计加以利用并有围护结构的，层高≥2.2m的部位计算全面积；1.2m＜层高

<2.2m 的部位计算 1/2 面积。

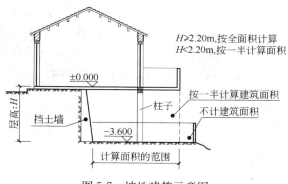

图 5-7 坡地建筑示意图

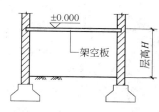

图 5-8 深基础示意图

(2) 设计加以利用、无围护结构的，按其利用部位水平面积的 1/2 计算。
(3) 设计不利用的，不计算面积。

6. 建筑物的门厅、大厅及其回廊（见图 5-9）

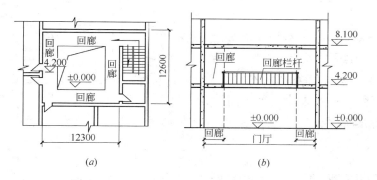

图 5-9 大厅、回廊示意图
(a) 平面图；(b) 剖面图

(1) 门厅、大厅，按一层计算面积；
(2) 门厅、大厅内的回廊，按其结构底板水平面积计算。

门厅、大厅及其回廊的层高≥2.20m 者计算全面积；层高<2.20m 者计算 1/2 面积。

回廊指在建筑物门厅、大厅内设置在二层及二层以上的回形走廊。

【例 5-5】 计算如图 5-9 所示回廊的建筑面积。设回廊的水平投影宽度为 2.0m，
回廊建筑面积 = 12.30×12.60 − (12.30 − 2.0×2)(12.6 − 2.0×2) = 83.60m²
（注：回廊的层高 3.90m>2.20m，所以计算全面积）

7. 架空走廊

架空走廊指建筑物与建筑物之间，在二层及二层以上专门为水平交通设置的走廊。见图 5-10。

(1) 有围护结构者，按围护结构计算面积。层高≥2.2m 的计算全面积；层高

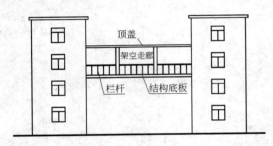

图 5-10 架空走廊示意图

<2.2m 的计算 1/2 面积。

(2) 无围护结构，有永久性顶盖者，按结构底板水平面积的 1/2 计算面积。

图 5-10 所示的架空走廊系无围护结构，应按其结构底板水平面积的 1/2 计算面积。

8. 立体车库、立体书库、立体仓库

(1) 无结构层者，按一层计算面积。

(2) 有结构层者，按结构层分别计算面积。

层高≥2.2m 的计算全面积；层高<2.2m 的计算 1/2 面积。

9. 有围护结构的舞台灯光控制室

有围护结构的舞台灯光控制室，按围护结构外围水平面积计算。层高≥2.2m 的计算全面积；层高<2.2m 的计算 1/2 面积。

10. 建筑物外的橱窗、门斗、挑廊、走廊、檐廊

建筑物外的橱窗、门斗、挑廊、走廊、檐廊按围护结构外围水平面积计算。层高≥2.2m 的计算全面积；层高<2.2m 的计算 1/2 面积。有永久性顶盖无围护结构的应按其结构底板水平面积的 1/2 计算。如图 5-11、图 5-12 所示。

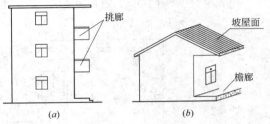

图 5-11 挑廊、檐廊示意图
(a) 挑廊；(b) 檐廊

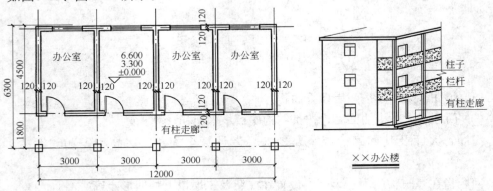

图 5-12 ××办公楼平面图

【例 5-6】 计算图 5-12 所示××办公楼建筑面积。

12.24×4.74×3+12.24×1.80×3÷2=207.10m²

11. 看台

(1) 有永久性顶盖无围护结构的场馆看台，应按其顶盖水平投影面积的 1/2 计算。见图 5-13。

(2) 无顶盖者不计算面积。

12. 屋顶楼梯间、水箱间、电梯机房

有围护结构的屋顶楼梯间、水箱间、电梯机房等，层高≥2.2m 计算全面积；层高<2.2m 计算 1/2 面积。

13. 斜墙建筑

设有围护结构不垂直于水平面而超出底板外沿的斜墙建筑，应按其底板面的外围水平面积计算建筑面积。层高≥2.2m 的计算全面积；层高<2.2m 的计算 1/2 面积。见图 5-14。

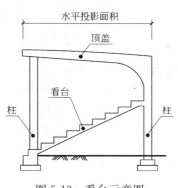 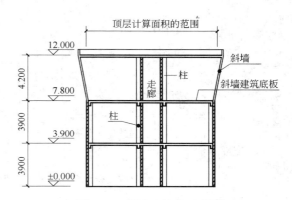

图 5-13　看台示意图　　　　图 5-14　斜墙建筑物示意图

若遇有向建筑物内倾斜的墙体，则应视为坡屋顶，应按坡屋顶的规定计算面积。

14. 室内楼梯间、电梯井、观光电梯井、提物井、管道井、通风排气竖井、垃圾道、附墙烟囱

按建筑物的自然层计算面积。见图 5-15。

15. 雨篷

雨篷挑出宽度≤2.1m 者，不计面积；挑出宽度>2.1m 者按水平投影的 1/2 计算面积；挑出宽度系指外墙外边线至结构外边缘的距离。见图 5-16。无论是有柱雨篷还是无柱雨篷或是独立柱雨篷，均按挑出宽度 2.1m 来确定是否计算建筑面积。

16. 室外楼梯

(1) 有永久性顶盖的，按自然层投影面积的 1/2 计算。见图 5-16。

(2) 无永久性顶盖的，不计算面积。

图 5-16 所示的室外楼梯无顶盖，但应将顶层楼梯视为顶盖，按两层计算其建筑面积。

17. 阳台

阳台是指供使用者进行活动和晾晒衣物的建筑空间。

无论挑阳台、凹阳台、封闭式阳台均按其水平投影面积的 1/2 计算其面积。见图 5-17。

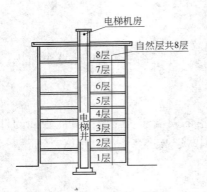
图 5-15 电梯井示意图

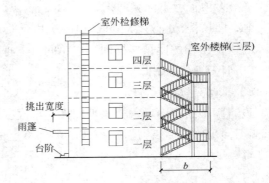
图 5-16 雨篷、室外楼梯示意图

图 5-17 挑阳台、凹阳台、封闭式阳台示意图

18. 车棚、货棚、站台、加油站、收费站

均按顶盖水平投影的 1/2 计算面积。如图 5-18。

19. 高低联跨的建筑物

高低联跨的建筑物，以高跨为主计算面积，如图 5-19 所示。高低联跨内部连通时，其变形缝（指暴露在建筑物内看得见的变形缝）的面积计算在低跨面积内。

20. 幕墙

（1）以幕墙为围护结构的建筑物，按幕墙外边线计算面积。

（2）装饰性幕墙，仍以幕墙内的墙体为准计算面积。

21. 外墙保温层

建筑物外墙外侧有保温层的，按保温层外表计算面积。

22. 变形缝

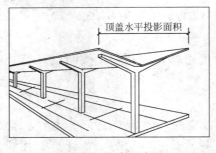
图 5-18 站台示意图

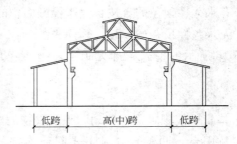
图 5-19 高低跨厂房示意图

建筑物内的变形缝,按其自然层合并在建筑物面积内计算。

变形缝系伸缩缝(温度缝)、沉降缝、抗震缝的总称。

23. 不计算建筑面积的范围

下列项目不计算建筑面积:

(1) 建筑物通道(骑楼、过街楼的底层)。见图 5-20。

(2) 建筑物内设备管道夹层。见图 5-21。

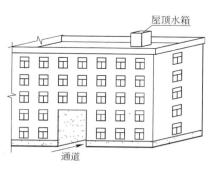

图 5-20　建筑物通道示意图　　　　图 5-21　设备管道夹层示意图

(3) 建筑物内的单层房间,舞台及后台悬挂幕布、布景的天桥、挑台等。

(4) 屋顶水箱、花架、凉棚、露台、露天游泳池。

(5) 建筑物内的操作平台、上料平台、安装箱罐的平台。

(6) 勒脚、附墙柱、垛(见图 5-22)、台阶、散水、坡道、墙面抹灰、装饰面、镶贴块料、装饰性幕墙、空调板、飘窗(见图 5-24)、构件、配件、宽度在 2.1m 以内的雨篷,与建筑物内不相连的装饰性阳台、挑廊(见图 5-23)等。

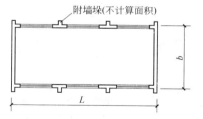

图 5-22　外墙垛示意图

(7) 无永久性顶盖的架空走廊、室外楼梯,用于检修、消防的室外爬梯。

(8) 独立烟囱、烟道、地沟、油(水)罐、气柜、水塔、贮油(水)池、贮仓、栈桥、地下人防通道、地铁隧道。

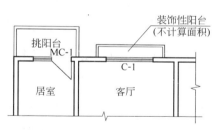

图 5-23　装饰性阳台示意图

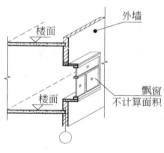

图 5-24　飘窗示意图

第三节 建筑工程工程量计算

建筑工程包括：土（石）方工程、桩与地基基础工程、砌筑工程、混凝土及钢筋混凝土工程、厂库房大门特种门木结构工程、金属结构工程、屋面及防水工程、防腐隔热保温工程等，下面分别叙述。

一、土（石）方工程

土方工程包括：平整场地、挖方和回填方等。

（一）平整场地（010101001）

平整场地是指±30cm以内的就地挖、填、找平。见图5-25。

图 5-25 平整场地示意图

平整场地的工程量，按设计图示尺寸以建筑物首层面积计算。

平整场地的目的是为建筑物施工放线作准备，所以建筑物首层面积应指有基础的建筑物的面积，无基础的部分不能计算建筑面积，如阳台等。

（二）挖方

挖方包括挖土方、挖基础土方和挖管沟土方等内容。

1. 挖土方（010101002）

挖土方系指大面积的开挖土方，如±30cm以外平整场地的竖直布置挖土或山坡切土等。

挖土方的工程量按设计图示尺寸以体积（即自然密实体积）计算，其计算方法可用方格网法。

方格网法是根据测量的方格网按四棱柱法计算挖填土方数量的方法。其步骤如下：

下面以某工程具体实例叙述方格网法计算挖土方工程量的基本方法。

【例5-7】 根据某工程的地貌方格网测量图（见图5-26），计算该工程挖填土方工程量。

第一步：根据方格网测量图计算施工高度

施工高度＝自然地面标高－设计标高

计算结果为正值，其值表示为挖土深度；计算结果为负值，其值表示为填土深度。

1角点：施工高度＝5.305－8.881＝－3.576（填土）

2角点：施工高度＝6.803－8.981＝－2.178（填土）

3角点：施工高度＝10.113－9.081＝＋1.032（挖土）

……

第五章 建筑工程工程量计算

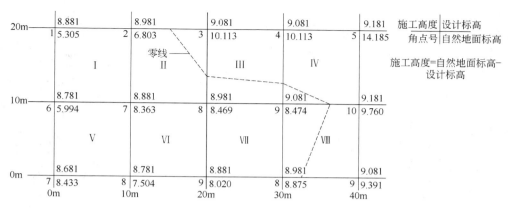

图 5-26 场地平整方格网图

将计算结果绘制成如图 5-27 的计算图。以便于计算零线，确定挖、填区域。

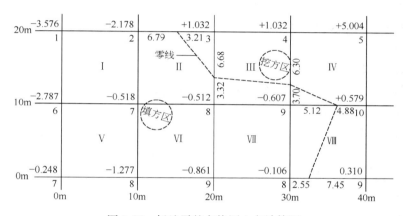

图 5-27 场地平整方格网土方计算图

第二步：根据施工高度计算零线

根据施工高度计算零线的方法是：根据相似三角形对应边相似比原理求零线。

首先，找出有正有负的相邻两角点的边；根据相似比计算 x_1、x_2。见图 5-28（d）。

$$x_1 = \frac{h_1}{h_1 + h_2} \times a \qquad x_2 = a - x_1$$

计算 2、3 角点的零点（即 0 点）：

$$x_1 = \frac{2.178}{2.178 + 1.032} \times 10 = 6.79 \text{m}$$

$$x_2 = 10 - 6.79 = 3.21 \text{m}$$

计算 3、8 角点的零点（即 0 点）：

$$x_1 = \frac{1.032}{1.032 + 0.512} \times 10 = 6.68 \text{m}$$

$$x_2 = 10 - 6.68 = 3.32 \text{m}$$

······

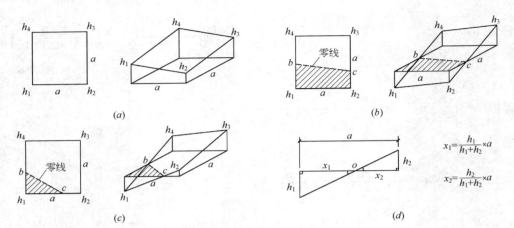

图 5-28 方格网法土方计算分解图
(a) 全挖、全填；(b) 四边形挖填；(c) 三边形、五边形挖填；(d) 边长计算图

根据计算结果，找出各零点标于图中，连接各零点即画出零线，并分出挖填区域，见图 5-27。

第三步：用四棱柱法计算挖填方量

由于零线将方格分成了三边形、四边形、五边形共三种，形成三棱柱、四棱柱、五棱柱三种体。各自的计算公式分别叙述如下：

(1) 全挖全填（四棱柱）的计算公式：见图 5-28 (a)。

$$V_{四}=\frac{h_1+h_2+h_3+h_4}{4}a^2$$

(2) 四棱柱的计算公式：见图 5-28 (b)。

$$V_{四}=\frac{h_1+h_2}{4}\times\frac{x_n\times x_m}{2}\times a \quad （x_n、x_m 分别表示梯形的上底和下底边长）$$

$$V_{四}=\frac{h_3+h_4}{4}\times\frac{x_n\times x_m}{2}\times a \quad （x_n、x_m 分别表示梯形的上底和下底边长）$$

(3) 三棱柱的计算公式：见图 5-28 (c)。

$$V_{三}=\frac{h_1}{3}\times\frac{x_n\times x_m}{2} \quad （x_n、x_m 分别表示三角形的两个直角边长）$$

(4) 五棱柱的计算公式：见图 5-28 (c)。

$$V_{五}=\frac{h_2+h_3+h_4}{5}\times\left(a^2-\frac{x_n\times x_m}{2}\right) \quad \left(\frac{x_n\times x_m}{2} 是三角形的面积\right)$$

根据上述公式计算图 5-27 的挖土方、填土方工程量：

Ⅰ区：$V_{填}=\dfrac{3.576+2.178+0.518+2.787}{4}\times 10\times 10=226.48\text{m}^3$

Ⅱ区：$V_{挖}=\dfrac{1.032}{3}\times\dfrac{3.21\times 6.68}{2}=3.69\text{m}^3$

Ⅱ区：$V_{填}=\dfrac{2.178+0.518+0.512}{5}\times\left(10\times 10-\dfrac{3.21\times 6.68}{2}\right)=57.28\text{m}^3$

Ⅲ区：$V_{挖}=\dfrac{1.032+1.032}{4}\times\dfrac{6.68+6.30}{2}\times 10=33.49\text{m}^3$

Ⅲ区：$V_{填}=\dfrac{0.512+0.607}{4}\times\dfrac{3.32+3.70}{2}\times 10=9.82\text{m}^3$

Ⅳ区：$V_{填}=\dfrac{0.607}{3}\times\dfrac{3.70\times 5.12}{2}=1.92\text{m}^3$

Ⅳ区：$V_{挖}=\dfrac{1.032+5.004+0.579}{5}\times\left(10\times 10-\dfrac{3.70\times 5.12}{2}\right)=109.77\text{m}^3$

Ⅴ区：$V_{填}=\dfrac{0.248+1.277+2.787+0.518}{4}\times 10\times 10=237.30\text{m}^3$

Ⅵ区：$V_{填}=\dfrac{1.277+0.861+0.518+0.512}{4}\times 10\times 10=79.20\text{m}^3$

Ⅶ区：$V_{填}=\dfrac{0.861+0.106+0.512+0.607}{4}\times 10\times 10=52.15\text{m}^3$

Ⅷ区：$V_{填}=\dfrac{0.106+0.607}{4}\times\dfrac{5.12+2.55}{2}\times 10=6.84\text{m}^3$

Ⅷ区：$V_{挖}=\dfrac{0.310+0.579}{4}\times\dfrac{4.88+7.45}{2}\times 10=13.70\text{m}^3$

将计算结果汇总于挖填土方工程量汇总表（表5-2），计算出总挖填方量。

挖填土方工程量汇总表　　　　　　　　　　　　　表5-2

挖填区域	挖方（m³）	填方（m³）	合计（m³）	备注
Ⅰ区	0	226.48	226.48	
Ⅱ区	3.69	57.28	60.97	
Ⅲ区	33.49	9.82	42.77	
Ⅳ区	109.77	1.92	111.69	
Ⅴ区	0	237.30	237.3	
Ⅵ区	0	79.20	79.2	
Ⅶ区	0	52.15	52.15	
Ⅷ区	13.70	6.84	20.54	
合计	160.65	670.45	831.1	

该工程挖填总量831.10m³，其中挖方160.65m³，填方670.45m³。

2. 挖基础土方（010101003）

挖基础土方包括：挖带形基础、独立基础、满堂基础（包括地下室）、设备基础、人工挖孔桩土方等。

挖带形基础土方按不同深度及底宽分别列项计算；挖独立基础、满堂基础土方按不同底面积和深度分别列项计算；挖人工挖孔桩土方按桩径和深度分别列项计算。

挖基础土方工程量，按设计图示尺寸以基础垫层底面积乘挖土深度计算。如图5-29、图5-30所示。其计算公式是：

$$V_{挖}=S_{垫层}\times H$$

式中　$V_{挖}$——基础挖土工程量；
　　　$S_{垫层}$——基础垫层底面积；
　　　H——挖基础土方深度。

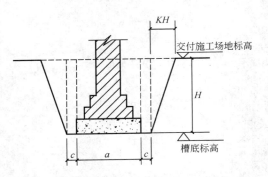

图 5-29　放坡地槽土方工程量计算示意图

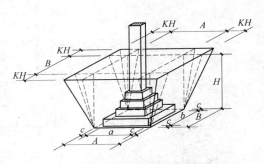

图 5-30　方形放坡地坑示意图

【例 5-8】 计算如 5-31 所示某工程挖基础土方工程量，并根据计价规范套出相应的项目编码。

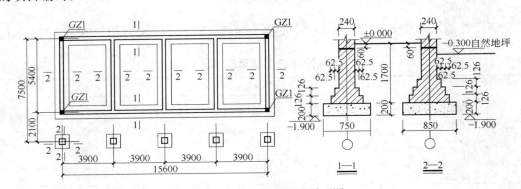

图 5-31　某工程量基础平面图

(1) 挖基础土方（墙基础） 010101003001

挖土深度：$H=1.9-0.3=1.60\text{m}$

垫层底面积：$S_{垫层}=15.6\times2\times0.75+[5.40\times2+(5.40-0.75)\times3]\times0.85$
$$=44.44\text{m}^2$$
$$V_{挖}=44.44\times1.60=71.10\text{m}^3$$

(2) 挖基础土方（柱基础）　010101003002

挖土深度：$H=1.9-0.3=1.60\text{m}$

垫层底面积：$S_{垫层}=0.85\times0.85\times5=3.61\text{m}^2$
$$V_{挖}=3.61\times1.60=5.78\text{m}^3$$

挖基础土方工程量不等于实际挖方量。若不是原槽灌浆施工方式，挖基础土方工程量大于实际挖方量；若采用原槽灌浆且不放坡的施工方式，挖基础土方工程量等于实际挖方量。

地槽的实际挖方量：$V_{挖槽}=(a+2c+KH)HL$

地坑的实际挖方量：$V_{挖坑}=(a+2c+KH)(b+2c+KH)H+\dfrac{1}{3}K^2H^3$

式中　a、b——基础垫层底长、宽；

　　　c——工作面；

　　　K——放坡系数；

　　　H——挖基础土方深度。

　　　L——地槽长度。

显然，挖基础土方工程量中，未包括工作面及放坡增加的体积。见图 5-29、图 5-30。设图 5-31 中的挖基础土方的工作面 $c=300$mm，放坡系数 $K=0.3$，则实际挖方数量为：

$V_{挖槽}=(0.75+2\times0.3+0.3\times1.60)\times1.6\times(15.60\times2)+(0.85+2\times0.3$
$+0.3\times1.60)\times1.6\times[5.40\times2+(5.40-0.75)\times3]=167.78\text{m}^3$

$V_{挖坑}=[(0.85+2\times0.3+0.3\times1.6)\times(0.85+2\times0.3+0.3\times1.6)\times1.6+$
$\dfrac{1}{3}\times0.3^2\times1.6^3]\times5=30.41\text{m}^3$

【例 5-9】 计算图 5-32 所示挖孔桩土方工程量。

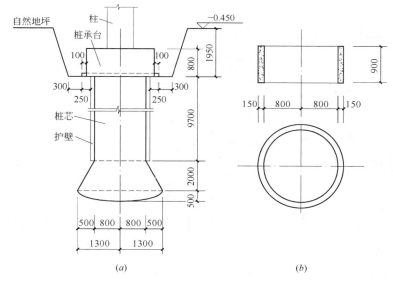

图 5-32　人工挖孔桩示意图

（a）人工挖孔桩；（b）护壁

挖孔桩土方根据实际情况应分段计算。设先挖承台土方后挖桩的土方，所以应分承台土方和挖孔桩土方两部分。

（1）挖基础土方（承台土方）010101003001

$$V_{承台}=2.40^2\times1.95=11.23\text{m}^3$$

（2）挖基础土方（挖孔桩土方）010101003002

挖孔桩土方的体积实际上等于桩芯和护壁的混凝土体积。

挖孔桩土方的体积计算涉及圆台、球缺体积的计算公式，下面介绍圆台、球缺体积的计算公式：如图 5-33 所示。

圆台计算公式：（图 5-33a。）

$$V_{圆台}=\frac{1}{3}\pi(R^2+Rr+r^2)H$$

式中　$V_{圆台}$——圆台的体积；
　　　R、r——圆台上、下圆的半径；
　　　H——圆台的高度。

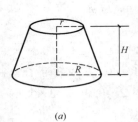 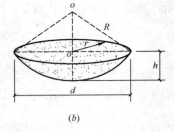

(a)　　　　　　　　　(b)

图 5-33　圆台、球缺示意图
(a) 圆台示意图；(b) 球缺示意图

球缺计算公式：（见图 5-33b。）

$$V_{球缺}=\frac{1}{24}\pi h(3d^2+4h^2)$$

式中　$V_{球缺}$——球缺的体积；
　　　h——球缺的高度；
　　　d——平切圆的直径。

挖孔桩土方的体积由圆柱、圆台、球缺三个部分组成，下面分别计算圆柱、圆台、球缺体积：

1) 圆柱体积

$$V_{圆柱}=\pi\times0.95^2\times9.70=27.50\text{m}^3$$

2) 圆台体积

$$V_{圆台}=\frac{1}{3}\times\pi\times2.00\times(1.30^2+1.30\times0.80+0.80^2)=7.06\text{m}^3$$

3) 球缺体积

$$V_{球缺}=\frac{1}{24}\times\pi\times0.50\times(3\times2.60^2+4\times0.50^2)=1.39\text{m}^3$$

挖孔桩土方工程量＝27.50＋7.06＋1.39＝35.95m³

3. 管沟土方（010101006）

管沟土方是指房屋建筑工程室外给水排水管道沟土方。

管沟土方按设计图示尺寸以管道中心线长度计算。其工程内容包括：土方开挖和土方回填，如图 5-34 所示。

管沟土方应按不同的管道直径、平均挖土深度分别列制项目。平均挖土深度按管沟垫层底表面标高至交付施工场地标高计算（图 5-34a）；直埋管深度按管底外表面至交付施工场地标高的平均高度（图 5-34b）。

（三）回填土（010103001）

回填土包括基础回填土和室内回填土以及场地回填土（室外回填土）三部分。基础回填土是指坑槽内的回填土，回填至基础土方开挖时的标高（即交付施工场地自然标高）；室内回填土是指从开挖时的标高回填至室内垫层下表面，如图5-35 所示。

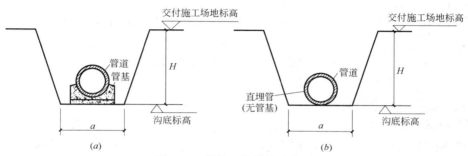

图 5-34 管沟土方计算示意图
(a) 有管基；(b) 直埋管

1. 基础回填土（010103001）

基础回填土按挖方体积减去交付施工场地自然标高以下埋设的基础体积（包括垫层及其他构筑物）。其计算公式是：

$$V_{填} = V_{挖} - V_{埋}$$

式中　$V_{填}$——基础回填体积；
　　　$V_{挖}$——按规则计算的挖基础土方体积；
　　　$V_{埋}$——交付施工场地自然标高以下埋设体积（包括基础、基础垫层、其他构筑物等）。

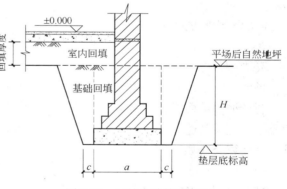

图 5-35 回填土计算示意图

【例 5-10】 计算图 5-31 所示基础回填土方工程量，并根据工程量清单计价规范套出项目编码。

（1）土方回填（墙基础）010103001001

$V_{挖} = 71.10 \text{m}^3$ （见例 5-8）

$V_{墙基础} = (15.6 \times 2) \times (0.24 \times 1.4 + 0.0473) + [5.4 \times 2 + (5.4 - 0.24) \times 3] \times (0.24 \times 1.4 + 0.0945) = 23.27 \text{m}^3$

（注：大放脚面积 0.0473、0.0945 系查表 5-3 而得。）

$V_{垫层} = 44.44 \times 0.2 = 8.89 \text{m}^3$ （44.44 见例 5-8）

$$V_{填} = 71.10 - (23.27 + 8.89) = 38.94 m^3$$

(2) 土方回填（柱基础）010103001002

$V_{挖} = 5.78 m^3$（见例 5-8）

$$V_{柱基础} = (0.24 \times 0.24 \times 1.4 + 0.073) \times 5 = 0.77 m^3$$

（注：大放脚体积 0.073 系查表 5-4 而得。）

$$V_{垫层} = 0.85 \times 0.85 \times 0.2 \times 5 = 0.72 m^3$$

$$V_{填} = 5.78 - (0.77 + 0.72) = 4.07 m^3$$

（注：回填工程量≤实际回填体积）

2. 室内回填土（010103001）

室内回填土又称房心回填土。其工程量按主墙间净面积乘以回填厚度计算。其计算公式是：

$$V_{填} = 室内净面积 \times 回填平均厚度$$

式中　　$V_{填}$——基础回填体积；

室内净面积——主墙间净面积（不扣除间隔墙、柱、垛等面积）；

回填平均厚度——室内地坪至交付施工场地的高差扣减室内面层垫层等。

【例 5-11】 计算图 5-31 所示室内回填土工程量。设：室内垫层 100mm、找平层 20mm、面层 25mm。

室内净面积 = $3.66 \times 5.16 \times 5 + 15.60 \times 1.98$（考虑走廊周围砌 120 砖挡土）

$$= 4106.43 m^2$$

回填平均厚度 = $0.30 - (0.10 + 0.02 + 0.025) = 0.155 m$

$$V_{填} = 106.43 \times 0.155 = 16.56 m^3$$

3. 场地回填土（010103001）

场地回填土即室外回填土。其工程量按回填面积乘以平均回填厚度计算。

若场地回填面积较大，最好采用方格网法计算回填，方格网法计算土方工程量前面已介绍，此不赘述。若场地回填面积不大，且有测量标高，也可根据测量标高平均计算。其计算公式如下：

$$V_{填} = 场地回填面积 \times 平均回填厚度$$

【例 5-12】 某工程场地回填土见图 5-36，计算场地回填土工程量。

场地回填面积 = $140.06 \times 50.29 - 32.27 \times 14.95 \div 2 - (17.62 + 33.32)$

$$\times 28.54 - 17.62 \times 21.75 \div 2 = 5156.95 m^2$$

平均回填厚度 = $(1.668 + 1.503 + 1.545 + 1.465 + 1.562 + 1.600 + 1.605$

$$+ 1.611 + 1.603 + 1.582 + 1.553 + 1.563 + 1.593 + 1.623$$

$$+ 1.563 + 1.587 + 1.512 + 1.613) \div 18 = 1.575 m$$

$$V_{填} = 5156.95 \times 1.575 = 8122.20 m^3$$

二、桩与地基基础工程

桩与地基处基础包括：混凝土桩、其他桩、地基与边坡处理。

（一）混凝土桩

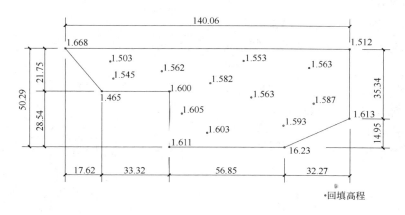

图 5-36　某工程室外回填土计算图

桩基础由桩承台和桩两部分组成，如图 5-37 所示。

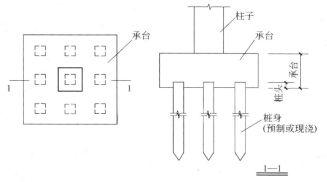

图 5-37　桩基础示意图

混凝土桩包括预制钢筋混凝土桩和现浇钢筋混凝土桩两大类。

1. 预制钢筋混凝土桩

预制钢筋混凝土桩目前使用较多的有预制钢筋混凝土方桩（图 5-38）和预制预应力管桩（图 5-39）两种。无论哪种预制桩应按预制混凝土桩和接桩两个部分分别计算工程量。

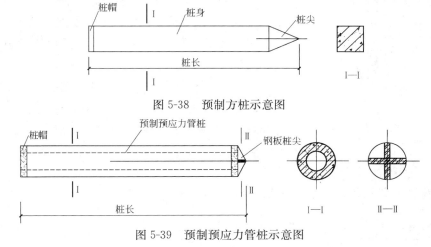

图 5-38　预制方桩示意图

图 5-39　预制预应力管桩示意图

(1) 预制混凝土桩（010201001）

预制混凝土桩的工程量按设计图示桩长（包括桩尖）以"m"计算，也可按根数以"根"计算。

预制混凝土桩的工程内容包括：桩制作、运输，打桩、试验桩，送桩（图5-40），管桩填充材料（图5-42）等。

(2) 接桩（010201002）

按设计图示规定接头量以"个"计算，板桩按接头长度以"m"计算。见图5-41。

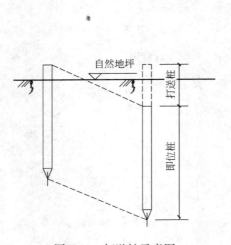

图5-40 打送桩示意图

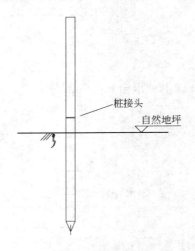

图5-41 接桩示意图

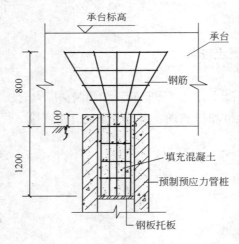

图5-42 管桩与承台关系示意图

接桩的工程内容包括：桩制作、运输，接桩、运输。常见的接桩方式有焊接法接桩（包角钢、包钢板）和硫磺胶泥锚接法接桩。

2. 混凝土灌注桩（010201003）

常见的混凝土灌注桩有回旋钻孔灌注混凝土桩、冲击成孔灌注混凝土桩（图5-43a）、沉管灌注混凝土桩（图5-43b）、挖大孔桩（图5-43c）等。

混凝土灌注桩的工程量按长度以"m"计算，或按"根"计算。

混凝土灌注桩的工程内容包括：成孔、固壁，混凝土制作、运输、灌注、振捣、养护，泥浆池及沟槽砌筑、拆除，泥浆制作、运输，清理、运输。

(二) 其他桩（010202）

其他桩包括砂石灌注桩、灰土挤密桩、旋喷桩、喷粉桩。工程量均按长度以"m"计算。

(三) 地基与边坡处理（010203）

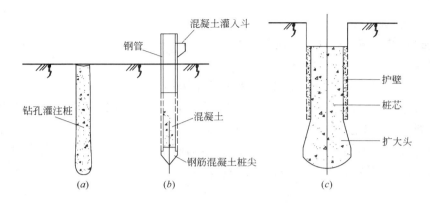

图 5-43 灌注桩示意图
(a) 钻孔冲击灌注桩；(b) 沉管灌注桩；(c) 人工挖孔桩

1. 地下连续墙（010203001）

工程量按体积以"m^3"计算。即按设计图示墙中心线长乘厚度乘槽深的体积计算。

工程内容包括：挖土成槽、余土运输，导墙制作、安装，锁口管吊拔，浇筑混凝土连续墙，材料运输。

2. 振冲灌注碎石（010203002）

工程量按设计图示孔深乘孔截面积以体积计算，如图 5-44 所示。

工程内容包括：成孔，碎石运输，灌注，振实。

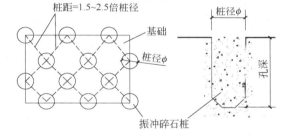

图 5-44 振冲碎石桩平面布置示意图

3. 地基强夯（010203003）

工程量按设计图示尺寸以面积计算。

工程内容包括：铺夯填材料，强夯，夯填材料运输。

4. 锚杆支护（010203004）

工程量按设计图示尺寸以支护面积计算。

工程内容包括：钻孔，浆液制作、运输、压浆，张拉锚固，混凝土制作、运输、喷射、养护，砂浆制作、运输、喷射、养护。

5. 土钉支护（010203005）

工程量按设计图示尺寸以支护面积计算。

工程内容包括：钉土钉，挂网，混凝土制作、运输、喷射、养护，砂浆制作、运输、喷射、养护。

三、砌筑工程

砌筑工程包括：砖基础、砖砌体、砖构筑物、砌块砌体、石砌体、砖散水、地坪、地沟等。

(一)砖基础

砖基础有带形砖基础和独立砖基础两类。

1. 带形砖基础(010301001)

带形砖基础即砖墙下的砖基础,又称条形砖基础。

带形砖基础工程量按设计图示尺寸以体积计算。包括附墙垛基础宽出部分体积,扣除地梁(圈梁)、构造柱所占体积,不扣除基础大放脚T形接头处的重叠部分(图5-45a)。及嵌入基础内的钢筋、铁件、管道、基础砂浆防潮层和单个面积0.3m²以内的孔洞所占体积,靠墙暖气沟的挑檐(图5-45b)不增加。

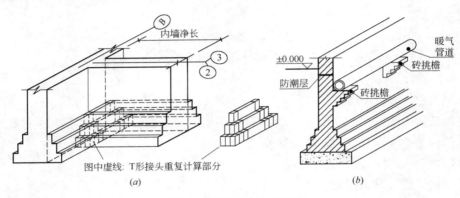

图5-45 砖基础部分示意图
(a)T形接头重复计算部分示意图;(b)砖基础挑檐示意图

砖基础的工程内容包括:砂浆制作、运输,铺设垫层,砌砖,防潮层铺设,材料运输。

带形砖基础分等高式(图5-46a)和不等高式(有称间隔式,见图5-46b)两种。

带形砖基础的工程量计算公式:

$$V_{带形砖基} = \Sigma[(bH + \Delta S_{放})L] - V_{构造柱}$$

式中 $V_{带形砖基}$——带形砖基础体积;

b——基础墙厚度;

H——基础高度(若有地圈梁,H系指扣除地圈梁后的高度);

$\Delta S_{放}$——基础大放脚增加面积;

L——砖基础长度;

$V_{构造柱}$——构造柱的体积。

(1)基础高度(H)

砖基础与砖墙(柱)身划分以设计室内地坪为界(有地下室的以地下室室内设计地坪为界),以下为基础,以上为墙(柱)身。

基础与墙身使用不同材料,位于设计室内地坪±300mm以内时以不同材料为界,超过±300mm,应以设计室内地坪为界,界线以下为砖基础,界线以上为砖墙。

砖围墙应以设计室外地坪为界,以下为砖基础,以上为墙身。

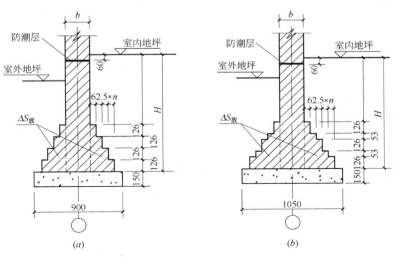

图 5-46 砖基础图
(a) 等高式砖基础；(b) 不等高式砖基础

（2）基础墙厚度（b）

基础墙厚度同砖墙厚度。

（3）基础大放脚增加面积（$\Delta S_{放}$）

基础大放脚增加面积（$\Delta S_{放}$）可查表 5-3。

带形砖基础大放脚增加面积表　　　表 5-3

大放脚层数 n	$\Delta S_{放}$		大放脚层数 n	$\Delta S_{放}$	
	等高式	不等高式		等高式	不等高式
一	0.0158	0.0158	七	0.4410	0.3465
二	0.0473	0.0394	八	0.5670	0.4410
三	0.0945	0.0788	九	0.7088	0.5513
四	0.1575	0.1260	十	0.8663	0.6694
五	0.2363	0.1890	十一	1.0395	0.8033
六	0.3308	0.2599	十二	1.2285	0.9450

注：放脚层数（n）为带形砖基础大放脚的自然层数。

等高式，每层放脚的宽度为 62.5mm，每层放脚的高度为 126mm，见图 5-46（a）。$\Delta S_{放} = 0.007875n(n+1)$

不等高式（也称间隔式），每层放脚的宽度为 62.5mm，放脚的高度为 126mm、63mm 间隔，最下一层 126mm。见图 5-46（b）。$\Delta S_{放} = 0.00196875\left(3n^2 + 4n + \left|\sin\frac{n\pi}{2}\right|\right)$

（4）基础长度（L）

基础长度（L）：外墙按中心线，内墙按净长线计算。

【例 5-13】 计算如图 5-31 所示带型砖基础工程量。

从图中得知：基础墙厚 $b = 0.24$m，基础高 $H = 1.70$m，等高式大放脚，1—1 剖面

层数 $n=2$，2—2 剖面层数 $n=3$，查表 5-3 基础大放脚面积 1—1 剖 $\Delta S_{放}=0.0473\text{m}^2$，2—2 剖 $\Delta S_{放}=0.0945\text{m}^2$。

1—1 剖面：$L_{1-1}=15.6\times2=31.20\text{m}$

2—2 剖面：$L_{2-2}=5.4\times2+(5.4-0.24)\times3=26.28\text{m}$

构造柱 GZ1 体积：$V_{构造柱}=0.24\times0.24\times1.7\times4+0.24\times0.03\times1.7\times8=0.49\text{m}^3$

根据带型砖基础计算公式 $V_{带形砖基}=\Sigma[(bH+\Delta S_{放})L]-V_{构造柱}$ 有：

$V=(0.24\times1.70+0.0473)\times31.20+(0.24\times1.70+0.0945)\times26.28-0.49$
$=26.92\text{m}^3$

2. 独立砖基础（010301001）

独立砖基础即砖柱基础（图 5-47）。

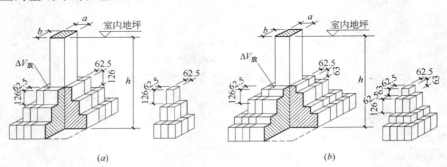

图 5-47 砖柱基础计算示意图
(a) 等高式砖柱基础；(b) 不等高式砖柱基础

独立砖基础工程量计算公式：

$$V_{独立砖基}=(abH+\Delta V_{放})m$$

式中 $V_{独立砖基}$——独立砖基础体积；

a、b——分别为基础柱断面的长和宽；

H——基础高度；

$\Delta V_{放}$——大放脚增加体积（可从表 5-4、表 5-5 查得）；

m——基础个数。

独立砖基础分等高式和不等高式，基础大放脚每层的高度和宽度同带形砖基础。

【例 5-14】 计算如图 5-31 所示独立砖基础工程量。

从图 5-31 得知：独立柱断面边长 $a=0.24\text{m}$，$b=0.24\text{m}$，基础高 $H=1.70\text{m}$，等高式大放脚层数 $n=3$，查表 5-4 基础大放脚体积 $\Delta V_{放}=0.073\text{m}^3$，$m=5$。

根据带型砖基础计算公式 $V_{独立砖基}=(abH+\Delta V_{放})m$ 有：

$V_{独立砖基}=(abH+\Delta V_{放})m=(0.24\times0.24\times1.70+0.073)\times5=0.85\text{m}^3$

（二）砖砌体

砖砌体包括实心砖墙、空斗墙、空花墙、填充墙、实心砖柱、零星砌砖等。

1. 实心砖墙（010302001）

独立砖基础大放脚（等高式）增加体积（$\Delta V_{放}$）表　　表5-4

$a+b$	0.48	0.605	0.73	0.855	0.98	1.105	1.23
$a\times b$ n	0.24×0.24	0.24×0.365	0.365×0.365 0.24×0.49	0.365×0.49 0.24×0.615	0.49×0.49 0.365×0.65	0.49×0.615 0.365×0.74	0.615×0.615 0.49×0.74
一	0.010	0.011	0.013	0.015	0.017	0.019	0.021
二	0.033	0.038	0.045	0.050	0.056	0.062	0.068
三	0.073	0.085	0.097	0.108	0.120	0.132	0.144
四	0.135	0.154	0.174	0.194	0.213	0.233	0.253
五	0.221	0.251	0.281	0.310	0.340	0.369	0.400
六	0.337	0.379	0.421	0.462	0.503	0.545	0.586
七	0.487	0.543	0.597	0.653	0.708	0.763	0.818
八	0.674	0.745	0.816	0.887	0.957	1.028	1.095
九	0.910	0.990	1.078	1.167	1.256	1.344	1.433
十	1.173	1.282	1.390	1.498	1.607	1.715	1.823

注：放脚层数（n）为独立砖基础大放脚的自然层数。等高式，每层放脚的宽度为62.5mm，每层放脚的高度为126mm，如图5-47所示。$\Delta V_{放}=n(n+1)[0.007875(a+b)+0.000328125(2n+1)]$

独立砖基础大放脚（不等高式）增加体积（$\Delta V_{放}$）表　　表5-5

$a+b$	0.48	0.605	0.73	0.855	0.98	1.105	1.23
$a\times b$ n	0.24×0.24	0.24×0.365	0.365×0.365 0.24×0.49	0.365×0.49 0.24×0.615	0.49×0.49 0.365×0.65	0.49×0.615 0.365×0.74	0.615×0.615 0.49×0.74
一	0.010	0.011	0.013	0.015	0.017	0.019	0.021
二	0.028	0.033	0.038	0.043	0.017	0.052	0.057
三	0.061	0.071	0.081	0.091	0.101	0.106	0.112
四	0.11	0.125	0.141	0.157	0.173	0.188	0.204
五	0.179	0.203	0.227	0.25	0.274	0.297	0.321
六	0.269	0.302	0.334	0.367	0.399	0.432	0.464
七	0.387	0.43	0.473	0.517	0.56	0.599	0.647
八	0.531	0.586	0.641	0.696	0.751	0.806	0.861
九	0.708	0.776	0.845	0.914	0.983	1.052	1.121
十	0.917	1.001	1.084	1.168	1.252	1.335	1.419

注：放脚层数（n）为带形砖基础大放脚的自然层数。不等高式（也称间隔式），每层放脚的宽度为62.5mm，放脚的高度为126、63mm间隔，最下一层126mm。$\Delta V_{放}=0.00196875\left(3n^2+4n+\left|\sin\dfrac{n\pi}{2}\right|\right)(a+b)+0.0004921875n(n+1)^2$

实心砖墙工程量计算的一般公式：

$$V_{墙}=(L_{墙}\times H_{墙}-S_{洞口})\times b_{墙厚}-V_{梁、柱}+V_{垛}$$

式中　$V_{墙}$——砖墙体积；

　　　$L_{墙}$——墙长（外墙按中心线计算，内墙按净长计算）；

　　　$H_{墙}$——墙高；

　　　$S_{洞口}$——门、窗、洞口面积；

　　　$b_{墙厚}$——墙厚；

　　　$V_{梁、柱}$——圈、过梁、挑梁体积；

$V_{垛}$——墙垛体积。

(1) 墙长（$L_{墙}$）

外墙按中心线计算，内墙按净长计算。

在计算墙长时，两墙 L 型相交时，两墙均算至中心线（见图 5-48①节点）；两墙 T 型相交时，外墙拉通计算，内墙按净长计算（见图 5-48②节点）；两墙十字相交时，内墙均按净长计算（见图 5-48③节点）。

【例 5-15】 计算图 5-48 所示的墙长。

$$L=(15.6+7.5)\times 2+(5.4-0.24)\times 2+(7.5-0.24)+(3.9-0.24)\times 2$$
$$=71.10\text{m}$$

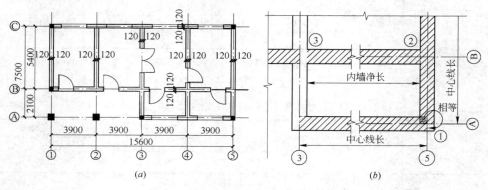

图 5-48 墙长计算示意图

(a) 楼层平面图；(b) 墙长计算示意图

(2) 墙高（$H_{墙}$）

1) 外墙墙高

斜（坡）屋面无檐口顶棚者算至屋面板底（见图5-49a）；

有屋架且室内外均有顶棚者算至屋架下弦底另加 200mm；无顶棚者算至屋架下弦底另加 300mm，出檐宽度超过 600mm 时按实砌高度计算；（见图 5-49b）

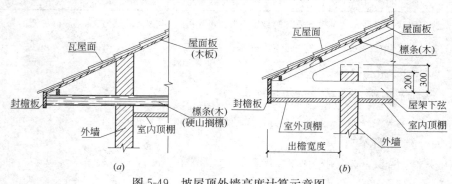

图 5-49 坡屋顶外墙高度计算示意图

(a) 无屋架；(b) 有屋架

平屋面算至钢筋混凝土板底（见图 5-50）。

2) 内墙墙高

位于屋架下弦者，算至屋架下弦底；
无屋架者算至顶棚底另加 100mm（见图 5-51a）；
有钢筋混凝土楼板隔层者算至楼板顶（见图5-51b）；
有框架梁时算至梁底。

框架结构间的填充墙，按框架结构柱梁间的净面积减去门窗洞口面积，乘以墙厚计算。

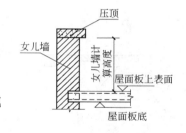

图 5-50 平屋面墙高计算示意图

【例 5-16】 计算如图 5-52 所示框架间墙体工程量（设框架间墙体为 300 厚水泥煤渣砌块）。

$$(6.0-0.5)\times(3.6-0.65)\times0.3 = 4.87 \text{m}^3$$

3）女儿墙：从屋面板上表面算至女儿墙顶面（如有混凝土压顶时算至压顶下表面），如图 5-50、图 5-51（b）所示。

4）内、外山墙(硬山搁檩)：按其平均高度计算（图 5-53）。

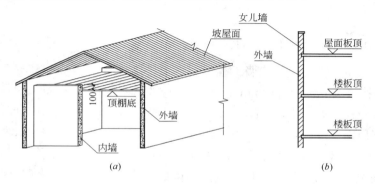

图 5-51 内墙高度计算示意图
(a) 无屋架；(b) 有楼隔层

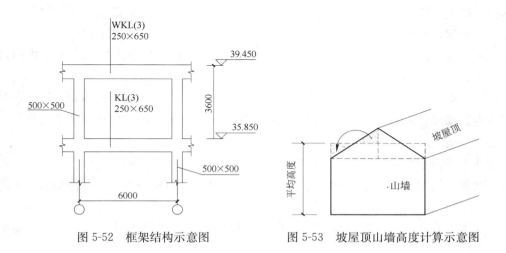

图 5-52 框架结构示意图　　图 5-53 坡屋顶山墙高度计算示意图

5）围墙：高度算至压顶上表面（如有混凝土压顶时算至压顶下表面），围墙柱并入围墙体积内。见图 5-54。

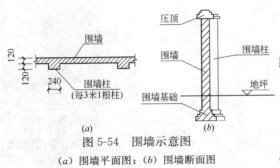

图 5-54 围墙示意图

(a) 围墙平面图；(b) 围墙断面图

(3) 门窗洞口面积（$S_{洞口}$）

门窗洞口面积系指门、窗及 $0.3m^2$ 以内的洞口面积。门窗面积指门窗的洞口面积，而不是指门窗的框外围面积。

(4) 墙厚（$B_{墙厚}$）

标准砖墙计算厚度按表 5-6 "标准墙厚度计算表"计算。

标准墙厚度计算表　　　　　　　　　　　　表 5-6

墙厚	1/4	1/2	3/4	1	$1\frac{1}{2}$	2	$2\frac{1}{2}$	3
计算厚度 (mm)	53	115	180	240	365	490	615	740

注：标准砖规格 240mm×115mm×53mm，灰缝宽度 10mm。

$\frac{1}{2}$砖墙、$1\frac{1}{2}$砖墙，施工图纸上一般都标注为 120mm 和 370mm，但在计算砖墙工程量时，墙体的厚度不能按 120mm 和 370mm 计算，而应按 115、365mm 计算，如图 5-55 所示。

(5) 计算规定

实心砖墙工程量，按设计图示尺寸以体积计算。扣除门窗洞口、过人洞、空圈、嵌入墙内的钢筋混凝土柱、梁、圈梁、挑梁、过梁及凹进墙内的壁龛、管槽、暖气槽、消火栓箱所占体积，不扣

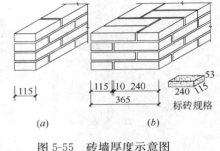

图 5-55 砖墙厚度示意图

(a) $\frac{1}{2}$砖墙；(b) $1\frac{1}{2}$砖墙

除梁头、板头、檩头、垫木、木楞头、沿缘木、木砖、门窗走头、砖墙内加固钢筋、木筋、铁件、钢管及单个面积 $0.3m^2$ 以内的孔洞所占的体积。凸出墙面的腰线、挑檐、压顶、窗台线、虎头砖、门窗套的体积亦不增加。凸出墙面的砖垛并入墙体体积内计算。见图 5-56。

附墙烟囱、通风道、垃圾道，应按设计尺寸以体积（扣除孔洞所占体积）计算，并入所依附的墙体体积内。当设计规定孔洞内需要抹灰时，另行按抹灰相应项目计算。

2. 空斗墙 (010302002)

空斗墙工程量按设计图示尺寸以空斗墙外形体积（不扣空斗体积）计算。墙角、内外墙交接处、门窗洞口立边、窗台砖、屋檐处的实砌部分体积并入空斗墙体积内。见图 5-57。

空斗墙的实砌部分（如窗间墙、窗台下、楼板下等）按体积计算。列入"零星砌砖"项目。

3. 空花墙 (010302003)

空花墙工程量按设计图示尺寸以空花部分外形体积计算，不扣除空洞部分体积。

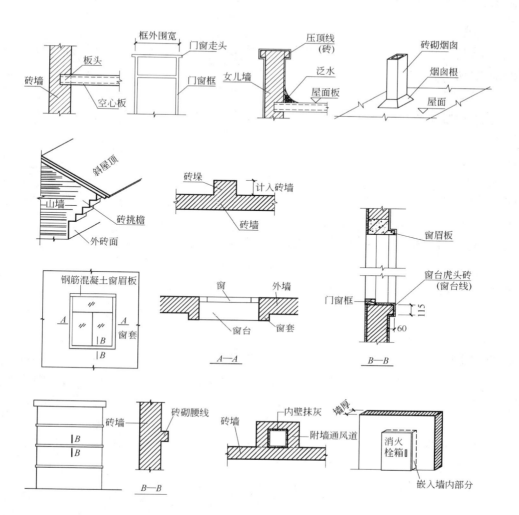

图 5-56 局部砖砌体示意图

空花墙的实砌部分按实心砖墙计算。见图 5-58。

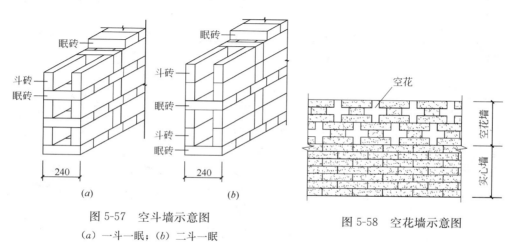

图 5-57 空斗墙示意图
(a) 一斗一眠;(b) 二斗一眠

图 5-58 空花墙示意图

4. 填充墙（010302004）

填充墙工程量按设计图示尺寸以填充墙外形体积（不扣空斗部分所占体积）计算，填充材料不另计算。见图5-59。

5. 实心砖柱（010302005）

实心砖柱工程量按设计图示尺寸以体积计算。扣除混凝土及钢筋混凝土梁垫、梁头、板头所占体积。见图5-60。

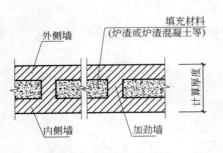 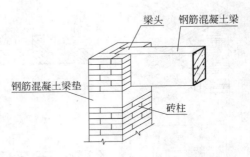

图5-59 填充墙示意图　　　图5-60 砖柱上梁垫、梁头示意图

6. 零星砌砖（010302006）

零星砌砖工程量按设计图示尺寸计算。零星砌砖的范围包括：台阶、台阶挡墙、梯带、锅台、炉灶、池槽、池槽腿、花台、花池、楼梯拦板、阳台栏板、地垄墙、小便槽、屋面隔热板下砖墩、$0.3m^2$以内的孔洞填塞等。分别以"m^3"、"m^2"、"m"、"个"计算。

(1) 砖砌锅台、炉灶（010302006001）

砖砌锅台、炉灶按外形尺寸以"个"计算。

(注：集体食堂的大灶称锅台，宿舍、住宅的厨房内的小灶称炉灶)

(2) 砖砌台阶（010302006002）

砖砌台阶按水平投影面积以"m^2"计算。不包括梯带（图5-61）。

注意：台阶最上一踏步应按其外边缘另加300mm计算。

(3) 小便槽（010302006003）

小便槽、地垄墙工程量按长度以"m"计算。如图5-62、图5-63所示。

(4) 零星砌砖（010302006004）

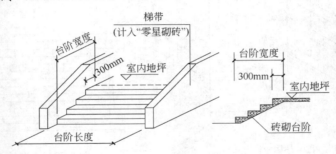

图5-61 台阶示意图

第五章 建筑工程工程量计算

零星砌砖是指除锅台、炉灶、台阶、小便槽、地垄墙以外的所有零星砖砌体，其工程量按体积以"m^3"计算。

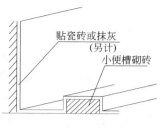

图 5-62 小便槽示意图

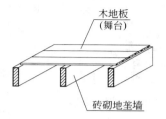

图 5-63 地垄墙示意图

零星砌砖具体内容包括：台阶挡墙、梯带（图 5-61）、蹲台、池槽、池槽腿、花台、花池（图 5-64）、楼梯栏杆、阳台栏杆（图 5-65）、屋面隔热板下的砖墩（图 5-66）、0.3m^2 孔洞填塞等。

（5）框架外表面贴砖（010302006005）

框架外表面贴砖工程量按贴砖体积以"m^3"计算。见图 5-67。

（三）砖构筑物

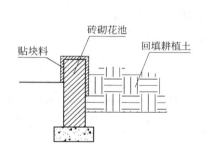

图 5-64 砖砌花池示意图

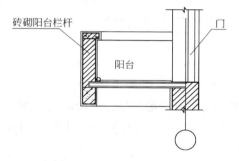

图 5-65 砖砌阳台栏杆示意图

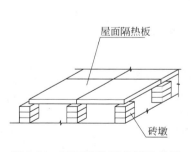

图 5-66 屋面隔热板砖墩示意图

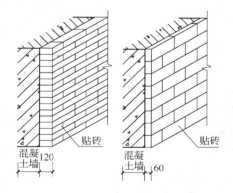

图 5-67 贴砖示意图

砖构筑物包括砖烟囱、水塔、烟道、窨井、检查井、水池、化粪池等。

1. 砖烟囱、水塔（010303001）

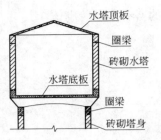

图 5-68 砖砌水塔示意图

砖烟囱、水塔工程量按设计图示筒壁平均中心线周长乘厚度乘高度以体积计算。扣除各种孔洞、钢筋混凝土圈梁、过梁等体积。见图 5-68。

砖烟囱应按设计室外地坪为界，以下为基础，以上为筒身。

水塔基础与塔身划分应以砖砌体的扩大部分顶面为界，以下为基础，以上为塔身。

砖烟囱、水塔的工程内容包括：砂浆制作、运输、砌砖、涂隔热层、装填充料、砌内衬、勾缝、材料运输。

【**例 5-17**】 计算某砖烟囱（见图 5-69、图 5-70）相关工程量。

(1) 挖基础土方（010101003）

挖砖烟囱基础土方工程量按基础垫层面积乘以挖土深度计算，所以：

$$V=\pi \times 4.34^2 \times 3.75 = 221.90 \text{m}^3$$

（砖烟囱基础土方的挖土深度为 ±0.000 至基础垫层底标高）

(2) C20 混凝土独立基础（010401002）

$$V=\pi \times 4.24^2 \times 0.50 = 28.24 \text{m}^3$$

（附：C10 混凝土垫层体积 $V=\pi \times 4.34^2 \times 0.10 = 5.92 \text{m}^3$）

(3) C15 混凝土带形基础（010401001）

$$V=\pi \times 4.74 \,(0.74\times1.24+1.74\times0.6+2.74\times0.5)=49.61\text{m}^3$$

(4) 砖烟囱筒身（010303001）

砖烟囱筒身工程量，按设计图示尺寸筒壁平均中心线周长乘以厚度乘以高度以体积"m^3"计算。但应扣除筒身的各种孔洞（如入烟口、出灰口）、钢筋混凝土圈梁、过梁等所占体积。

圆形烟囱筒身工程量计算公式：

$$V=\Sigma[\pi(R+r)hd]$$

式中 V——筒身体积；
R——每段筒壁下端中心半径；
r——每段筒壁上端中心半径；
h——每段筒壁高度；
d——每段筒壁厚度。

圆形烟囱圈梁工程量计算公式：

$$V=2\pi Rab$$

式中 R——圈梁的中心半径；
a、b——圈梁断面的宽度和厚度；
h——每段筒壁高度。

1) 钢筋混凝土圈梁工程量

$$V=\pi \times 2.24 \times 0.24 \times 0.20 = 0.34 \text{m}^3$$

第五章 建筑工程工程量计算

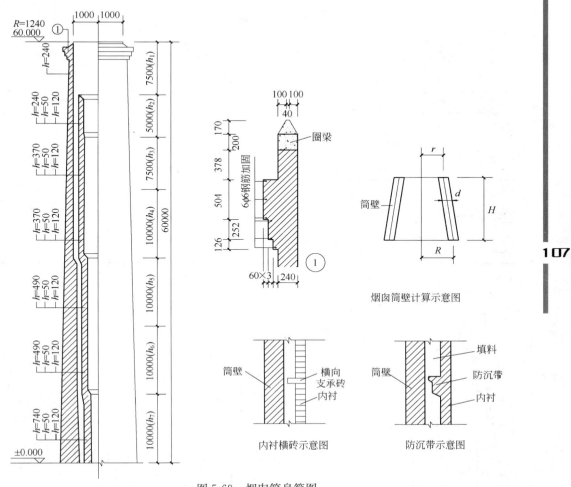

图 5-69 烟囱筒身简图

2）砖烟囱筒身工程量

根据公式 $V=\Sigma[\pi(R+r)hd]$ 计算砖烟囱筒身的工程量，计算结果见表 5-7。

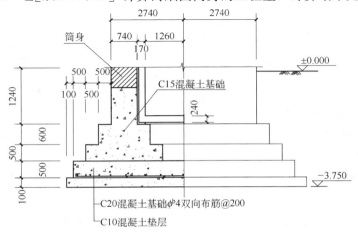

图 5-70 烟囱基础剖面图

烟囱筒身体积计算表   表5-7

分断	本段厚度 (d_i)	本段高度 (h_i)	本段累加高度 (H_i)	本段下部增加值 (x_i)	上部中心半径 (r_i)	下部中心半径 (R_i)	分段体积 (V_i)
h_1	0.24	7.5	7.5	0.19	1.12	1.31	13.73
h_2	0.24	5	12.5	0.31	1.31	1.43	10.33
h_3	0.37	7.5	20	0.50	1.43	1.56	26.04
h_4	0.37	10	30	0.75	1.56	1.81	39.06
h_5	0.49	10	40	1.00	1.81	2.00	58.50
h_6	0.49	10	50	1.25	2.00	2.25	65.27
h_7	0.74	10	60	1.50	2.25	2.37	107.29
合计							320.21

计算步骤如下:

A. 计算本段累加高度 H_i

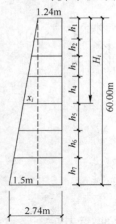

图5-71 烟囱中心半径计算示意图

$$H_i = \sum_{i=1}^{n} h_i$$

$H_1 = 7.5\text{m}$

$H_2 = 7.5 + 5.0 = 12.5\text{m}$

$H_3 = 7.5 + 5.0 + 7.5 = 20\text{m}$

……

B. 利用相似比原理计算出 x_i,填入表5-6中(图5-71)。

$$\frac{x_i}{1.5} = \frac{H_i}{60} \qquad x_i = \frac{H_i}{60} \times 1.5$$

$x_2 = \frac{1.5}{60} \times 12.5 = 0.31\text{m}$; $x_3 = \frac{1.5}{60} \times 20 = 0.50\text{m}$; $x_4 = \frac{1.5}{60} \times 30 = 0.75\text{m}$;

……

C. 根据本段厚度 d_i 及本段下部增加值 x_i,计算本段下部中心半径 R_i 及本段上部中心半径 r_i,填入表5-6中。$R_i = 1.24 + x_i - d_i \div 2$,$r_i = R_{i-1}$

$R_1 = 1.24 + 0.19 - 0.24 \div 2 = 1.31\text{m}$ $r_1 = 1.24 - 0.24 \div 2 = 1.12\text{m}$;

$R_2 = 1.24 + 0.31 - 0.24 \div 2 = 1.43\text{m}$ $r_2 = 1.31\text{m}$;

$R_3 = 1.24 + 0.50 - 0.37 \div 2 = 1.56\text{m}$ $r_3 = 1.43\text{m}$;

……

D. 计算砖烟囱体积

如根据公式 $V = \Sigma[\pi(R+r)hd]$ 计算 h_2 中砖烟囱体积 V:

$$V_2 = \pi \times (1.43 + 1.31) \times 5.00 \times 0.24 = 10.33\text{m}^3$$

……

E. 计算砖烟囱筒身的工程量

砖烟囱筒身的工程量＝320.21－圈梁 0.34－入灰口及出灰口体积 3.67
$$=316.20\text{m}^3$$

2. 砖烟道（010303002）

砖烟道工程量按图示尺寸以体积"m³"计算。

砖烟道与炉体的划分应按第一道闸门为界。炉体属于筑炉工程，不属于构筑物。

砖烟道的工程内容包括：砂浆制作、运输、砌砖，涂隔热层，装填充料，砌内衬，勾缝，材料运输。

砖烟道工程量计算公式（图 5-72）：
$$V = lKdL$$

式中　l——拱跨；

　　　K——弧长系数，见表 5-8；

　　　d——拱厚；

　　　L——拱长。

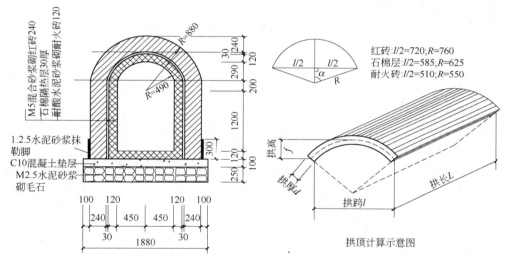

图 5-72　烟道计算示意图

拱顶弧长系数表　　　　　　　　　　　　　　表 5-8

矢跨比 (f/l)	1/2	1/2.5	1/3	1/3.5	1/4	1/4.5	1/5	1/5.5	1/6
弧长系数 (K)	1.571	1.383	1.274	1.205	1.159	1.127	1.103	1.086	1.073

注：弧长系数（K）＝弧长÷跨度。

例：计算图 5-72 所示砖烟道工程量（设烟道长度 20m）。

（1）M5 混合砂浆砌红砖（$l=1.44$，$f=0.56$）

方法1：查表计算

因 $l=(0.45\times2+0.12+0.03+0.12)=1.44$、$f=0.29+0.12+0.03+0.12=0.56$，

$$\frac{f}{l}=\frac{0.56}{1.44}\approx\frac{1}{2.571}$$，显然直接从表5-8中查不到，但用插值法可求 K，$K=1.367$。

$$V=20\times(2\times1.52+1.44\times1.367)\times0.24$$
$$=24.04m^3$$

方法2：直接计算

见图5-72，$450+120+30+120=720mm$，$R=490+120+30+120=760mm$

$$\sin\alpha=720\div760，\alpha=71.3283°，2\alpha=2\times71.3283°=142.6566°$$

$$弧长=2\times0.72\times\pi\times\frac{142.6566}{360}=1.7927m$$

$$V=20\times(2\times1.52+1.7927)\times0.24=23.20m^3$$

方法2精确于方法1。

(2) 石棉隔热层工程量

$$\sin\alpha=585\div625，\alpha=68.0136°，2\alpha=2\times69.3903°=138.78°$$

$$弧长=2\times0.585\times\pi\times\frac{138.78}{360}=1.4170m$$

$$V=20\times(2\times1.52+1.4170)\times0.03=2.67m^3$$

(3) 耐火砂浆砌120耐火砖工程量

由于方法1的计算不精确，所以采用方法2计算。

见图5-72，$450+60=510mm$，$R=490+60=550mm$

$$\sin\alpha=510\div550，\alpha=68.0136°，2\alpha=2\times68.0136°=136.03°$$

$$弧长=2\times0.51\times\pi\times\frac{136.03}{360}=1.2108m$$

$$V=20\times(2\times1.52+0.9+1.2108)\times0.12=12.36m^3$$

(4) 1:2.5水泥砂浆抹勒脚工程量

$$S=20\times0.3\times2=12.00m^2$$

(5) C10混凝土垫层工程量

$$V=20\times0.1\times1.88=3.76m^3$$

(6) M2.5水泥砂浆砌毛石工程量

$$V=20\times0.25\times1.88=9.40m^3$$

3. 砖窨井、检查井（010303003）

砖窨井、检查井工程量按设计图示数量以"座"计算。见图5-73。

砖窨井、检查井的工程内容包括：土方挖运，砂浆制作、运输，铺设垫层，底板混凝土制作、运输、浇筑、振捣、养护，砌砖，勾缝，井池底、壁抹灰，抹防潮层，回填，材料运输。

4. 砖水池、化粪池（010303004）

砖水池、化粪池工程量按设计图示数量以"座"计算。

砖水池、化粪池的工程内容包括：土方挖运，砂浆制作、运输，铺设垫层，底板混凝土制作、运输、浇筑、振捣、养护，砌砖，勾缝，井池底、壁抹灰，抹防潮层，回填，材料运输。

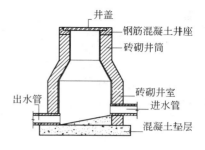

图 5-73　检查井示意图

（四）砌块砌体

砌块砌体包括空心砖墙、砌块墙以及空心砖柱、砌块柱。

1. 空心砖墙、砌块墙（010304001）

空心砖墙、砌块墙如水泥煤渣砌块墙、混凝土空心砌块墙、烧结多孔砖墙、烧结空心砖墙、硅酸盐砌块墙、加气混凝土砌块墙等。

空心砖墙、砌块墙工程量按设计图示尺寸以体积计算。扣除门窗洞口、过人洞、空圈、嵌入墙内的钢筋混凝土柱、梁、圈梁、挑梁、过梁及凹进墙内的壁龛、管槽、暖气槽、消火栓箱所占体积，不扣除梁头、板头、檩头、垫木、木楞头、沿缘木、木砖、门窗走头、砖墙内加固钢筋、木筋、铁件、钢管及单个面积 $0.3m^2$ 以内的孔洞所占的体积；凸出墙面的腰线、挑檐、压顶、窗台线、虎头砖、门窗套的体积亦不增加。凸出墙面的砖垛并入墙体体积内计算。

（1）墙长度：外墙按中心线、内墙按净长计算；

（2）墙高度：

1）外墙：斜（坡）屋面无檐口顶棚者算至屋面板底；有屋架且室内外均有顶棚者算至屋架下弦底另加 200mm；无顶棚者算至屋架下弦底另加 300mm，出檐宽度超过 600mm 时按实砌高度计算；平屋面算至钢筋混凝土板底。

2）内墙：位于屋架下弦者，算至屋架下弦底；无屋架者算至顶棚底另加 100mm；有钢筋混凝土楼板隔层者算至楼板顶；有框架梁时算至梁底。

3）女儿墙：从屋面板上表面算至女儿墙顶面（如有混凝土压顶时算至压顶下表面）。

4）内、外山墙：按其平均高度计算。

（3）围墙：高度算至压顶上表面（如有混凝土压顶时算至压顶下表面），围墙柱并入围墙体积内。

空心砖墙、砌块墙的工程内容包括：砂浆制作、运输，砌砖、砌块，勾缝，材料运输。

2. 空心砖柱、砌块柱（010304002）

空心砖柱、砌块柱的工程量按设计图示尺寸以体积计算。扣除混凝土及钢筋混凝土梁垫、梁头、板头所占体积。

空心砖柱、砌块柱的工程内容包括：砂浆制作、运输，砌砖、砌块，勾缝，材料运输。

（五）石砌体

石砌体包括石基础、石勒脚、石墙、石挡土墙、石柱、石栏杆、石护坡、石台阶、石坡道、石地沟、石明沟等。

石基础、石勒脚、石墙身的划分：基础与勒脚以设计室外地坪为界，勒脚与墙身以设计室内地坪为界。见图5-74。

石围墙内外地坪标高不同时，以较低地坪标高为界，以下为基础；内外标高之差为挡土墙时，挡土墙以上为墙身。见图5-75。

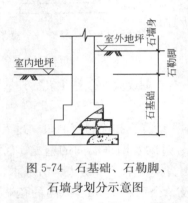

图5-74 石基础、石勒脚、石墙身划分示意图

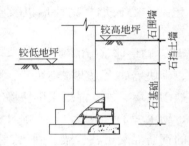

图5-75 石基础、挡土墙、围墙划分示意图

1. 石基础（010305001）

石基础的工程量按设计图示尺寸以体积"m^3"计算。包括附墙垛基础宽出部分体积，不扣除基础砂浆防潮层及单个面积0.3m^2以内的孔洞所占体积，靠墙暖气沟的挑檐不增加体积。

石基础的工程量等于石基础断面积乘以基础长度。基础长度：外墙按中心线，内墙按净长计算。

石基础的工程内容包括：砂浆制作、运输，铺设垫层，砌石，防潮层铺设，材料运输。

2. 石勒脚（010305002）

石勒脚工程量按设计图示尺寸以体积"m^3"计算，扣除每个0.3m^2以上的孔洞所占的体积。

石勒脚的工程量等于石勒脚断面积乘以石勒脚长度。石勒脚长度：外墙按中心线，内墙按净长计算。

石勒脚的工程内容包括：砂浆制作、运输，砌石，石表面加工，勾缝，材料运输。

3. 石墙（010305003）

石墙工程量按设计图示尺寸以体积"m^3"计算。扣除门窗洞口、过人洞、空圈、嵌入墙内的钢筋混凝土柱、梁、圈梁、挑梁、过梁及凹进墙内的壁龛、管槽、暖气槽、消火栓箱所占体积，不扣除梁头、板头、檩头、垫木、木楞头、沿缘木、木砖、门窗走头、砖墙内加固钢筋、木筋、铁件、钢管及单个面积0.3m^2以内的孔洞所占的体积；凸出墙面的腰线、挑檐、压顶、窗台线、虎头砖、门窗套的体积亦不增加。凸出墙面的砖垛并入墙体体积内计算。

(1) 墙长度：外墙按中心线、内墙按净长计算；

(2) 墙高度：

1) 外墙：斜（坡）屋面无檐口顶棚者算至屋面板底；有屋架且室内外均有顶棚者算至屋架下弦底另加 200mm；无顶棚者算至屋架下弦底另加 300mm，出檐宽度超过 600mm 时按实砌高度计算；平屋面算至钢筋混凝土板底。

2) 内墙：位于屋架下弦者，算至屋架下弦底；无屋架者算至顶棚底另加 100mm；有钢筋混凝土楼板隔层者算至楼板顶；有框架梁时算至梁底。

3) 女儿墙：从屋面板上表面算至女儿墙顶面（如有混凝土压顶时算至压顶下表面）。

4) 内、外山墙：按其平均高度计算。

(3) 石围墙：高度算至压顶上表面（如有混凝土压顶时算至压顶下表面），围墙柱并入围墙体积内。

石墙工程量计算的一般公式：

V＝(墙长×墙高－门窗洞口面积)×墙厚－圈梁、过梁、挑梁、柱体积＋垛

石墙包括的工程内容：砂浆制作、运输，砌石，石表面加工，勾缝，材料运输。

4. 石挡土墙（010305004）

石挡土墙工程量按设计图示尺寸以体积计算。

石挡土墙工程内容包括：砂浆制作、运输，砌石，压顶抹灰，勾缝，材料运输。

5. 石柱（010305005）

石柱工程量按设计图示尺寸以体积计算。

石柱工程内容包括：砂浆制作、运输，砌石，石表面加工，勾缝，材料运输。

6. 石栏杆（010305006）

石栏杆工程量按设计图示长度以"m"计算。

石栏杆工程内容包括：砂浆制作、运输，砌石，石表面加工，勾缝，材料运输。

7. 石护坡（010305007）

石护坡（亦称石保坎）工程量按设计图示尺寸以体积计算。

石护坡工程量按石护坡断面积乘以石护坡长度以体积"m³"计算。见图 5-76。

石护坡工程内容包括：砂浆制作、运输，砌石，石表面加工，勾缝，材料运输。

护坡与挡土墙的区别：护坡是保护山体、道路等紧挨土体的保护设施；挡土墙是独立于山体既有基础又有墙体的拦挡土体的设施。

8. 石台阶（010305008）

石台阶工程量按设计图示尺寸以体积计算。见图 5-77。

石台阶工程量按台阶断面积乘以台阶长度以"m³"计算。石梯带工程量计算在石台阶工程量内，石梯膀按石挡土墙计算。

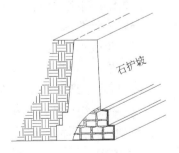

图 5-76 石护坡示意图

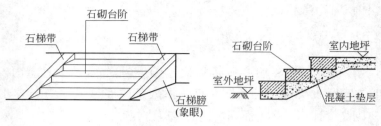

图 5-77 石台阶图

石台阶工程内容包括：铺设垫层，石料加工，砂浆制作、运输，砌石，石表面加工，勾缝，材料运输。

9. 石坡道（010305009）

石坡道的工程量按设计图示尺寸以水平投影面积"m^2"计算。

石坡道的工程内容包括：铺设垫层，石料加工，砂浆制作、运输，砌石，石表面加工，勾缝，材料运输。

10. 石地沟、石明沟（010305010）

石地沟、石明沟工程量按设计图示以中心线长度"m"计算。见图 5-78。

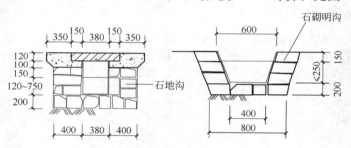

图 5-78 石砌地沟、明沟图

石地沟是指场地排水使用的排水沟，石明沟是指散水以外的排水沟，两者必须分别列制项目。

石地沟、石明沟工程内容包括：土石挖运，砂浆制作、运输，铺设垫层，砌石，石表面加工，勾缝，回填，材料运输。

（六）砖散水、地坪、地沟

1. 砖散水、地坪（010306001）

砖散水、地坪工程量均按设计图示尺寸面积以"m^2"计算。

砖散水、地坪的工程内容包括：地基找平、夯实，砌砖散水、地坪，抹砂浆面层。

2. 砖地沟、明沟（010306002）

砖地沟、明沟（暗沟）工程量按设计图示尺寸中心线长度以"m"计算。

砖地沟、明沟的区别是：砖明沟（暗沟）是指位于散水外的排屋面水落管排出的水的明沟（暗沟）；砖地沟是指场地的排水沟。见图 5-79。

砖地沟、明沟的工程内容包括：挖运土石，垫层铺筑、夯实，底板混凝土制作、运输、浇筑、振捣、养护，砌砖，勾缝，抹灰。

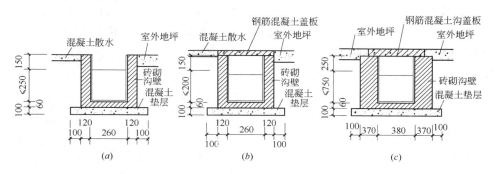

图 5-79 砖明沟、暗沟、地沟图
(a) 砖明沟；(b) 砖暗沟；(c) 砖地沟

四、混凝土及钢筋混凝土工程

混凝土及钢筋混凝土工程包括混凝土工程、钢筋工程及模板工程三部分，这三部分分别计算。混凝土工程、钢筋工程计入分部分项工程费，模板计入措施项目费。见图 5-80。这里叙述混凝土工程及钢筋工程两部分，模板工程见本书第六章第二节措施费计算。

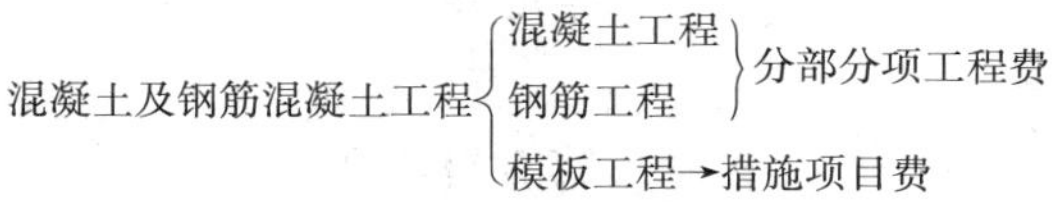

$$\text{混凝土及钢筋混凝土工程}\begin{cases}\text{混凝土工程}\\\text{钢筋工程}\end{cases}\text{分部分项工程费}\\\text{模板工程}\rightarrow\text{措施项目费}$$

图 5-80 混凝土及钢筋混凝土工程内容示意图

混凝土工程量共通性计算规则：

1. 计量单位

(1) 扶手、压顶、电缆沟、地沟：m；

(2) 现浇楼梯、散水、坡道：m²；

(3) 其余构件：m³。

2. 共通性计算规则

凡按体积以"m³"计算各类混凝土及钢筋混凝土构件项目，有如下计算规则：

(1) 均不扣除构件内钢筋、预埋铁件所占体积；

(2) 现浇墙及板类构件、散水、坡道，不扣除单个面积在 0.3m² 以内的孔洞所占体积；

(3) 预制板类构件，不扣除单个尺寸在 300mm×300mm 以内的孔洞所占体积；

(4) 承台基础，不扣除伸入承台基础的桩头所占体积。

下面分别叙述各种构件的计算规则和计算方法：

(一) 现浇混凝土基础（010401）

现浇钢筋混凝土基础包括带形基础、独立基础、满堂基础、设备基础（块体式）、桩承台基础等。

独立基础,系指现浇柱下的独立基础以及预制柱下的杯形基础;满堂基础,系指各类满堂浇筑的筏形基础等;设备基础(块体式),系指机械设备下的块体式基础,不包括框架式的设备基础;桩承台,系指桩基础中现浇桩或预制桩上的承台。见图5-81～图5-84。

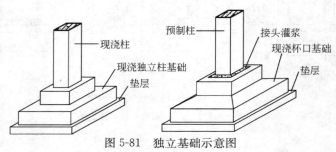

图5-81 独立基础示意图

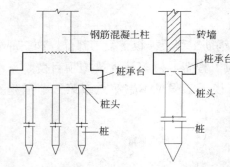

现浇钢筋混凝土基础工程量,按设计图示尺寸体积以"m³"计算。不扣除构件内钢筋、预埋铁件和伸入承台基础的桩头所占体积。

现浇钢筋混凝土基础的工程内容包括:混凝土制作、运输、浇筑、振捣、养护,地脚螺栓(主要指设备基础)二次灌浆。

有肋带型基础、无肋带型基础应分别编码(第五级编码)列项,并注明肋高;箱式满堂基础,可按计价规范A.4.1、A.4.2、A.4.3、A.4.4、A.4.5中满堂基础、柱、梁、板分别编码列项;也可利用A.4.1的第五级编码列项。

图5-82 桩基础示意图

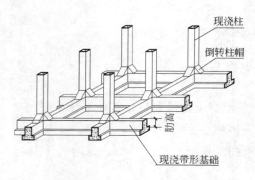

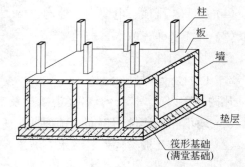

图5-83 带形基础示意图　　图5-84 箱形基础示意图

在计算基础工程量时涉及的棱台计算公式(图5-85)

$$V_{棱台}=\frac{h}{6}[a\times b+(a+A)\times(b+B)+A\times B]$$

式中　$V_{棱台}$——棱台工程量;

　　　a,b——分别为上底长和宽;

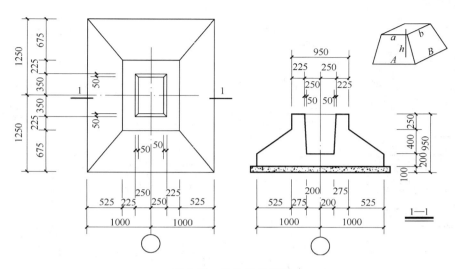

图 5-85 独立基础详图

A，B——分别为下底长和宽；

h——棱台的高。

【例 5-18】 计算图 5-85 杯口基础的工程量（设该基础共 20 个）

（1）独立基础工程量（杯口基础属于独立基础）

$V=\{(上)0.95\times1.15\times0.25+(下)2.00\times2.50\times0.20+(中)\dfrac{0.40}{6}\times[0.95\times1.15+$

$(0.95+2.00)\times(1.15+2.50)+2.00\times2.50]-(扣杯口)\dfrac{0.65}{6}\times[0.50\times0.70+$

$(0.50+0.40)\times(0.70+0.60)+0.40\times0.60]\}\times20$

　　$=2.2065\times20$

　　$=44.13\mathrm{m}^3$

（2）基础垫层工程量

$V=2.2\times2.7\times0.1\times20=11.88\mathrm{m}^3$

关于长颈基础：

长颈基础包括长颈柱基础和长颈墙基础。

1. 长颈柱基础

如图 5-86 混凝土柱基础，$h\times a\times b$ 的部分叫做长颈部分（或称高杯部分），整个基础叫长颈柱基础（或称高杯柱基础）。

h——长颈部分的高度。

a、b——长颈部分截面的长、宽。

若令 $k=h\div b$（$b\geqslant a$，即 b 为柱截面的长边），则：

（1）当 $k>3$ 时，长颈部分按"矩形柱（010402001）"计算；

（2）当 $k\leqslant3$ 时，长颈部分按"独立基础（010401002）"计算，即合并至独立基础的工程量。

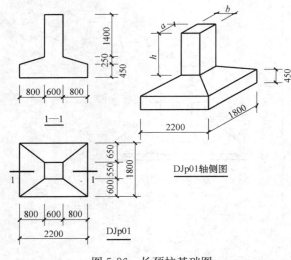

图 5-86 长颈柱基础图

【例 5-19】 计算图 5-86 混凝土独立基础 DJp01 的工程量。

图 5-86 中 $k=1400\div 600=2.33<3$，所以 DJp01 的长颈部分合并至基础，按基础项目计算工程量，即：

混凝土独立基础工程量 (010401002)＝下 $2.20\times 1.80\times 0.45$＋中 $(2.20\times 1.80+4\times 1.40\times 1.175+0.60\times 0.55)\div 6\times 0.25$＋上 $0.60\times 0.55\times 1.40=2.70\text{m}^3$

如果图 5-86 中，$h=1900\text{mm}$，其余数据不变，则 $k=1.90\div 0.60=3.17>3$，所以该基础的长颈部分按矩形柱计算，则分为混凝土矩形柱和混凝土独立基础两个项目，即：

(1) 混凝土矩形柱工程量 (010402001)：$0.60\times 0.55\times 1.90=0.63\text{m}^3$。

(2) 混凝土独立基础工程量 (010401002)：下 $2.20\times 1.80\times 0.45$＋中 $(2.20\times 1.80+4\times 1.40\times 1.175+0.60\times 0.55)\div 6\times 0.25=2.23\text{m}^3$

2. 长颈墙基础

图 5-87 混凝土墙基础，$h\times b$ 的部分叫做长颈部分（或称高杯部分），整个基础叫长颈墙基础（或称高杯墙基础）。

h——长颈部分的高度。

b——长颈部分的厚度。

若令 $k=h\div b$，则：

(1) 当 $k>5$ 时，长颈部分按"直形墙 (010404001)"的项目计算；

(2) 当 $k\leqslant 5$ 时，长颈部分按"带形基础 (010401001)"的项目计算，即合并至带形基础的工程量。

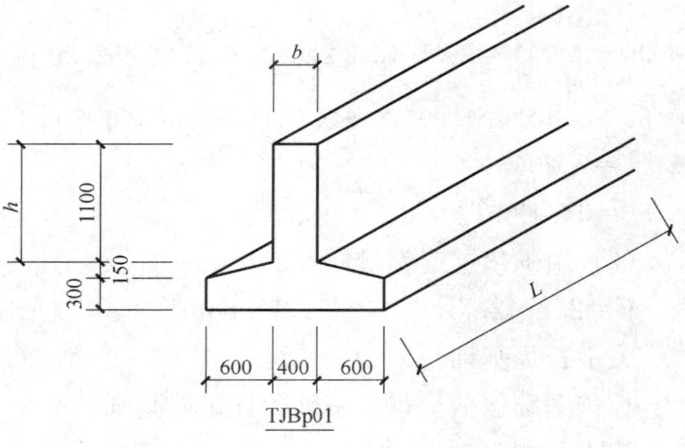

图 5-87 长颈墙基础图

【例 5-20】 计算图 5-87 混凝土带形基础 TJBp01 的工程量。

图 5-87 中，$k=1100\div 400=2.75<5$，所以长颈部分合并至基础，按基础项目计算工程量，即：

混凝土带形基础 (010401001)＝$(1.60\times 0.375+1.10\times 0.40)\times L=(0.60+0.44)\times L=1.04\times L\text{m}^3$ （式中 L 为墙长）

如果图 5-87 中 $b=200$mm，其余数据不变，则 $k=1.10\div0.20=5.50>5$，所以该基础分为混凝土墙和混凝土基础两个项目，即：

（1）混凝土直形墙工程量（010404001）：$1.10\times0.20\times L=0.22\times L$m³

（2）混凝土带形基础工程量（010401001）：$1.60\times0.375\times L=0.60\times L$m³

（二）现浇混凝土柱（010402）

现浇钢筋混凝土柱包括矩形柱、构造柱及异形柱。

1. 矩形柱（010402001001）

$$V_{矩形柱}=abH+V_{牛腿}$$

式中　a、b——矩形柱断面长、宽；

　　　　H——矩形柱高；

　　　　$V_{牛腿}$——柱牛腿的体积。

矩形柱高计算规则：

（1）有梁板的柱高，按柱基上表面（或楼板上表面）至上一层楼板上表面之间的高度计算。有梁板指梁板同时浇筑为一个整体的板（见图 5-88a）。

（2）无梁板的柱高，按柱基上表面（或楼板上表面）至柱帽下表面之间的高度计算。无梁板指直接由柱子支撑的板（见图 5-88b）。

（3）框架柱的柱高，按柱基上表面至柱顶高度计算。见图 5-88（c）。

依附柱上的牛腿和升板的柱帽，并入柱身体积计算。

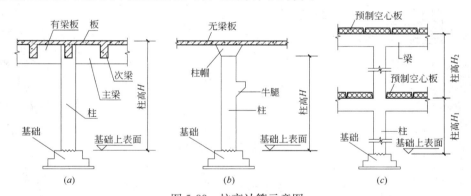

图 5-88　柱高计算示意图
（a）有梁板柱高；（b）无梁板柱高；（c）框架柱高

【例 5-21】　计算如图 5-89 所示某工程现浇 C30 混凝土矩形柱工程量

$V=0.50\times0.50\times(4.15+2.30-0.40\times2)+0.40\times0.50\times(8.35-4.15)$

$=2.25$m³

2. 构造柱（010402001002）

构造柱工程量按全高计算，嵌接墙体部分（俗称马牙槎）并入柱身体积计算。见图 5-90。构造柱按计价规范 A.4.2 中矩形柱项目编列项目编码。构造柱工程量计算公式如下：

$$V_{构造柱}=\Sigma(abH+V_{马牙槎})$$

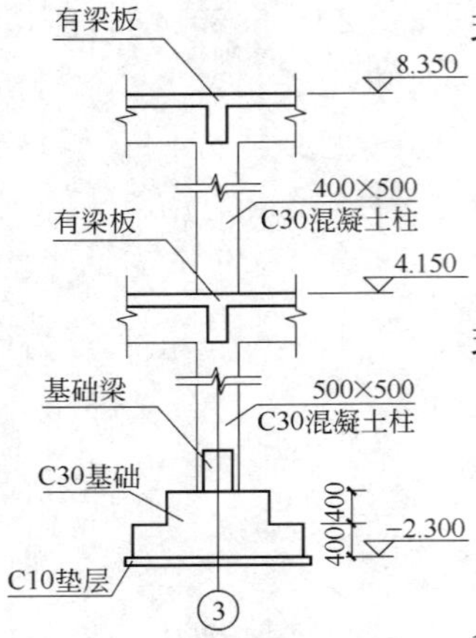

式中　a——构造柱断面长；
　　　b——构造柱断面宽；
　　　H——构造柱高；
　　　$V_{马牙槎}$——构造柱马牙槎体积；

$$V_{马牙槎}=\Sigma(0.03\times 墙厚\times n\times H)$$

式中　0.03——马牙槎断面宽度（$60\div 2=30mm=0.03m$）；
　　　n——马牙槎水平投影的个数；
　　　H——构造柱高。

【例 5-22】 计算如图 5-90 所示构造柱 GZ1、GZ2 的工程量（设构造柱总高 19.56m）。

根据图 5-88 及题意知道：$a=0.24m$，$b=0.24m$，$H=19.56m$，$n=5$（从图 5-88 中得知）

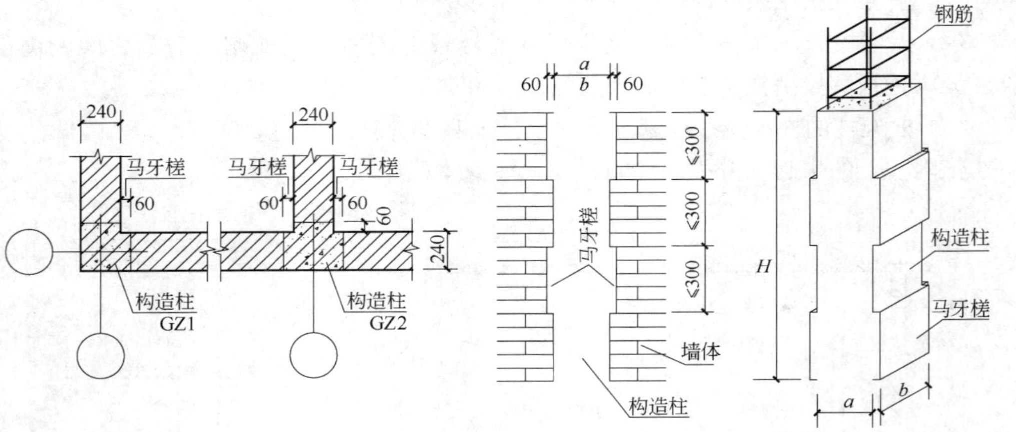

图 5-89　某工程柱高计算图

图 5-90　构造柱计算示意图

$$V_{马牙槎}=0.03\times 0.24\times 5\times 19.56=0.70m^3$$
$$V_{构造柱}=0.24\times 0.24\times 19.56\times 2+0.70=2.95m^3$$

3. 异型柱（010402002）

异型柱多指圆形柱。其工程量按柱断面积乘以柱高计算。柱高计算规定同矩形柱的柱高。

现浇钢筋混凝土柱的工程内容包括：混凝土制作、运输、浇筑、振捣、养护。

（三）现浇混凝土梁（010403）

现浇钢筋混凝土梁包括基础梁、矩形梁、异形梁、圈梁、过梁、弧形、拱形梁。

基础梁指用于基础上部连接基础的梁，见图 5-91。矩形梁指断面为矩形的梁。异形梁指断面为非矩形的梁。见图 5-92。弧形梁指水平方向为弧形的梁（图 5-93）；拱形梁指垂直方向为拱形的梁（图 5-94）。

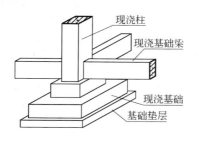
图 5-91 基础梁示意图

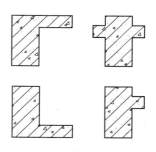
图 5-92 异形梁断面图

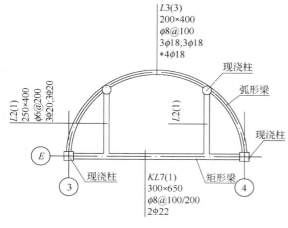
图 5-93 弧形梁示意图

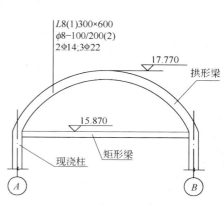
图 5-94 拱形梁示意图

1. 工程量计算

现浇钢筋混凝土梁的工程量按设计图示尺寸体积以"m^3"计算。不扣除构件内钢筋、预埋铁件所占体积，伸入墙内的梁头、梁垫并入梁体积内。见图 5-95。

矩形梁、异形梁的工程量按梁断面积乘以梁长计算。

$$V_{梁} = S_{梁} \times L_{梁} + V_{梁垫}$$

式中　$V_{梁}$——梁体积；

　　　$S_{梁}$——梁断面积；

　　　$L_{梁}$——梁长；

　　　$V_{梁垫}$——现浇梁垫体积。

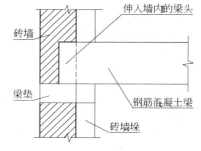
图 5-95 梁头、梁垫示意图

梁长：梁与柱连接时，梁长算至柱侧面；主梁与次梁连接时，次梁长算至主梁侧面。

【例 5-23】 计算如图 5-96 所示某工程屋面梁 WKL、JZL、L 的长度。

$WKL2 = 7.5 - 0.2 - 0.125 = 7.175 \text{m}$；　　$WKL3 = 7.5 - 0.2 - 0.2 = 7.10 \text{m}$

$WKL4 = 7.5 - 0.225 - 0.2 = 7.075 \text{m}$；　　$WKL5 = 7.5 - 0.2 - 0.2 = 7.10 \text{m}$

$JZL1 = 7.5 - 0.125 \times 2 = 7.25\text{m}$；　　　　$JZL2 = 3.75 - 0.125 \times 2 = 3.50\text{m}$
$L3 = 3.75 - 0.125 \times 2 = 3.50\text{m}$。

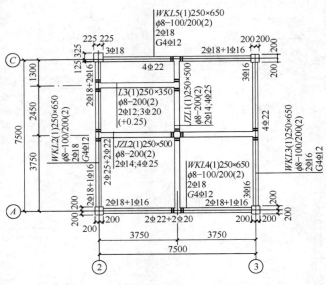

图 5-96　某工程屋面梁平面整体配筋图

2. 圈梁代过梁

圈梁代过梁是指圈梁过门窗洞口时，由圈梁代替过梁的部分（图 5-97a），其工程量计入圈梁项目工程量内（有的地区规定按门窗洞口两边共加 50cm 计算，作为过梁项目）。门窗洞口的单独过梁按过梁计算（图 5-97b）。

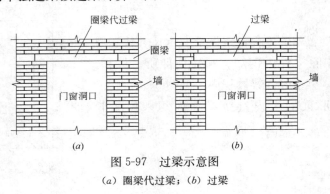

图 5-97　过梁示意图
(a) 圈梁代过梁；(b) 过梁

（四）现浇混凝土墙（010404）

现浇钢筋混凝土墙的工程量，按设计图示尺寸以体积计算。不扣除构件内钢筋、预埋铁件所占体积，扣除门窗洞口及单个面积 0.3m² 以外的孔洞所占体积，墙垛及突出墙面部分并入墙体体积内计算。

现浇钢筋混凝土墙内暗柱、暗梁（图 5-98）并入墙体体积内计算，如图 5-98 中 GJZ、GYZ、GDZ 均按墙计算。

现浇钢筋混凝土墙的工程内容包括：混凝土制作、运输、浇筑、振捣、养护。

现浇钢筋混凝土墙按直形墙、弧形墙分别编列项目编码。

（五）现浇钢筋混凝土板（010405）

现浇钢筋混凝土板包括：有梁板、无梁板、平板、拱板、薄壳板、栏板、天沟、挑檐板、雨篷、阳台板、其他板。工程量均按设计图示尺寸体积以"m³"计算，不扣除构件内钢筋、预埋铁件及单个面积 0.3m² 以内的孔洞所占体积，伸入墙内的板头并入板体积内。工程内容包括：混凝土制作、运输、浇筑、振捣、养护。

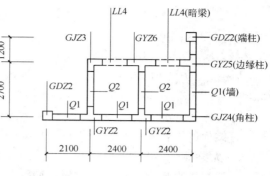

图 5-98 剪力墙暗柱示意图

1. 有梁板（010405001）

有梁板指梁、板同时浇筑为一个整体的构件，见图 5-99（a）。工程量按梁（包括主、次梁）、板体积之和计算。其计算公式为：

$$V_{有梁板} = S_板 \times d_板 + b_梁 \times h_梁 \times L_梁$$

式中 $V_{有梁板}$——有梁板工程量；

$S_板$——板的面积；

$d_板$——板厚；

$b_梁$——梁宽；

$h_梁$——梁高（梁总高减板厚）；

$L_梁$——梁长（梁与柱连接时，梁长算至柱侧面；主梁与次梁连接时，次梁长算至主梁侧面）。

【例 5-24】 假设图 5-96 的板厚为 120mm，计算该有梁板的工程量。

（1）计算板的体积

$$V_板 = (7.5+0.25) \times (7.5+0.25) \times 0.12 = 7.21 m^3$$

（2）计算梁的体积

WKL2、WKL3、WKL4、WKL5 的体积：

$V_{主梁} = (WKL2)(7.5-0.2-0.125) \times 0.25 \times 0.53 + (WKL3)(7.5-0.2-0.2) \times 0.25 \times 0.53 + (WKL4)(7.5-0.225-0.2) \times 0.25 \times 0.53$

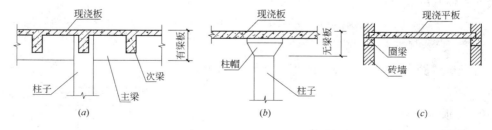

图 5-99 混凝土板示意图
(a)有梁板；(b)无梁板；(c)平板

$+(WKL5)(7.5-0.2-0.2)\times 0.25\times 0.53$

$=3.77m^3$

JZL1、JZL2、L3 的体积：

$V_{次梁}=(JZL1)(7.5-0.125\times 2)\times 0.25\times 0.38+(JZL2)(3.75-0.125\times 2)\times 0.25\times 0.38\times 2+(L3)(3.75-0.125\times 2)\times 0.25\times 0.23$

$=1.56m^3$

有梁板的工程量 $=7.21+3.77+1.56=12.54m^3$

2. 无梁板（010405002）

无梁板指直接由柱子支撑的板，如图 5-99（b）所示。无梁板的柱帽并入板的体积内计算。其计算公式为：

$$V_{无梁板}=S_{板}\times d_{板}+V_{柱帽}$$

式中　$V_{无梁板}$——无梁板工程量；

$S_{板}$——板的面积；

$d_{板}$——板厚；

$V_{柱帽}$——柱帽体积（矩形柱的柱帽按棱台体积计算，圆柱的柱帽按圆台体积计算）。

3. 平板（010405003）

平板指直接由墙支撑的板，如砖混结构中直接由砖墙支撑的板。如图 5-99（c）所示。

4. 拱板（010405004）

拱板按体积计算，如图 5-100 所示。

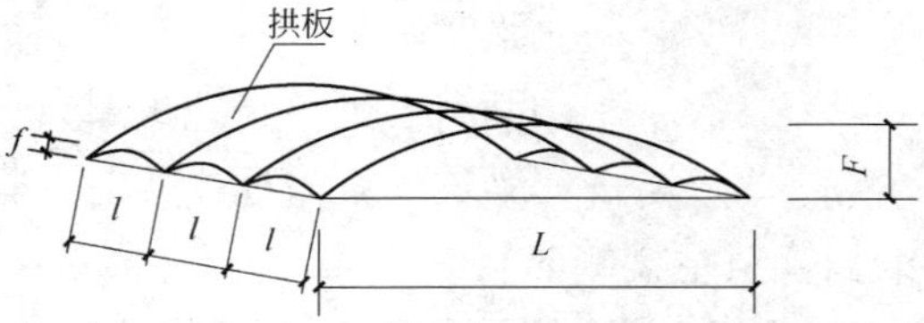

拱板体积计算公式：

$$V_{拱板}=S_{投影面积}\times K\times d$$

式中　$V_{拱板}$——拱板体积；

$S_{投影面积}$——拱板水平投影面积；

K——单、双曲拱楼板展开面积系数，见表 5-9；

d——拱板厚度。

图 5-100　单、双曲拱板计算示意图

【例 5-25】某工程双曲拱板如图 5-100 所示，$F=1m$，$L=10m$，$f=0.6m$、$l=1.2m$，$d=150mm$。

根据 $F=1m$、$L=10m$ 知道 $F/L=1/10$，根据 $f=0.6m$、$l=1.2m$ 知道 $f/l=1/2$，查表 5-9 有 $K=1.612$。$S_{投影面积}=10.0\times 1.2\times 3=36m^2$

$$V_{拱板}=S_{投影面积}\times K\times d=36\times 1.612\times 0.15=8.70m^3$$

5. 薄壳板（010405005）

薄壳板的肋、基梁并入薄壳体积内计算，如图 5-101 所示。

6. 栏板（010405006）

7. 天沟、挑檐板（010405007）

天沟指屋面排水用的现浇钢筋混凝土天沟，如图

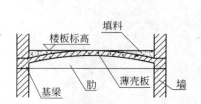

图 5-101　薄壳板示意图

5-102（a）所示；挑檐板指挑出外墙面的屋面檐口板，如图 5-102（b）所示。工程量按设计图示尺寸体积以"m³"计算。

单、双曲拱楼板展开面积系数（K）表   表 5-9

f/l	单曲拱系数	F/L								
		1/2	1/3	1/4	1/5	1/6	1/7	1/8	1/9	1/10
		1.571	1.274	1.159	1.103	1.073	1.054	1.041	1.033	1.026
		双曲拱系数(K)								
1/2	1.571	2.467	2.001	1.821	1.733	1.685	1.655	1.635	1.622	1.612
1/3	1.274	2.001	1.623	1.477	1.406	1.366	1.342	1.326	1.316	1.308
1/4	1.159	1.821	1.477	1.344	1.279	1.243	1.221	1.207	1.197	1.190
1/5	1.103	1.733	1.406	1.279	1.218	1.183	1.163	1.149	1.139	1.133
1/6	1.073	1.685	1.366	1.243	1.183	1.150	1.130	1.117	1.107	1.101
1/7	1.054	1.655	1.342	1.221	1.163	1.130	1.110	1.097	1.088	1.081
1/8	1.041	1.635	1.326	1.207	1.149	1.117	1.097	1.084	1.075	1.069
1/9	1.033	1.622	1.316	1.197	1.139	1.107	1.088	1.075	1.066	1.060
1/10	1.026	1.612	1.308	1.190	1.133	1.101	1.081	1.069	1.060	1.054

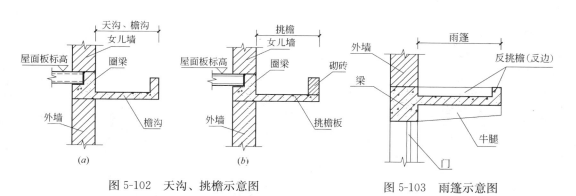

图 5-102　天沟、挑檐示意图
（a）檐沟（天沟）；(b) 挑檐板

图 5-103　雨篷示意图

8. 雨篷、阳台板（010405008）

雨篷、阳台板工程量按设计图示尺寸以墙外部分体积以"m³"计算。包括伸出墙外的牛腿和雨篷反挑檐的体积，如图 5-103 所示。

现浇挑檐、天沟板、雨篷、阳台与板（包括屋面板）连接时，以外墙外边线为分界线；与圈梁（包括其他梁）连接时，以梁的外边线为分界线。外边线以外为挑檐、天沟板、雨篷或阳台。

9. 其他板（010405009）

其他板指零星薄形构件，比如板带、叠合板（即预制板上现浇的后浇层）等。工程量按图示尺寸以体积"m³"计算，如图 5-104 所示。

【例 5-26】　计算如图 5-104 所示的板带及叠合板的工程量。

（1）板带工程量

$$V=0.24\times3.36\times0.16=0.13\mathrm{m}^3$$

（2）叠合板工程量

$$V=3.36\times3.96\times0.04=0.53\mathrm{m}^3$$

（六）现浇混凝土楼梯（010406）

现浇混凝土楼梯包括直形楼梯和弧形楼梯。

工程量按设计图示尺寸以水平投影面积"m²"计算。不扣除宽度小于500mm的楼梯井，伸入墙内部分不计算，如图5-105所示。

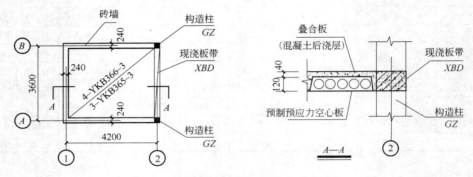

图5-104 现浇板带、叠合板示意图

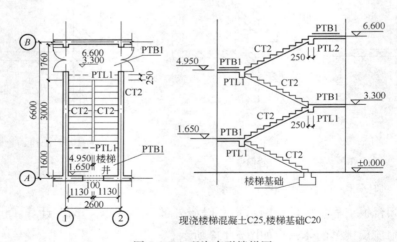

图5-105 现浇直形楼梯图

水平投影面积包括踏步、平台、平台梁、斜梁和楼梯的连接梁。当整体楼梯与现浇楼板无梯梁连接时，以楼梯的最后一个踏步边缘加300mm为界。楼梯基础、栏杆、柱，另按相应项目分别编列项目编码。

工程内容包括：混凝土制作、运输、浇筑、振捣、养护。

【例5-27】 计算如图5-105所示某工程现浇直形楼梯的混凝土工程量。

$$S=2.36\times(1.6+3.0+0.25)\times2=22.89\mathrm{m}^2$$

关于螺旋楼梯的计算：

螺旋楼梯（弧形楼梯）的水平投影是圆环形，所以螺旋楼梯的工程量按圆环面积计算（见图5-106a）。

螺旋楼梯水平投影面积计算公式：

$$S = \pi(R^2 - r^2) \times \frac{\alpha}{360}$$

式中 S——螺旋楼梯水平投影面积；
R——螺旋楼梯水平投影外半径；
r——螺旋楼梯水平投影内半径；
α——螺旋楼梯旋转角度。

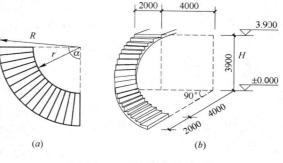

图 5-106 现浇螺旋楼梯图
（a）螺旋楼梯水平投影图；（b）螺旋楼梯立体图

【例 5-28】 计算如图 5-106 所示螺旋楼梯的混凝土工程量。已知：$R=6m$，$r=4m$，$\alpha=90°$。

$$S = \pi(6^2 - 4^2) \times \frac{90}{360} = 15.71 m^2$$

（七）现浇钢筋混凝土其他构件（010407）

1. 其他构件（010407001）

现浇钢筋混凝土其他构件包括：现浇混凝土小型池槽、压顶、扶手、垫块、台阶、门框等。见图5-107。

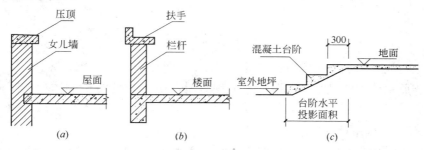

图 5-107 压顶、扶手、台阶示意图
（a）压顶；（b）扶手；（c）台阶

（1）扶手、压顶：按延长米（包括伸入墙内的长度）以"m"计算。当扶手、压顶断面尺寸不同时，应分别编列项目编码；

（2）台阶：按水平投影面积以"m²"计算（台阶最上一踏步外边缘另加300mm计算入台阶工程量）；

（3）小型池槽、门框、垫块等：按体积以"m³"计算。

2. 散水、坡道（010407002）

散水、坡道工程量按设计图示尺寸以面积计算。不扣除单个0.3m²以内的孔洞所占面积。见图5-108。

散水、坡道工程内容包括：地基夯实；垫层铺筑、夯实；混凝土制作、运输、浇筑、振捣、养护；变形缝填塞。

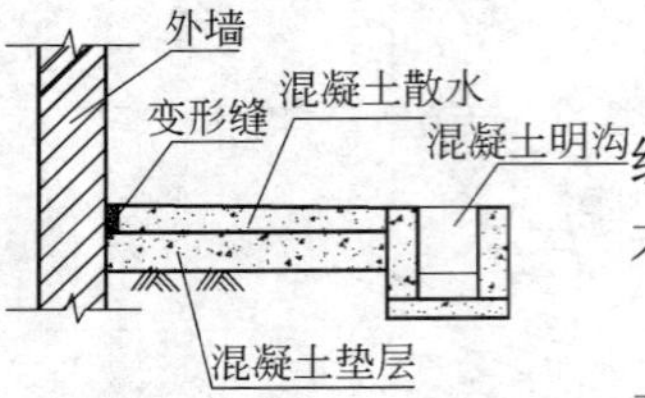

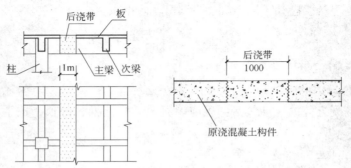

图 5-108 散水、明沟示意图

3. 电缆沟、地沟（010407003）

电缆沟、地沟、明沟、暗沟工程量按设计图示以中心线长度计算。当各种混凝土沟所使用的材料以及断面尺寸不同时，应分别编列项目编码。

电缆沟、地沟、明沟、暗沟工程内容包括：挖运土石；垫层铺筑、夯实；混凝土制作、运输、浇筑、振捣、养护；刷防护材料。

（八）混凝土后浇带（010408001）

混凝土后浇带工程量按设计图示尺寸以体积计算，如图 5-109 所示。后浇带应按不同的后浇部位（墙、梁、板等）和使用的材料分别编列项目编码，以便于计算综合单价。

图 5-109 后浇带示意图

混凝土后浇带工程内容包括：混凝土制作、运输、浇筑、振捣、养护。

在计算原构件（墙、梁、板等）的工程量时，应扣除后浇带的体积，以避免重复计算。

（九）预制混凝土柱（010409）

预制混凝土柱包括矩形柱、异形柱。矩形柱指柱断面为矩形的柱；异形柱指柱断面为非矩形的柱，如双肢柱、工字柱等。

预制混凝土柱工程量按设计图示尺寸体积以"m³"计算。不扣除构件内钢筋、预埋铁件所占体积。

预制混凝土柱的工程内容包括：混凝土制作、运输、浇筑、振捣、养护，构件制作、运输，构件安装，砂浆制作、运输，接头灌缝、养护，如图 5-110 所示。

图 5-110 接头灌浆示意图

（十）预制混凝土梁（010410）

预制混凝土梁包括矩形梁、异形梁、过梁、拱形梁、鱼腹式吊车梁、风道梁。

预制混凝土梁工程量按设计图示尺寸体积以"m³"计算。不扣除构件内钢筋、预埋铁件所占体积。预制梁和预制预应力梁应分别编列项目编码。

预制混凝土梁的工程内容包括：混凝土制作、运输、浇筑、振捣、养护；构件制作、运输；构件安装；砂浆制作、运输；接头灌缝、养护。

（十一）预制混凝土屋架（010411）

预制混凝土屋架包括折线型屋架、组合屋架、薄腹屋架、门式刚架屋架、天窗架屋架，如图5-111所示。

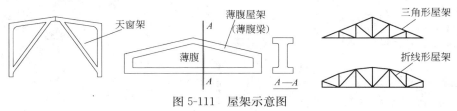

图 5-111 屋架示意图

预制混凝土屋架工程量按设计图示尺寸体积以"m³"计算。不扣除构件内钢筋、预埋铁件所占体积。

一般预制屋架及预制预应力屋架应分别编列项目编码；三角形屋架按计价规范A.4.11中折线型屋架项目编码列项。

预制混凝土屋架的工程内容包括：混凝土制作、运输、浇筑、振捣、养护；构件制作、运输；构件安装；砂浆制作、运输；接头灌缝、养护。

（十二）预制混凝土板（010412）

预制混凝土板包括平板、空心板、槽形板、网架板、折线板、带肋板、大型板、沟盖板、井盖板、井圈。

1. 平板、空心板、槽形板、网架板、折线板、带肋板、大型板

平板、空心板、槽形板、网架板、折线板、带肋板、大型板的工程量，按设计图示尺寸体积以"m³"计算。不扣除构件内钢筋、预埋铁件及单个尺寸300mm×300mm以内的孔洞所占体积，空心板应扣除空洞所占体积。

一般预制板及预制预应力板应分别编列项目编码。不带肋的预制遮阳板、雨篷板、栏板等，应按计价规范A.4.12中平板项目编码列项；预制F型板、双T型板、单肋板和带反挑檐的雨篷板、挑檐板、遮阳板等，应按计价规范A.4.12中带肋板项目编码列项；预制大型墙板、大型楼板、大型屋面板等，应按计价规范A.4.12中大型板项目编码列项。

预制混凝土板工程内容包括：混凝土制作、运输、浇筑、振捣、养护；构件制作、运输；构件安装；升板提升（整体提升板法施工）；砂浆制作、运输；接头灌缝、养护。

2. 沟盖板、井盖板、井圈

沟盖板、井盖板、井圈的工程量，按设计图示尺寸体积以"m³"计算。不扣除构件内钢筋、预埋铁件所占体积。沟盖板指水沟或电缆沟等的盖板；井盖板、井圈指窨井的井圈、井盖。

沟盖板、井盖板、井圈的工程内容包括：混凝土制作、运输、浇筑、振捣、养护；

构件制作、运输；构件安装；砂浆制作、运输；接头灌缝、养护。

（十三）预制混凝土楼梯（010413）

预制混凝土楼梯的工程量按设计图示尺寸体积以"m³"计算。不扣除构件内钢筋、预埋铁件所占体积，扣除空心踏步板空洞体积。见图 5-112。

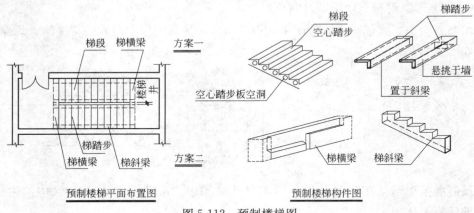

图 5-112　预制楼梯图

预制混凝土楼梯一般有梯段（一跑为一个整体）、梯踏步（一步为一个构件）、梯横梁、梯斜梁，应分别编列项目编码。

预制混凝土楼梯的工程内容包括：混凝土制作、运输、浇筑、振捣、养护；构件制作、运输；构件安装；砂浆制作、运输；接头灌缝、养护。

（十四）其他预制混凝土构件（010414）

其他预制混凝土构件包括烟道、垃圾道、通风道、其他构件、水磨石构件。

其他预制混凝土构件的工程量按设计图示尺寸以体积计算。不扣除构件内钢筋、预埋铁件及单个尺寸 300mm×300mm 以内的孔洞所占体积，扣除烟道、垃圾道、通风道的孔洞所占体积。

预制钢筋混凝土小型池槽、压顶、扶手、垫块、隔热板、花格等，按"其他构件"项目编码列项。

其他预制混凝土构件的工程内容包括：混凝土制作、运输、浇筑、振捣、养护；构件制作、运输；构件安装；砂浆制作、运输；接头灌缝、养护；水磨石构件表面的酸洗、打蜡。

（十五）混凝土构筑物（010415）

混凝土构筑物包括贮水（油）池、贮仓、水塔、烟囱。

混凝土构筑物工程量按设计图示尺寸体积以"m³"计算，不扣除构件内钢筋、预埋铁件及单个面积 0.3m² 以内的孔洞所占体积。

贮水（油）池的池底、池壁、池盖可分别编码（第五级编码）列项。有壁基梁的，应以壁基梁为界，以上为池壁，以下为池底；无壁基梁的，锥形坡底应算至其上口，池壁下部的八字靴脚应并入池底体积内。无梁池盖的柱高应从池底上表面算至池盖下表面，柱帽和柱座应并入柱体积内。肋形池盖应包括主次、梁体积；球形池盖应以壁顶面为界，边侧梁应并入球形池盖体积内。

贮仓立壁和贮仓漏斗可分别编码（第五级编码）列项，应以相互交点水平线为界，壁上圈梁应并入漏斗体积内。

滑模筒仓按计价规范A.4.15中贮仓项目编码列项。

水塔基础、塔身、水箱可分别编码（第五级编码）列项。筒式塔身应以筒座上表面或基础底板上表面为界；柱式（框架式）塔身应以柱脚与基础底板或梁顶为界，与基础底板连接的梁应并入基础体积内。塔身与水箱应以箱底相连接的圈梁下表面为界，以上为水箱，以下为塔身。依附于塔身的过梁、雨篷、挑檐等，并入塔身体积内；柱式塔身应不分柱、梁合并计算。依附于水箱壁的柱、梁，应并入水箱壁体积内。

贮水（油）池、贮仓的工程内容包括混凝土制作、运输、浇筑、振捣、养护。

水塔的工程内容包括混凝土制作、运输、浇筑、振捣、养护；预制倒圆锥形罐壳、组装、提升、就位；砂浆制作、运输；接头灌缝、养护。

烟囱的工程内容包括混凝土制作、运输、浇筑、振捣、养护。

（十六）钢筋工程（010416）

钢筋工程包括现浇混凝土钢筋、预制构件钢筋、钢筋网片、钢筋笼、先张法预应力钢筋、后张法预应力钢筋、预应力钢丝、预应力钢绞线。

1. 现浇混凝土钢筋、预制构件钢筋、钢筋网片、钢筋笼

工程量按设计图示钢筋（网）长度（面积）乘单位理论质量以"t"计算。

钢筋工程应按钢筋不同种类、规格分别编列项目编码。钢筋规格可按 $\phi10$ 以内、$\phi10$ 以上编码项目。例如"预制构件 $\phi10$ 以内圆钢"、"预制构件 $\phi10$ 以上圆钢"、"现浇构件 $\phi10$ 以内圆钢"、"现浇构件 $\phi10$ 以上圆钢"、"现浇构件 $\phi10$ 以上螺纹钢"等。

工程内容包括钢筋（网、笼）制作、运输；钢筋（网、笼）安装。

2. 先张法预应力钢筋

工程量按设计图示钢筋长度乘单位理论质量以"t"计算。

钢筋工程应按不同的钢筋种类、规格、锚具种类分别编列项目编码。

工程内容包括：钢筋制作、运输、钢筋张拉。

3. 后张法预应力钢筋、预应力钢丝、预应力钢绞线

工程量按设计图示钢筋（丝束、绞线）长度乘单位理论质量以"t"计算。

（1）低合金钢筋两端均采用螺杆锚具时，钢筋长度按孔道长度减0.35m计算，螺杆另行计算；

（2）低合金钢筋一端采用镦头插片、另一端采用螺杆锚具时，钢筋长度按孔道长度计算，螺杆另行计算；

（3）低合金钢筋一端采用镦头插片、另一端采用帮条锚具时，钢筋增加0.15m计算，两端均采用帮条锚具时，钢筋长度按孔道长度增加0.3m计算；

（4）低合金钢筋采用后张混凝土自锚时，钢筋长度按孔道长度增加0.35m计算；

（5）低合金钢筋（钢绞线）采用JM、XM、QM型锚具，孔道长度在20m以内时，钢筋长度按孔道长度增加1m计算，孔道长度在20m以上时，钢筋长度按孔道长度增加

1.8m 计算；

（6）碳素钢丝采用锥型锚具，孔道长度在20m以内时，钢丝束长度按孔道长度增加1m计算，孔道长度在20m以上时，钢丝束长度按孔道长度增加1.8m计算；

（7）碳素钢丝束采用镦头锚具时，钢丝束长度按孔道长度增加0.35m计算。

工程内容包括：钢筋、钢丝束、钢绞线制作、运输、钢筋、钢丝束、钢绞线安装、预埋管孔道铺设、锚具安装、砂浆制作、运输、孔道压浆、养护。

（十七）螺栓、铁件（010417）

螺栓、铁件的工程量按设计图示尺寸以质量"t"计算。

螺栓、铁件的工程内容包括：螺栓（铁件）制作、运输、安装。

（十八）钢筋、钢板计算相关数据

钢筋计算相关数据系根据《混凝土结构施工图平面整体表示方法制图规则和构造》（03G101）图集介绍。

1. 钢筋、钢板单位质量（见表5-10）

2. 钢筋保护层

受力钢筋的混凝土保护层最小厚度见表5-11。

3. 钢筋锚固长度（l_a）

钢筋锚固长度（l_a）见表5-13、表5-14。

钢筋、钢板单位质量表　　　　表5-10

钢筋单位质量		钢板单位质量	
钢筋规格（mm）	单位质量（kg/m）	钢板规格（mm）	单位质量（kg/m²）
4	0.099	1	7.85
5	0.154	2	15.70
6	0.222	3	23.55
6.5	0.260	4	31.40
8	0.395	5	39.25
10	0.617	6	47.10
12	0.888	7	54.95
14	1.208	8	62.80
16	1.578	9	70.65
18	1.998	10	78.50
20	2.466	11	86.35
22	2.984	12	94.20
24	3.551	13	102.05
25	3.853	14	109.90
26	4.168	15	117.75
28	4.834	16	125.60
30	5.549	17	133.45

注：钢筋单位质量 $=0.006167d^2$（d—钢筋直径 mm）；　钢板单位质量 $=7.85\delta$（δ—钢板厚度 mm）

第五章 建筑工程工程量计算

受力钢筋的混凝土保护层最小厚度（mm） 表 5-11

环境类别	墙 ≤C20	墙 C25~C45	墙 ≥C50	梁 ≤C20	梁 C25~C45	梁 ≥C50	柱 ≤C20	柱 C25~C45	柱 ≥C50	板（梯板） ≤C20	板（梯板） C25~C45	板（梯板） ≥C50	基础梁（有垫层） ≤C20	基础梁（有垫层） C25~C45	基础底板（有垫层） C25~C45
一	20	15	15	30	25	25	30	25	25	20	15	15	30	25	—
二 a	—	20	20	—	30	30	—	30	30	—	20	20	—	30	顶筋 20（底筋 40，防水 50）
二 b	—	25	20	—	35	30	—	35	30	—	25	20	—	35	顶筋 25（底筋 40，防水 50）
三	—	30	25	—	40	35	—	40	32	—	30	25	—	—	顶筋 30（底筋 40，防水 50）

注：1. 受力钢筋外边缘至混凝土表面的距离，除符合表中规定外，不应小于钢筋的公称直径。
2. 机械连接接头连接件的混凝土保护层厚度应满足受力钢筋保护层最小厚度的要求，连接件之间的横向净距不宜小于 25mm。
3. 设计使用年限为 100 的结构：一类环境中，混凝土保护层厚度应按表中规定增加 40%；二类和三类环境中，混凝土保护层厚度应采取专门有效措施。
4. 环境类别详见表 5-12。

混凝土结构环境类别表 表 5-12

环境类别		环 境 条 件
一		室内正常环境
二	a	室内潮湿环境；非严寒和非寒冷地区的露天环境、与无侵蚀性的水或土壤直接接触的环境
二	b	严寒和寒冷地区的露天环境、与无侵蚀性的水或土壤直接接触的环境
三		使用除冰盐的环境；严寒和寒冷地区冬季水位变动的环境；滨海室外环境
四		海水环境
五		受人为或自然的侵蚀性物质影响的环境

注：严寒和寒冷地区的划分符合国家现行标准《民用建筑热工设计规程》（JGJ24）的规定。

纵向受拉钢筋抗震锚固长度 l_{aE} 表 5-13
（一、二、三级抗震等级）

钢筋种类与直径			C20 一二级	C20 三级	C25 一二级	C25 三级	C30 一二级	C30 三级	C35 一二级	C35 三级	≤C40 一二级	≤C40 三级
HPB235	普通钢筋		$36d$	$33d$	$31d$	$28d$	$27d$	$25d$	$25d$	$23d$	$23d$	$21d$
HRB335	普通钢筋	$d≤25$	$44d$	$41d$	$38d$	$35d$	$34d$	$31d$	$31d$	$29d$	$29d$	$26d$
HRB335	普通钢筋	$D>25$	$49d$	$45d$	$42d$	$39d$	$38d$	$34d$	$34d$	$31d$	$32d$	$29d$
HRB335	环氧树脂涂层钢筋	$d≤25$	$55d$	$51d$	$48d$	$44d$	$43d$	$39d$	$39d$	$36d$	$36d$	$33d$
HRB335	环氧树脂涂层钢筋	$D>25$	$61d$	$56d$	$53d$	$48d$	$47d$	$43d$	$43d$	$39d$	$39d$	$36d$
HRB400 RRB400	普通钢筋	$d≤25$	$53d$	$49d$	$46d$	$42d$	$41d$	$37d$	$37d$	$34d$	$34d$	$31d$
HRB400 RRB400	普通钢筋	$D>25$	$58d$	$53d$	$51d$	$46d$	$45d$	$41d$	$41d$	$38d$	$38d$	$34d$

续表

混凝土强度等级		C20		C25		C30		C35		≤C40	
	抗震等级	一二级	三级	一二级	三级	一二级	三级	一二级	三级	一二级	三级
钢筋种类与直径											
HRB400 RRB400	环氧树脂涂层钢筋 $d \leqslant 25$	$66d$	$61d$	$57d$	$53d$	$51d$	$47d$	$47d$	$43d$	$43d$	$39d$
	$D > 25$	$73d$	$67d$	$63d$	$58d$	$56d$	$51d$	$51d$	$47d$	$47d$	$43d$

注：1. 四级抗震等级，$L_{aE}=L_a$，其值见表 5-14。
  2. 当弯锚时，有些部位的锚固长度为 $\geqslant 0.4 L_{aE}+15d$，见各类构件的标准构造详图。
  3. 当 HRB335、HRB400 和 RRB400 级纵向受拉钢筋末端采用机械锚固措施时，包括附加锚固端头在内的锚固长度可取为表 5-14 和本表中锚固长度的 0.7 倍。
  4. 当钢筋在混凝土施工过程中易受扰动（如滑模施工）时，其锚固长度应乘以修正系数 1.1。
  5. 在任何情况下，锚固长度不得小于 250mm。

受拉钢筋的最小锚固长度 l_a   表 5-14
（四级抗震等级）

混凝土强度等级		C20		C25		C30		C35		≤C40	
	钢筋直径	$d \leqslant 25$	$d > 25$	$d \leqslant 25$	$d > 25$	$d \leqslant 25$	$d > 25$	$d \leqslant 25$	$d > 25$	$d \leqslant 25$	$d > 25$
钢筋种类											
HPB235	普通钢筋	$31d$	$31d$	$27d$	$27d$	$24d$	$24d$	$22d$	$22d$	$20d$	$20d$
HRB335	普通钢筋	$39d$	$42d$	$34d$	$37d$	$30d$	$33d$	$27d$	$30d$	$25d$	$27d$
	环氧树脂涂层钢筋	$48d$	$53d$	$42d$	$46d$	$37d$	$41d$	$34d$	$37d$	$31d$	$34d$
HRB400 RRB400	普通钢筋	$46d$	$51d$	$40d$	$44d$	$36d$	$39d$	$33d$	$36d$	$30d$	$33d$
	环氧树脂涂层钢筋	$58d$	$63d$	$50d$	$55d$	$45d$	$49d$	$41d$	$45d$	$37d$	$41d$

注：1. 当弯锚时，有些部位的锚固长度为 $\geqslant 0.4 l_a + 15d$，见各类构件的标准构造详图。
  2. 当钢筋在混凝土施工过程中易受扰动（如滑模施工）时，其锚固长度应乘以修正系数 1.1。
  3. 在任何情况下，锚固长度不得小于 250mm。
  4. HPB235 钢筋为受拉时，其末端应做成 180°弯钩。弯钩平直段长度不应小于 3d。当为受压时，可不做弯钩。

  4. 纵向受拉钢筋绑扎搭接长度（见表 5-15）
  5. 钢筋弯钩
  （1）180°弯钩
  当 HPB235 钢筋为受拉时，其末端应做成 180°弯钩，弯钩平直段长度不应小于 $3d$，每个弯钩按 $6.25d$ 计算，见图 5-113(a)。当为受压时，可不做弯钩。

纵向受拉钢筋绑扎搭接长度 l_{aE}、l_i 表 5-15

纵向受拉钢筋绑扎搭接长度 l_{aE}、l_i		注:
抗震	非抗震	1. 当不同直径的钢筋搭接时,其 l_{aE} 与 l_i 值按较小的直径计算
$l_{aE}=\zeta l_a$	$l_i=\zeta l_a$	2. 在任何情况下 l_i 不得小于 300mm 3. 式中 ζ 为搭接长度修正系数

纵向受拉钢筋搭接长度修正系数 ζ			
纵向钢筋搭接接头面积百分率(%)	≤25	50	100
ζ	1.2	1.4	1.6

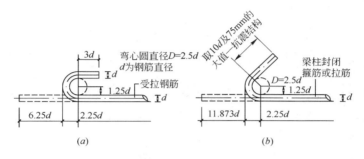

图 5-113 弯钩长度计算示意图
(a)180°半圆钩; (b)135°斜弯钩

(2) 135°弯钩

梁、柱、剪力墙的箍筋及拉筋末端应做成 135°弯钩,平直长度按 $10d$ 及 75mm 中较大值取定,见图 5-113(b)。每个弯钩($\phi 4$、$\phi 6$、$\phi 6.5$ 除外)按 $11.873d$ 计算,参见表 5-16。

(3) 箍筋弯钩

箍筋弯钩长度可按表 5-16 计算。

箍筋弯钩长度计算表   表 5-16

箍筋直径 d (mm)		4	6	6.5	8	10	12
箍筋弯钩长度 (mm)	单钩	80	85	90	95	120	140
	双钩	160	170	180	190	240	280

注: 本表除 $\phi 4$、$\phi 6$、$\phi 6.5$ 钢筋平直长度按 75mm 计算外,其余钢筋单钩均按 $11.873d$、双钩按 $23.75d$ 计算,d 为钢筋直径。

1) 双肢箍

双肢箍箍筋长度可利用构件周长来计算,见图 5-114(a),其计算公式为:

箍筋长度=构件周长-(保护层-箍筋直径)×8+箍筋弯钩长度

【例 5-29】 试计算如图 5-114(a) 所示箍筋的长度。梁断面 250mm×650mm,混

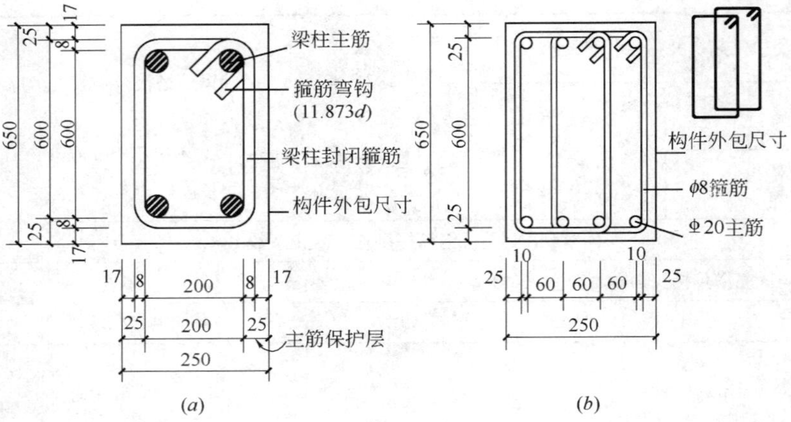

图 5-114 梁柱箍筋计算示意图
(a) 双肢箍；(b) 四肢箍

凝土强度等级为 C25，一类环境，箍筋直径 8mm，双肢箍。

根据上述条件，查表 5-10、表 5-11、表 5-16，钢筋单位质量为 0.395kg/m，钢筋保护层为 25mm，箍筋弯钩长度为 190mm。

箍筋长度 = (0.25+0.65)×2 − (0.025−0.008)×8+0.19

= 1.664+0.19

= 1.854m

2) 四肢箍

四肢箍箍筋长度，应按主筋间距平均分配计算，见图 5-114 (b)，其计算步骤为：

首先，计算主筋间距。

主筋间距 = (构件宽 − 保护层×2 − 主筋直径)÷箍筋间距个数

= (0.25−0.025×2−0.02)÷3

= 0.06m

其次，计算单个箍筋宽度。

单个箍筋宽度 = 主筋间距×间距个数 + 主筋直径 + 箍筋直径×2

= 0.06×2+0.02+0.008×2

= 0.156m

再次，计算箍筋长度。

箍筋长度 = 箍筋周长 + 箍筋弯钩长度

= (0.156+0.65−0.025×2+0.008×2)×2+0.19

= 1.734m

箍筋质量 = 1.734m × 0.395kg/m

= 0.685kg

6. 弯起钢筋

构件中弯起钢筋按构件长度减保护层加钢筋弯钩,再加弯起钢筋增加值计算,见图 5-115。其计算公式如下:

$$弯起钢筋长度 = 构件长度 - 保护层 + \Delta S \times 2 + 钢筋弯钩$$

式中:ΔS 为弯起钢筋增加值,见表 5-17。

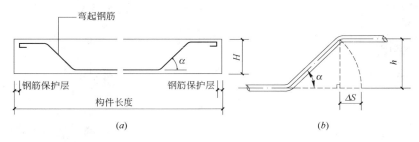

图 5-115 弯起钢筋计算示意图
(a) 弯起钢筋计算示意图;(b) ΔS 示意图

弯起钢筋增加值表 表 5-17

弯起角度(α)	30°	45°	60°
增加值(ΔS)	$0.27h$	$0.41h$	$0.57h$

注:表中 h = 梁高 - 保护层 - 钢筋直径。
 梁高≤500mm,α=30°;500mm<梁高≤800mm,α=45°;梁高>800mm,α=60°。

【例 5-30】 计算图 5-115a 所示单根弯起钢筋的质量。设梁的长度 6000mm,断面 250mm×650mm,钢筋保护层 25mm,弯起角度 45°,钢筋直径 ϕ20。

弯起钢筋的质量=[6.0-0.05+12.5×0.02+(0.65-0.05-0.02)
×0.41×2]×2.466=14.46kg

7. 箍筋加密

在梁、柱相交区域的箍筋必须加密,如图 5-116 所示。

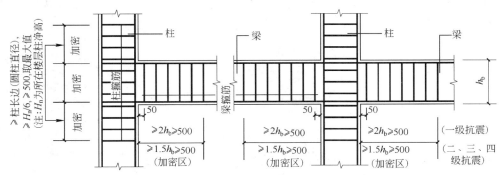

图 5-116 梁、柱箍筋加密示意图

(1) 梁箍筋加密

一级抗震:梁箍筋加密区≥$2h_b$≥500 (h_b—梁高)

二、三、四级抗震:梁箍筋加密区≥$1.5h_b$≥500 (h_b—梁高)

(2) 柱箍筋加密

1) 底层柱箍筋加密 $\geqslant H_n/3$;

2) 上部柱箍筋加密 $\geqslant$ 柱长边尺寸（圆柱直径）, $\geqslant H_n/6$, $\geqslant 500$, 取其最大值。

注：式中 H_n 为所在楼层的柱净高。

梁柱箍筋加密详细规定，见《混凝土结构施工图平面整体表示方法制图规则和构造》（11G101）的规定。

8. 螺旋钢筋

螺旋钢筋主要用于桩、圆柱等。螺旋钢筋长度计算见公式（见图 5-117）：

$$L = \sqrt{H^2 + \left(\pi D \times \frac{H}{a}\right)^2}$$

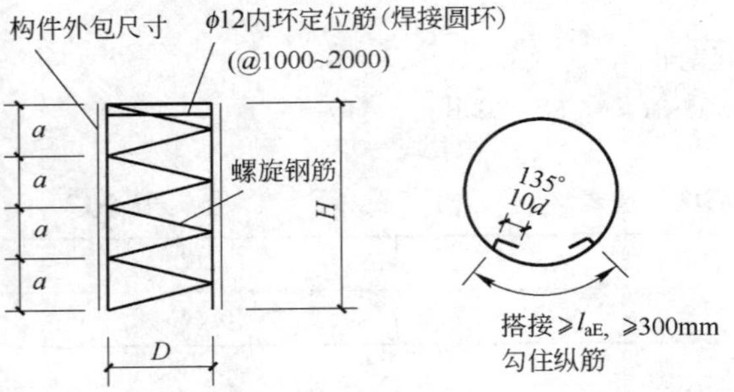

式中　L——螺旋钢筋长度；

　　　H——螺旋钢筋铅垂高度；

　　　D——螺旋钢筋水平投影直径；

　　　a——螺旋钢筋间距。

【例 5-31】 计算某工程圆柱（如图 5-117 所示）螺旋钢筋的长度。已知：圆柱直径 600mm，主筋保护层 30mm，螺旋钢筋铅垂高度 $H=5.5$m，螺旋钢筋直径 $\phi 8$，螺旋钢筋间距 $a=200$mm$=0.20$m。

图 5-117　螺旋钢筋计算示意图

螺旋钢筋水平投影直径 $D=600-30\times 2+8=548$mm$=0.548$m。

$$L = \sqrt{5.50^2 + \left(\pi \times 0.548 \times \frac{5.50}{0.20}\right)^2} + 23.75 \times 0.008 = 47.85\text{m}$$

9. 措施钢筋

现浇构件中固定位置的支撑钢筋、双层钢筋用的"铁马"、伸出构件的锚固钢筋、预制构件的吊钩等，计入钢筋工程量内，如图 5-118 所示。

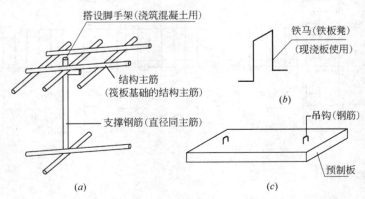

图 5-118　措施钢筋示意图

(a) 支撑钢筋；(b) 铁马；(c) 吊钩

10. 梁附加钢筋

梁附加钢筋包括附加吊筋及附加箍筋两种。附加吊筋及附加箍筋的设置如图5-119所示。

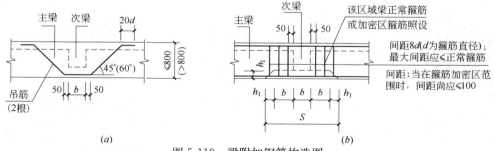

图 5-119 梁附加钢筋构造图
(a) 附加吊筋构造；(b) 附加箍筋构造

(1) 附加吊筋

附加吊筋根据主梁高度及次梁宽度计算。

【例 5-32】 设某工程框架梁 KL_1 断面 250mm×650mm，与其相交的次梁 L_1 断面 200mm×400mm，吊筋 2ϕ20。计算相交处的吊筋质量，如图 5-120 (a) 所示。

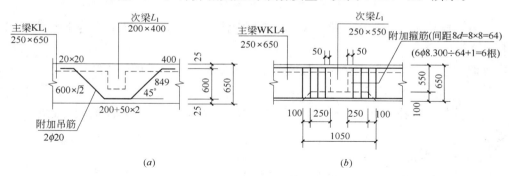

图 5-120 梁附加钢筋计算示意图
(a) 附加吊筋构造；(b) 附加箍筋构造

主梁高 650mm，次梁宽 200mm；因主梁高 650<800，所以角度为 45°。则：

吊筋质量 (ϕ20) = [0.20+0.05×2+0.02×20×2+0.60×$\sqrt{2}$×2]×2.466×2
            = 13.80kg

(2) 附加箍筋

附加箍筋长度计算前面已介绍，这里只介绍箍筋的根数计算方法。

【例 5-33】 设某工程框架梁 WKL4 断面 250mm×650mm，与其相交的次梁 L_1 断面 250mm×550mm，框架梁 WKL4 箍筋直径 8mm (见图 5-118b)。计算其相交处附加箍筋的根数。

附加箍筋的根数 = [300÷(8×8)+1]×2 = 6 根×2 = 12 根

若附加箍筋的根数图中有标注者，按标注的根数计算。

钢筋工程量计算应满足《混凝土结构施工图平面整体表示方法制图规则和构造》(11G101) 的规定。

五、厂库房大门、特种门、木结构工程

（一）厂库房大门、特种门（010501）

厂库房大门、特种门包括木板大门、钢木大门、全钢板大门、特种门（特种门包括冷藏门、冷冻间门、保温门、变电室门、隔声门、防射线门、人防门、金库门等）、围墙铁丝门。

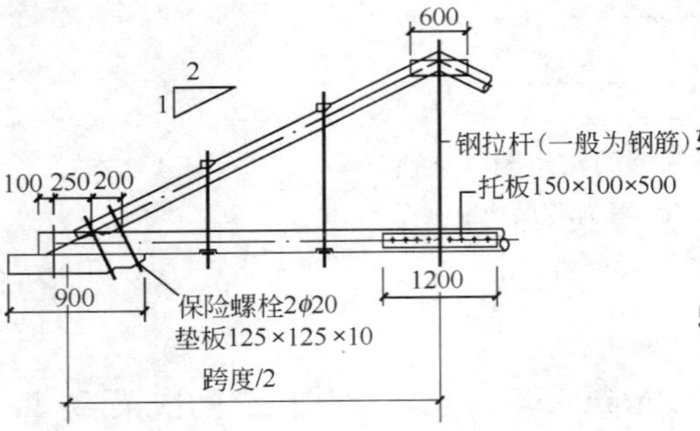

工程量按设计图示数量以"樘"计算

工程内容包括：门（骨架）制作、运输、门五金配件安装，刷防护材料、油漆。

（二）木屋架（010502）

木屋架包括全木屋架和钢木屋架（见图5-121）。

工程量按设计图示数量以"樘"计算。

工程内容包括：制作、运输、安装、刷防护材料、油漆。

图 5-121 钢木屋架图

木屋架应按不同的类型（全木屋架或钢木屋架）、跨度、安装高度等不同分别编列项目编码。

木屋架的跨度指上、下弦中心线交点之间的距离计算（见图5-121）。

（三）木构件（010503）

木构件包括木柱、梁、木楼梯、其他木构件、檩木、椽子、木屋面板、封檐板、搏风板。

1. 木柱、木梁

工程量按设计图示尺寸体积以"m^3"计算。

2. 木楼梯

木楼梯按按设计图示尺寸的水平投影面积以"m^2"计算。不扣除宽度小于300mm的楼梯井，伸入墙内部分不计算。

木楼梯上的木栏杆（栏板）、木扶手另按计价规范 B.1.7 中相应装饰项目计算。

3. 其他木构件

其他木构件按设计图示尺寸体积、面积以"m^3"、"m^2"计算。

六、金属构件工程量计算

金属构件包括各种各类的钢构件。内容包括钢屋架、网架、托架、桁架、钢柱、钢梁、压型钢板楼墙板等。

（一）工程量计算基本方法

金属构件工程量除压型钢板和金属网按设计图示尺寸面积以"m^2"计算外，其余

构件均按设计图示尺寸质量以"t"计算。不扣除孔眼、切边、切肢的质量，焊条、铆钉、螺栓等不另增加质量，不规则或多边形钢板，按其外接矩形面积乘以单位理论质量计算。见图 5-122。

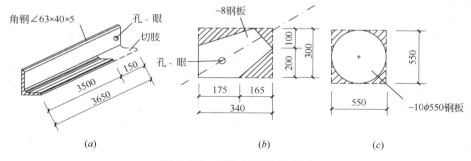

图 5-122　钢构件计算示意图
(a) 角钢；(b) 异形钢板；(c) 圆形钢板

金属构件工程内容包括制作、运输、安装（拼装）、探伤、刷油漆。

计算公式：

型钢质量＝型钢长度×单位质量　（单位质量指每米质量，kg/m）

钢板质量＝钢板面积×单位质量　（单位质量指每平方米质量，kg/m²）

公式中的单位质量查五金手册即可得到。型钢包括角钢、槽钢、工字钢、H 型钢、圆钢、方钢、六角钢等；钢板指各种钢板。

【例 5-34】　计算图 5-122 中角钢、钢板的质量。

查五金手册，角钢∠63×40×5 单位质量为 3.92kg/m；－8 钢板单位质量为 62.80kg/m²；－10 钢板单位质量为 78.50kg/m²。

(1) 角钢（∠63×40×5）：质量＝3.65×3.92＝14.31kg（不扣切肢及孔眼质量）

(2) 异形钢板（－8×340×300）：质量＝0.34×0.30×62.8＝6.41kg（按外接矩形计算，不扣切边及孔眼质量）

(3) 圆形钢（－10φ550）：质量＝0.55×0.55×78.5＝23.75kg（按外接矩形计算，不扣切边及孔眼质量）

(二) 工程量计算规定

1. 钢屋架、钢网架 (010601)

钢屋架、钢网架按工程量设计图示尺寸质量以"t"计算。屋架也可按屋架"榀"计算。

2. 钢托架、钢桁架 (010602)

钢托架、钢桁架工程量按设计图示尺寸质量以"t"计算。

3. 钢柱 (010603)

钢柱包括实腹柱、空腹柱及钢管柱。

(1) 实腹柱、空腹柱

实腹柱、空腹柱工程量按设计图示尺寸质量以"t"计算。依附在钢柱上的牛腿及

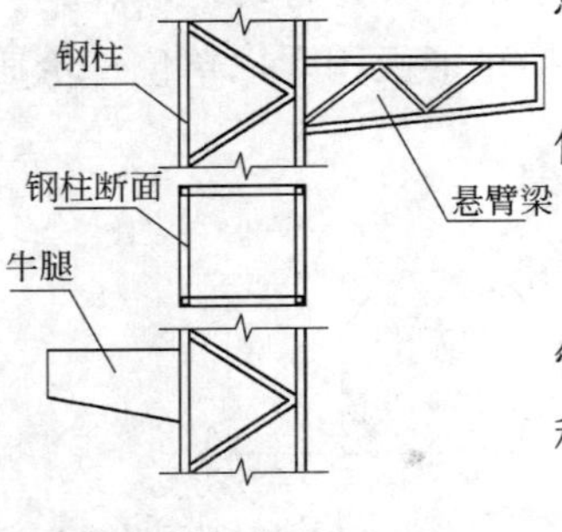

悬臂梁等并入钢柱工程量内,如图 5-123 所示。

型钢混凝土柱、梁浇筑混凝土,混凝土和钢筋应按计价规范 A.4 中相关钢筋项目编码列项。

(2) 钢管柱

钢管柱工程量按设计图示尺寸质量以"t"计算。钢管柱上的节点板、加强环、内衬管、牛腿等并入钢管柱工程量内。

4. 钢梁 (010604)

钢梁包括各类钢梁及钢吊车梁。

图 5-123 钢柱示意图

钢梁工程量按设计图示尺寸质量以"t"计算。制动梁、制动板、制动桁架、车挡并入钢吊车梁工程量内。

5. 压型钢板楼板、墙板 (010605)

(1) 压型钢板楼板 (010605001)

压型钢板楼板按设计图示尺寸铺设水平投影面积以"m^2"计算。不扣除柱、垛及单个 $0.3m^2$ 以内的孔洞所占面积。

压型钢板楼板上浇筑钢筋混凝土,混凝土和钢筋应按计价规范 A.4 中钢筋相关项目编码列项。

(2) 压型钢板墙板 (010605002)

压型钢板墙板工程量按设计图示尺寸铺挂面积以"m^2"计算。不扣除单个 $0.3m^2$ 以内的孔洞所占面积,包角、包边、窗台泛水等不另加面积。

6. 钢构件 (010606)

钢构件包括钢支撑、钢檩条、钢天窗架、钢挡风架、钢墙架、钢平台、钢走道、钢梯、钢栏杆、钢漏斗、钢支架、零星钢构件。

(1) 钢支撑、钢檩条、钢天窗架、钢挡风架、钢墙架、钢平台、钢走道、钢梯、钢栏杆、零星钢构件工程量按设计图示尺寸质量以"t"计算。

钢墙架项目包括墙架柱、墙架梁和连接杆件。零星钢构件指加工铁件等小型构件。

【例 5-35】 计算图 5-124 所示钢支撑 16 个 XG_4 的工程量。

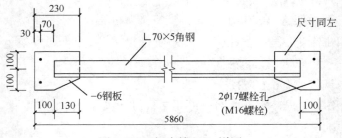

图 5-124 钢支撑 XG_4 详图

查五金手册,L70×5 等边角钢单位质量 5.397kg/m,-6 钢板单位质量 47.10kg/m^2。

1) 等边角钢（L70×5）：5.66×5.397×16=488.75kg
2) 钢板（—8×200×230）：0.20×0.23×47.10×2×16=69.33kg
小计：488.75+69.33=558kg=0.558t

(2) 钢漏斗

钢漏斗工程量按设计图示尺寸质量以"t"计算。依附钢漏斗的型钢并入漏斗工程量内。

7. 金属网

金属网工程量按设计图示尺寸面积以"m²"计算。（如球场围网）。

七、屋面及防水工程

（一）瓦屋面、型材屋面（010701）

1. 瓦屋面、型材屋面（010701001、010601002）

瓦屋面包括小青瓦、水泥平瓦、石棉水泥瓦、镀锌铁皮屋面、筒瓦、琉璃瓦等。

型材屋面包括金属压型板屋面、彩色涂层钢板屋面、玻璃钢瓦屋面、阳光板屋面。

瓦屋面、型材屋面工程量按按设计图示尺寸斜面积以"m²"计算。不扣除房上烟囱、风帽底座、风道、小气窗、斜沟等所占面积。小气窗的出檐部分不增加面积。见图5-126。

瓦屋面工程内容包括：檩条、椽子安装，基层铺设，铺防水层，安顺水条和挂瓦条，安瓦，刷防护材料。

型材屋面工程内容包括：骨架制作、运输、安装，屋面型材安装，接缝、嵌缝。

$$斜屋面工程量 = 屋面水平投影面积 \times 屋面坡度系数$$

式中：屋面水平投影面积=水平投影长度×水平投影宽度

屋面坡度系数见下列计算公式。

(1) 已知水平面与斜面相交的夹角（α）（见图5-125）

屋面坡度系数 $= \dfrac{1}{\cos\alpha}$ （式中 α——水平面与斜面相交的夹角）

若 $α = 30°$，则：屋面坡度系数 $= \dfrac{1}{\cos 45°} = 1.4142$

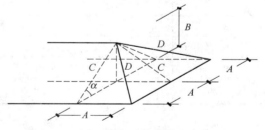

图5-125 屋面坡度系数计算示意图

(2) 已知矢跨比（B/2A）

$$屋面坡度系数 = \dfrac{\sqrt{B^2 + A^2}}{A}$$

若矢跨比为 $\dfrac{1}{2}$，即：$B=1$，$A=1$，则：屋面坡度系数 $= \dfrac{\sqrt{1^2+1^2}}{1} = 1.4142$

将计算结果制作成屋面坡度系数表，以备查用。见表5-18。

【例 5-36】 计算图 5-126 屋面工程量。

由图 5-124 知道水平面与斜面相交的夹角 $\alpha=26°$。

$$屋面坡度系数=\frac{1}{\cos 26°}=1.1126$$

若能从表 5-18 直接查找得到，则可直接查表即可。

屋面坡度系数表　　　　　　　　　　　　　　　　　表 5-18

坡度			坡度系数	
坡度 $B(A=1)$	坡度 $B/2A$	坡度角度 α	延尺系数 $C(A=1)$	隅延尺系数 $D(A=1)$
1	1/2	45°	1.4142	1.7321
0.75		36°52′	1.2500	1.6008
0.70		35°	1.2207	1.5779
0.666	1/3	33°40′	1.2015	1.5620
0.65		33°01′	1.1926	1.5564
0.60		30°58′	1.1662	1.5362
0.577		30°	1.1547	1.5270
0.55		28°49′	1.1413	1.5170
0.50	1/4	26°34′	1.1180	1.5000
0.45		24°14′	1.0966	1.4839
0.40	1/5	21°48′	1.0770	1.4697
0.35		19°17′	1.0594	1.4569
0.30		16°42′	1.0440	1.4457
0.25		14°02′	1.0308	1.4362
0.20	1/10	11°19′	1.0198	1.4283
0.15		8°32′	1.0112	1.4221
0.125		7°8′	1.0078	1.4191
0.100	1/20	5°42′	1.0050	1.4177
0.083		4°45′	1.0035	1.4166
0.066	1/30	3°49′	1.0022	1.4157

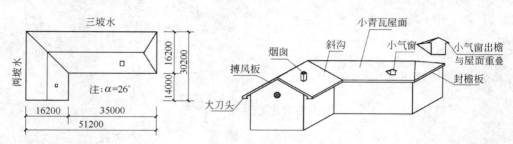

图 5-126 屋面计算示意图

斜屋面工程量＝屋面水平投影面积×屋面坡度系数
$$=(51.20\times30.20-35.00\times14.00)\times1.1126$$
$$=1175.17m^2$$

2. 膜结构屋面（010701003）

膜结构屋面指加强型 PVC 膜布做成的屋面。

膜结构屋面工程量按设计图示尺寸以需要覆盖的水平面积计算。见图 5-127。

膜结构屋面工程内容包括：膜布热压胶接，支柱（网架）制作、安装，膜布安装，穿钢丝绳、锚头锚固，刷油漆。

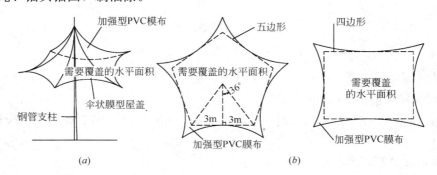

图 5-127 膜结构屋面计算示意图
(a) 伞状膜型屋盖示意图；(b) 膜型屋盖水平投影示意图

【例 5-37】 已知图 5-127(b)中正五边形膜结构屋面的边长 6m，计算该屋面工程量。

将正五边形分成 10 个直角三角形，每个直角三角形的圆心角为 36°，直角三角形中一个直角边为 3m，所以：

正五边形膜结构屋面工程量＝$3.0\times ctg36°\times3.0\times5=61.94m^2$

（二）屋面防水（010702）

屋面防水包括屋面卷材防水、屋面涂膜防水、屋面刚性防水、屋面排水管、屋面天沟、沿沟。

1. 屋面卷材防水（010702001）

卷材防水包括石油沥青油毡防水卷材防水、APP 改性沥青卷材防水、ABS 改性沥青卷材防水、SBC120 聚乙烯丙纶复合卷材防水等。

屋面卷材防水工程量按设计图示尺寸面积以"m^2"计算。

(1) 斜屋顶（不包括平屋顶找坡形成的屋面）按斜面面积计算，平屋顶按水平投影面积计算；

(2) 不扣除房上烟囱、风帽底座、风道、屋面小气窗和斜沟所占面积；

(3) 屋面的女儿墙、伸缩缝和天窗等处的弯起部分，并入屋面工程量内。见图 5-128。

工程内容包括：基层处理，抹找平层，刷底油，铺油毡卷材、接缝、嵌缝，铺保护层。见图 5-128，防水项目包括找平层、防水层及保护层等内容；保温层（一般兼找

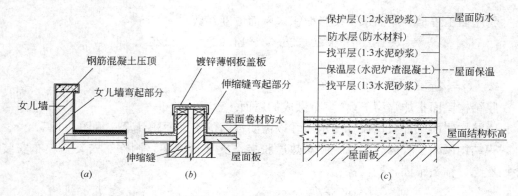

图 5-128 屋面防水示意图
(a) 女儿墙；(b) 伸缩缝；(c) 屋面防水构造

坡) 单独列制项目计算，工程量均按面积以"m²"计算。

2. 屋面涂膜防水 (010702002)

屋面涂膜防水包括石油沥青玛𭉋酯涂膜、塑料油膏涂膜、APP 改性沥青涂料、SBS 改性沥青涂料、水乳型橡胶沥青涂料等。

工程量计算规则同屋面卷材防水。

工程内容包括：基层处理，抹找平层，涂防水膜，铺保护层。

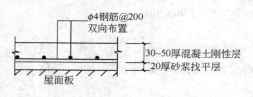

图 5-129 刚性屋面示意图

3. 屋面刚性防水 (010702003)

屋面刚性防水即钢筋混凝土防水。见图 5-129。

屋面刚性防水工程量按设计图示尺寸面积以"m²"计算。不扣除房上烟囱、风帽底座、风道等所占面积。

屋面刚性防水工程内容包括：基层处理，混凝土制作、运输、铺筑、养护。

4. 屋面排水管 (010702004)

屋面排水管包括：塑料水落管排水、铁皮排水、石棉水泥排水、玻璃钢排水、阳台吐水管（钢管、塑料管）等。

屋面排水管工程量按设计图示尺寸长度以"m"计算。如设计未标注尺寸，以檐口至设计室外地面垂直距离计算。见图 5-130。

屋面排水管工程内容包括：排水管及配件安装、固定,雨水斗、雨水篦子等安装,接缝、嵌缝。

5. 屋面天沟、沿沟 (010702005)

屋面天沟、沿沟包括铁皮排水、石棉水泥排水等。

屋面排水管工程量按设计图示尺寸面积以"m²"计算。铁皮和卷材天沟按展开面积计算。

铁皮排水零件计算,如图纸没有注明尺寸时,可参照表 5-19 折算,咬口和搭接等均包含在内,不另计算。

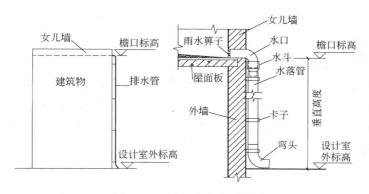

图 5-130 屋面排水管示意图

铁皮排水单体零件展开面积折算表　　　　　　　　　　　　表 5-19

单位：m²

水落管（每米）	檐沟（每米）	水斗（每个）	漏斗（每个）	下水口（每个）	天沟（每米）
0.32	0.30	0.40	0.16	0.45	1.30
斜沟、天窗窗台泛水（每米）	天窗侧面泛水（每米）	烟囱泛水（每米）	通气管泛水（每个）	滴水檐头泛水（每米）	滴水（每米）
0.50	0.70	0.80	0.22	0.24	0.11

注：表中数据指每米或每个单体零件的展开面积多少平方米。

屋面排水管工程内容包括：砂浆制作、运输，砂浆找坡、养护，天沟材料铺设，天沟配件安装，接缝、嵌缝，刷防护材料。

(三) 墙、地面防水、防潮(010703)

墙、地面防水包括卷材防水、涂膜防水、砂浆防水（潮）、变形缝。

1. 卷材防水、涂膜防水、砂浆防水（潮）

卷材防水、涂膜防水、砂浆防水（潮）工程量按设计图示尺寸面积以"m²"计算。

(1) 地面防水：按主墙间净空面积计算，扣除凸出地面的构筑物、设备基础等所占面积，不扣除柱、垛、间壁墙（厚度在120mm以内的墙可视为间壁墙）、烟囱及单个0.3m²以内的孔洞所占面积。

(2) 墙基防水：外墙按中心线、内墙按净长乘以墙厚计算。

卷材防水包括石油沥青油毡防水卷材防水、APP改性沥青卷材防水、ABS改性沥青卷材防水、SBC120聚乙烯丙纶复合卷材防水等。卷材防水的工程内容包括：基层处理，抹找平层，刷粘结剂，铺防水卷材，铺保护层，接缝、嵌缝。

涂膜防水包括石油沥青玛琋酯涂膜、塑料油膏涂膜、APP改性沥青涂料、SBS改性沥青涂料、水乳型橡胶沥青涂料等。涂膜防水的工程内容包括：基层处理，抹找平层，刷基层处理剂，铺涂膜防水层，铺保护层。

砂浆防水包括：砂浆防水（潮）防水砂浆（一层做法）、防水砂浆（五层做法）、隔热镇水粉防水、混凝土或砂浆盖面、水泥砂浆防水（掺无机铝盐防水剂）、素水泥浆防水（掺无机铝盐防水剂）。砂浆防水的工程内容包括：基层处理，挂钢丝网片，设置分格缝，砂浆制作、运输、摊铺、养护。

2. 变形缝(010703004)

变形缝工程量按设计图示长度以"m"计算。

变形缝的工程内容包括：清缝，填塞防水材料，盖板制作、安装，刷防护材料。

变形缝指屋面、墙面、楼地面等的缝子处理。见图5-131。变形缝包括石灰麻刀、油浸麻丝、灌沥青、沥青砂浆、建筑油膏、丙烯酸酯、聚氯乙烯胶泥嵌缝、木板、铁皮、铝合金板、钢板盖面等。

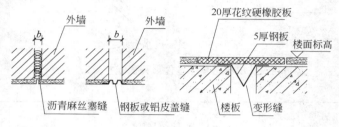

图 5-131　变形缝示意图

止水带项目按变形缝项目编码列项。止水带包括橡胶止水带、塑料止水带、钢板止水带、预埋式紫铜片止水带等。

八、防腐、隔热、保温工程

(一) 防腐面层(010801)

1. 防腐混凝土、砂浆面层、防腐胶泥面层、玻璃钢防腐面层

防腐混凝土包括耐酸沥青混凝土、水玻璃混凝土、硫磺混凝土、重晶石混凝土等。

防腐砂浆包括耐酸沥青砂浆、水玻砂浆、璃硫磺砂浆、不发火沥青砂浆、重晶石砂浆、金属屑砂浆等。

防腐胶泥指环氧树脂胶泥。

玻璃钢防腐包括环氧玻璃钢、环氧酚醛玻璃钢、酚醛玻璃钢、环氧煤焦油玻璃钢等。

工程量按设计图示尺寸面积以"m²"计算。①平面防腐：扣除凸出地面的构筑物、设备基础等所占面积；②立面防腐：砖垛等突出部分按展开面积并入墙面积内。

防腐混凝土、防腐砂浆面层的工程内容包括：基层清理，刷基层面，砂浆制作、运输、摊铺、养护，混凝土制作、运输、摊铺、养护。

防腐胶泥面层工程内容包括：基层清理，胶泥调制、摊铺。

2. 聚氯乙烯防腐、块料防腐面层

聚氯乙烯防腐面层，指利用XY401粘接剂粘贴软聚氯乙烯塑料地板的防腐做法。

块料防腐面层，指用水玻璃耐酸胶泥等耐酸胶结料粘贴耐酸瓷砖、耐酸瓷板、铸石板的防腐做法。

工程量按设计图示尺寸以面积计算。①平面防腐：扣除凸出地面的构筑物、设备基础等所占面积；②立面防腐：砖垛等突出部分按展开面积并入墙面积内；③踢脚板防腐：扣除门洞所占面积并相应增加门洞侧壁面积。

聚氯乙烯防腐面层的工程内容包括：基层清理，配料、涂胶，聚氯乙烯板铺设，铺贴踢脚板。

块料防腐面层的工程内容包括：基层清理，砌块料，胶泥调制、勾缝。

（二）其他防腐（01082）

1. 隔离层

工程量按设计图示尺寸面积以"m^2"计算。①平面防腐：扣除凸出地面的构筑物、设备基础等所占面积；②立面防腐：砖垛等突出部分按展开面积并入墙面积内。

工程内容包括：基层清理、刷油，煮沥青，胶泥调制，隔离层铺设。

2. 砌筑沥青浸渍砖

工程量按设计图示尺寸体积以"m^3"计算。

工程内容包括：基层清理，胶泥调制，浸渍砖铺砌。

3. 防腐涂料

工程量按设计图示尺寸面积以"m^2"计算。①平面防腐：扣除凸出地面的构筑物、设备基础等所占面积；②立面防腐：砖垛等突出部分按展开面积并入墙面积内。

工程内容包括：基层清理，刷涂料。

（三）隔热、保温（010803）

1. 保温隔热屋面、顶棚

工程量按设计图示尺寸面积以"m^2"计算。不扣除柱、垛所占面积。

工程内容包括：基层清理，铺粘保温层，刷防护材料。

2. 保温隔热墙

工程量按设计图示尺寸面积以"m^2"计算。扣除门窗洞口所占面积；门窗洞口侧壁需作保温时，并入保温墙体工程量内。

工程内容包括：基层清理，底层抹灰，粘贴龙骨，填贴保温材料，粘贴面层，嵌缝，刷防护材料。

3. 保温隔热柱

工程量按设计图示尺寸保温层中心线展开长度乘保温层高度以"m^2"计算。

工程内容包括：基层清理，底层抹灰，粘贴龙骨，填贴保温材料，粘贴面层，嵌缝，刷防护材料。

4. 隔热楼地面

工程量按设计图示尺寸以面积计算。不扣除柱、垛所占面积。

工程内容包括：基层清理，铺设粘贴材料，铺贴保温层，刷防护材料。

第四节　装饰工程工程量计算

装饰工程包括楼地面工程、墙柱面工程、顶棚工程、门窗工程、油漆涂料裱糊工程及其他工程等内容,下面分别叙述其工程量计算方法。

一、楼地面工程

楼地面工程包括整体面层、块料面层、其他面层、踢脚线、楼梯装饰、栏杆装饰、台阶装饰及零星装饰等内容。

（一）整体面层(020101)

整体面层包括水泥砂浆楼地面、现浇水磨石楼地面、细石混凝土楼地面、菱苦土楼地面。

整体面层工程量按设计图示尺寸面积以平方米(m^2)计算。扣除凸出地面构筑物、设备基础、室内铁道、地沟等所占面积,不扣除间壁墙（厚度在120mm的墙可视为间壁墙）及$0.3m^2$以内柱、垛、附墙烟囱及孔洞所占面积。门洞、空圈、暖气包槽、壁龛的开口部分不增加面积。

由于楼面和地面的基本层次不同,所以楼地面应按楼面和地面分别列制项目,包括各种楼面、地面项目。见图5-132。

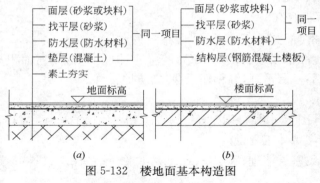

图5-132 楼地面基本构造图
（a）地面基本构造；（b）楼面基本构造

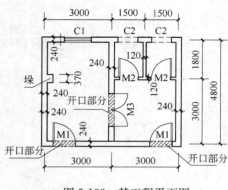

图5-133 某工程平面图

工程内容包括：基层清理；垫层铺设；抹找平层；防水层铺设；抹面层；材料运输。

【例5-38】 计算如图5-133所示某工程楼面抹水泥砂浆工程量。

工程量$=(3.0-0.24)\times(4.8-0.24)\times 2$
$=25.17m^2$

说明：本项计算根据工程量计算规则规定,未扣除间壁墙（120mm的内隔墙）、垛($0.24\times 0.37=0.09m^2<0.3m^2$)的面积,未增加门洞开口部分的面积。

（二）块料面层(020102)

块料面层包括石材(指花岗石、大理石、青石板等石材)楼地面、块料楼地面(指各种地砖、广场砖、水泥砖等块料)。由于楼面和地面的基本层次不同,所以楼地面应按楼面和地面分别列制项目,铺贴方式的不同也应分别列制项目,见图5-134。

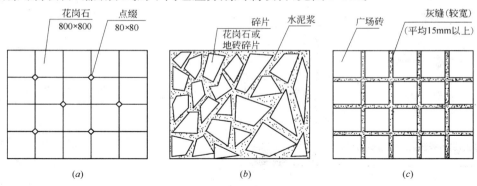

图 5-134 块料铺贴示意图
（a）花岗石铺贴；（b）块料碎片铺贴；（c）广场砖铺贴

块料面层工程量按设计图示尺寸面积以"m²"计算。扣除凸出地面构筑物、设备基础、室内铁道、地沟等所占面积,不扣除间壁墙（厚度在120mm的墙可视为间壁墙）及0.3m²以内柱、垛、附墙烟囱及孔洞所占面积。门洞、空圈、暖气包槽、壁龛的开口部分不增加面积。

工程内容包括：基层清理、铺设垫层、抹找平层；防水层铺设、填充层；面层铺设；嵌缝；刷防护材料；酸洗、打蜡；材料运输。

（三）橡塑面层（020103）

橡塑面层包括橡胶板楼地面、橡胶卷材楼地面、塑料板楼地面以及塑料卷材楼地面。

橡塑面层工程量按设计图示尺寸面积以"m²"计算。门洞、空圈、暖气包槽、壁龛的开口部分并入相应的工程量内。即按实际铺设面积计算。

工程内容包括：基层清理、抹找平层；铺设填充层；面层铺贴；压缝条装钉；材料运输。

（四）其他材料面层（020104）

其他材料面层包括地毯、竹木地板、防静电地板、金属复合地板。

工程量按设计图示尺寸以面积计算。门洞、空圈、暖气包槽、壁龛的开口部分并入相应的工程量内。

工程内容包括：基层清理、抹找平层；铺设填充层；龙骨铺设（竹木地板、金属复合地板）或固定支架安装（防静电地板）；铺贴面层；刷防护材料；装钉压条（地毯）；材料运输。如图5-135、图5-136所示。

（五）踢脚线（020105）

踢脚线包括水泥砂浆踢脚线、石材踢脚线、块料踢脚线、现浇水磨石踢脚线、塑料板踢脚线、木质踢脚线、金属踢脚线、防静电踢脚线等。

工程量按设计图示长度乘高度以面积"m²"计算。

水泥砂浆踢脚线、石材踢脚线、块料踢脚线、现浇水磨石踢脚线、塑料板踢脚线的工程内容包括：基层清理；底层抹灰；面层铺贴；勾缝；磨光、酸洗、打蜡；刷防护材料；材料运输。

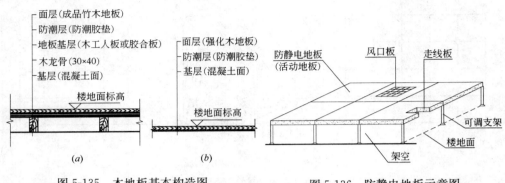

图 5-135　木地板基本构造图
(a) 实木地板；(b) 强化地板

图 5-136　防静电地板示意图

木质踢脚线、金属踢脚线、防静电踢脚线的工程内容包括：基层清理；底层抹灰；基层铺贴；面层铺贴；刷防护材料；刷油漆；材料运输。

（六）楼梯装饰（020106）

楼梯装饰包括石材楼梯面层、块料楼梯面层、水泥砂浆楼梯面层、现浇水磨石楼梯面层、地毯楼梯面层、木板楼梯面层。

工程量按设计图示尺寸以楼梯（包括踏步、休息平台及500mm以内的楼梯井）水平投影面积"m²"计算。楼梯与楼地面相连时，算至最上一层踏步边沿加300mm。见图 5-105。

工程内容同前面楼地面的相应内容。

【例 5-39】　计算图 5-105 所示楼梯贴花岗石工程量。

$$S = 2.36 \times (1.6 + 3.0 + 0.3) \times 2 = 23.13 m^2$$

说明：楼梯间楼层平台未计算的部分，计入相应的楼地面相应项目内。

（七）扶手、栏杆、栏板装饰（020107）

扶手、栏杆、栏板装饰包括：金属扶手带栏杆栏板、硬木扶手带栏杆栏板、塑料扶手带栏杆栏板、金属靠墙扶手、硬木靠墙扶手、塑料靠墙扶手。见图 5-137。

工程量按设计图示扶手中心线长度（包括弯头长度）以"m"计算。

工程内容包括：制作；运输；安装；刷防护材料；刷油漆。

扶手及栏杆栏板的材料选用各有不同、栏杆栏板形式的不同，应分别列制项目。

螺旋楼梯栏杆的计算公式：（参见图 5-104）

$$L = \sqrt{H^2 + \left(\pi D \times \frac{\alpha}{360}\right)^2}$$

式中　L——螺旋楼梯栏杆长度；

　　　H——螺旋楼梯栏杆铅垂高度；

　　　D——螺旋楼梯栏杆水平投影直径；

第五章 建筑工程工程量计算

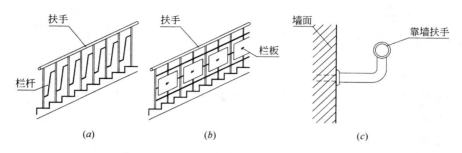

图 5-137 栏杆示意图
(a) 扶手带栏杆；(b) 扶手带栏板；(c) 靠墙扶手

α——螺旋楼梯栏杆旋转角度。

【例 5-40】 计算如图 5-106 所示螺旋楼梯栏杆的工程量。

设栏杆竖杆距楼梯边缘 50mm。由图 5-106 知道 $H=3.9\text{m}$、$D_{内}=(4.0+0.05)\times 2=8.10\text{m}$、$D_{外}=(6.0-0.05)\times 2=11.90\text{m}$、$\alpha=90°$。

$$L_{内}=\sqrt{3.9^2+\left(8.10\pi\times\frac{90}{360}\right)^2}=7.46\text{m}$$

$$L_{外}=\sqrt{3.9^2+\left(11.90\pi\times\frac{90}{360}\right)^2}=10.13\text{m}$$

合计：$7.46+10.13=17.59\text{m}$

（八）台阶装饰(020108)

台阶装饰包括石材台阶面、块料台阶面、水泥砂浆台阶面、现浇水磨石台阶面、斩假石台阶面。

台阶装饰按设计图示尺寸以台阶（包括最上层踏步边沿加 300mm）水平投影面积"m^2"计算。见图 5-138。台阶翼墙装饰另按零星装饰项目计算。

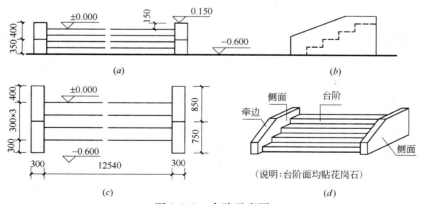

图 5-138 台阶示意图
(a) 台阶正立面；(b) 台阶侧立面；(c) 台阶平面；(d) 台阶轴侧图

工程内容同相应楼地面的内容。

【例 5-41】 计算如图 5-138 所示台阶贴花岗石的工程量。

台阶贴花岗石的工程量＝12.54×(0.90＋0.30)＝15.05m²

说明：式中 0.30 是最上层踏步边沿加 300mm；300mm 以外与地面相连的部分计入地面相应项目内；台阶翼墙装饰属于"零星装饰项目"，未计入本项目。

（九）零星装饰项目（020109）

零星装饰项目包括石材零星项目、块料零星项目、碎拼石材零星项目、水泥砂浆零星项目等内容。

零星装饰项目工程量按设计图示尺寸面积"m²"计算。

工程内容同相应楼地面的内容。

零星装饰系指楼梯、台阶侧面（见图 5-136）的装饰，以及 0.5m² 以内少量分散的楼地面装饰。

【例 5-42】 计算如图 5-138 所示零星装饰（台阶侧面贴花岗石）的工程量。
台阶零星装饰指台阶的内外侧立面及牵边，其工程量按展开面积计算。

(1) 外侧立面
$$S＝[(0.85＋0.75)×(0.6＋0.15)－0.75×0.4÷2]×2＝2.10m²$$

(2) 牵边（顶、斜面）
$$S＝(0.85＋0.35＋\sqrt{0.4²＋0.75²})×0.3×2＝1.23m²$$

(3) 内侧立面
$S＝$[大矩形 1.6×0.75－（三角形缺 0.4×0.75÷2＋踏步 0.9×0.3＋地坪 0.4×0.6）]×2＝1.08m²

合计：2.10＋1.23＋1.08＝4.41m²

二、墙、柱面工程

墙、柱面工程包括墙柱面抹灰、墙柱面镶贴块料、墙柱饰面、隔断、幕墙等内容。

（一）墙柱面抹灰

墙柱面抹灰包括一般抹灰、装饰抹灰、勾缝。

一般抹灰是指墙柱面抹石灰砂浆、水泥砂浆、水泥石灰砂浆、聚合物水泥砂浆、麻刀石灰浆、纸筋石灰浆、石膏砂浆等。装饰抹灰是指墙柱面水刷石、斩假石（剁斧石）、干粘石、假面砖、水磨石等。勾缝包括原浆勾缝（利用砌筑砌体的砂浆勾缝）和加浆勾缝（另用水泥砂浆勾缝）。

1. 墙面抹灰（020201）

墙面抹灰包括墙面一般抹灰、装饰抹灰、勾缝，其工程量按设计图示尺寸以面积"m²"计算。扣除墙裙、门窗洞口及单个面积在 0.3m² 以上的孔洞面积，不扣除踢脚线、挂镜线和墙与构件交接处的面积，门窗洞口和孔洞的侧壁及顶面不增加面积。附墙柱、垛、烟囱侧壁并入相应的墙面面积内。见图 5-139。

内墙抹灰面积按主墙间的净长乘以高度计算。内墙抹灰高度：①无墙裙的，高度按室内楼地面至顶棚底面计算；②有墙裙的，高度按墙裙顶至顶棚底面计算。

工程内容包括：基层清理；砂浆制作、运输；底层抹灰；抹面层；抹装饰面；勾分格缝。

第五章 建筑工程工程量计算

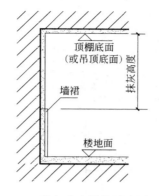
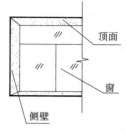

图 5-139 抹灰高度计算示意图

【例 5-43】 计算如图 5-133 所示内墙面抹水泥石灰砂浆工程量。

设层高 3.3m，楼板厚度 120mm，M_1 尺寸 1000mm×2100mm，M_2 尺寸 900mm×2100mm，M_3 尺寸 1500mm×2700mm，C_1 尺寸 1200mm×1800mm，C_2 尺寸 900mm×700mm。

抹灰工程量＝(2.76×6+4.56×4−0.115×4+1.62×2+0.24×2)×(3.3−0.12)−1.0×2.1×2−0.90×2.10×4−1.5×2.7×2−1.2×1.8−0.9×0.7×2＝97.75m²

（上式中各项依次为：净宽、净长、隔墙、隔墙、垛、净高）

说明：按计算规则规定，增加了垛侧面积，未增加门窗洞口侧顶面积；门窗面积按洞口尺寸扣除。

2. 柱面抹灰（020202）

柱面抹灰包括：柱面一般抹灰、装饰抹灰、勾缝。

柱面抹灰工程量按设计图示柱断面周长乘高度以面积"m²"计算。

工程内容包括：基层清理；砂浆制作、运输；底层抹灰；抹面层；抹装饰面；勾分格缝。

3. 墙柱面零星抹灰（020203）

墙柱面零星抹灰包括一般零星抹灰及装饰零星抹灰，其工程量按设计图示尺寸面积以"m²"计算。

零星抹灰范围包括：0.5m² 以内少量分散的抹灰。

工程内容包括：基层清理；砂浆制作、运输；底层抹灰；抹面层；抹装饰面；勾分格缝。

墙柱面抹灰工程量按结构尺寸计算。

（二）墙柱面贴块料（020202）

墙柱面贴块料包括石材墙柱面（花岗石、大理石、文化石等）、块料墙柱面（瓷砖、外墙面砖）、干挂石材钢骨架等内容。

石材墙柱面有粘贴、挂贴和干挂三种方式，见图 5-140。

1. 墙柱面贴块料

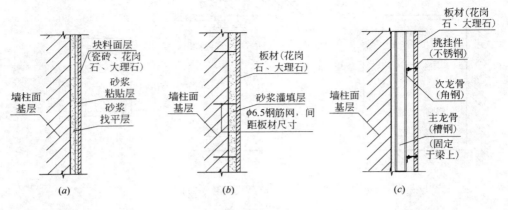

图 5-140 块料贴挂方式示意图
(a) 粘贴；(b) 挂贴；(c) 干挂（有龙骨）

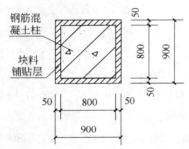

图 5-141 块料面积计算示意图

工程量按设计图示尺寸面积以"m²"计算。

无论什么块料均按实际铺贴尺寸的面积（通常指竣工面积）计算。如图 5-141 所示，柱结构周长 0.8×4＝3.2m，而块料面层的实际铺贴周长＝0.9×4＝3.6m。可见，实际铺贴尺寸大于结构尺寸。各种抹灰面积按结构尺寸计算，而块料铺贴面积应按实际铺贴面积计算。

墙柱面贴块料工程内容包括：基层清理；砂浆制作、运输；底层抹灰；结合层铺贴；面层铺贴；面层挂贴；面层干挂；嵌缝；刷防护材料；磨光、酸洗、打蜡。

2. 干挂石材钢龙骨

干挂石材钢龙骨是指干挂石材用的钢龙骨。见图 5-140（c），主龙骨槽钢固定于钢筋混凝土梁或墙上，次龙骨角钢固定于主龙骨上。

工程量按设计图示尺寸以质量"t"计算。计算方法见本章第三节的金属结构工程。

工程内容包括：骨架制作、运输、安装、油漆。

3. 零星镶贴块料

工程量按设计图示尺寸面积以"m²"计算。

工程内容同墙柱面贴块料。

零星镶贴块料范围：0.5m² 以内少量分散的镶贴块料面层。

（三）墙柱饰面

1. 墙饰面（020207）

墙饰面包括各种墙面装饰，如木质装饰墙面（榉木饰面板饰面、胡桃木饰面板、沙比利饰面板、实木薄板等）、玻璃板材装饰墙面、其他板材装饰墙面（石膏板饰面、塑料扣板饰面、铝塑板饰面、岩棉吸声板饰面等）、软包墙面、金属板材饰面（铝合金板材）等。见图 5-142。

第五章 建筑工程工程量计算

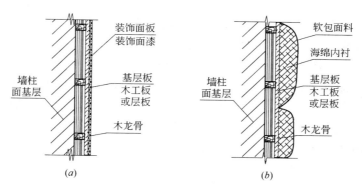

图 5-142 墙面装饰示意图
（a）饰面板；（b）软包墙面

工程量按设计图示墙净长乘净高以面积"m^2"计算。扣除门窗洞口及单个 $0.3m^2$ 以上的孔洞所占面积。

工程内容包括：基层清理；砂浆制作、运输；底层抹灰；龙骨制作、运输、安装；钉隔离层；基层铺钉；面层铺贴；刷防护材料、油漆。

2. 柱饰面（020208）

工程量按设计图示饰面外围尺寸以面积计算。柱帽、柱墩并入相应柱饰面工程量内。

工程内容包括：清理基层；砂浆制作、运输；底层抹灰；龙骨制作、运输、安装；钉隔离层；基层铺钉；面层铺贴；刷防护材料、油漆。

（四）隔断（020209）

隔断有木隔断、木格式镜面玻璃隔断、全玻隔断、铝合金玻璃隔断、玻璃砖隔断、塑钢隔断、浴厕隔断等。

工程量按设计图示框外围尺寸以面积"m^2"计算。不扣除单个 $0.3m^2$ 以上的孔洞所占面积；浴厕门的材质与隔断相同时，门的面积并入隔断面积内。

工程内容包括：骨架及边框制作、运输、安装；隔板制作、运输、安装；嵌缝、塞口；装钉压条；刷防护材料、油漆。

（五）幕墙（020210）

幕墙有带骨架幕墙和全玻幕墙。

1. 带骨架幕墙（020210001）

带骨架幕墙有铝合金隐框幕玻璃墙、铝合金半隐框玻璃幕墙、铝合金明框玻璃幕墙、铝塑板幕墙。

工程量按设计图示框外围尺寸以面积"m^2"计算。与幕墙同种材质的窗所占面积不扣除。

工程内容包括：骨架制作、运输、安装；面层安装；嵌缝、塞口；清洗。

2. 全玻幕墙（020210002）

全玻幕墙有座装式幕墙、吊挂式幕墙、点支式幕墙。

工程量按设计图示尺寸以面积"m²"计算。带肋全玻幕墙按展开面积计算。见图 5-143。

工程内容包括：幕墙安装；嵌缝、塞口；清洗。

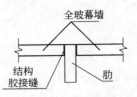

图 5-143 全玻幕墙示意图

三、顶棚工程

顶棚工程包括顶棚抹灰、顶棚吊顶及顶棚其他装饰。

（一）顶棚抹灰（020301001）

顶棚抹灰又称直接式顶棚。见图 5-144（a）。

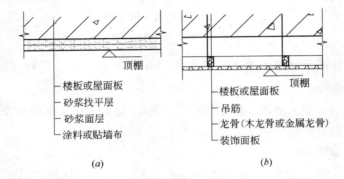

图 5-144 顶棚示意图
（a）顶棚抹灰（直接式）；（b）顶棚吊顶（间接式）

工程量按设计图示尺寸以水平投影面积"m²"计算。不扣除间壁墙、垛、柱、附墙烟囱、检查口和管道所占的面积，带梁顶棚、梁两侧抹灰面积（见图 5-145a）并入顶棚面积内，板式楼梯底面抹灰按斜面积计算（可按水平投影乘以 1.3 计算），锯齿形楼梯底板抹灰按展开面积计算（可按水平投影乘以 1.5 计算）。见图 5-145（b）。

工程内容包括：基层清理；底层抹灰；抹面层；抹装饰线条（见图 5-145c）。

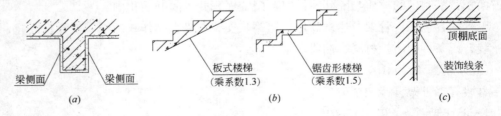

图 5-145 顶棚抹灰展开面积计算示意图
（a）梁侧面展开面；（b）楼梯底面展开；（c）顶棚装饰线条示意

【例 5-44】 计算图 5-133 顶棚抹灰工程量

设该图左边房间墙垛处有一根梁，除去板厚梁的净高 300mm。

工程量 = 2.76×4.56×2 + 梁侧增加 0.3×2.76×2 = 26.83m²

（二）顶棚吊顶（020302）

顶棚吊顶又称间接式顶棚。见图 5-144（b）。

工程量按设计图示尺寸以水平投影面积"m²"计算。顶棚面中的灯槽及跌级、锯齿形（见图5-146）、吊挂式、藻井式顶棚面积不展开计算。不扣除间壁墙、检查口、附墙烟囱、柱垛和管道所占面积，扣除单个0.3m²以外的孔洞、独立柱及与顶棚相连的窗帘盒所占的面积。

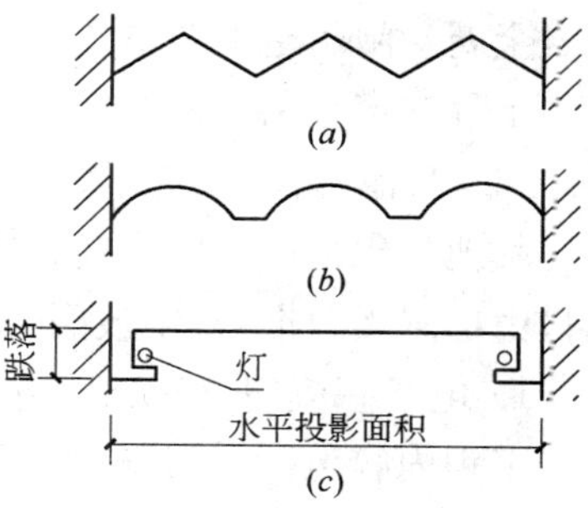

从上面的规定可以看出，吊顶顶棚的工程量系按室内净面积（即水平投影面积）计算，无论顶棚是否有造型或造型有多复杂均不展开，造型增加的内容在计价时考虑。

图5-146 各种造型顶棚示意图
(a) 锯齿形吊顶顶棚；(b) 弧形吊顶顶棚；(c) 平顶跌级造型顶棚

工程内容包括：基层清理；龙骨安装；基层板铺贴；面层铺贴；嵌缝；刷防护材料、油漆。

（三）顶棚其他装饰（020303）

顶棚其他装饰包括灯带、送风口、回风口。

1. 灯带

工程量按设计图示尺寸以框外围面积"m²"计算。

工程内容包括：安装、固定。

2. 送风口、回风口

工程量按设计数量以"个"计算。

工程内容包括：安装、固定；刷防护材料。

四、门窗工程

（一）门窗

1. 工程量计算

工程量按设计图示数量以"樘"计算。（一个门窗洞口为一"樘"，一"樘"有可能是单个门窗扇，也有可能是多个门窗扇）

应按不同的材质、规格尺寸、制作方式、开启方式等分别列制项目计算工程量。

2. 工程内容

（1）木门

木门包括镶板木门、企口木板门、实木装饰门、胶合板门、夹板装饰门、木质防火门、木纱门、连窗门。

工程内容包括：门制作、运输、安装；五金、玻璃安装；刷防护材料、油漆。

（2）金属门

金属门包括金属平开门、金属推拉门、金属地弹门、彩板门、塑钢门、防盗门、钢质防火门。

工程内容包括：门制作、运输、安装；五金、玻璃安装；刷防护材料、油漆。

（3）金属卷闸门

金属卷闸门包括金属卷闸门、金属格栅门、防火卷帘门。

工程内容包括：门制作、运输、安装；启动装置、五金安装；刷防护材料、油漆。

(4) 其他门

其他门包括电子感应门、转门、电子对讲门、电动伸缩门、全玻门（带扇框）、全玻自由门（无扇框）、半玻门（带扇框）、镜面不锈钢饰面门。

1) 电子感应门、转门、电子对讲门、电动伸缩门

工程内容包括：门制作、运输、安装；五金、电子配件安装；刷防护材料、油漆。

2) 全玻门、全玻自由门、半玻门

工程内容包括：门制作、运输、安装；五金安装；刷防护材料、油漆。

3) 镜面不锈钢饰面门

工程内容包括：门扇骨架及基层制作、运输、安装；包面层；五金安装；刷防护材料。

(5) 木窗

木窗包括木质平开窗、木质推拉窗、矩形百叶窗、异形木百叶窗、木组合窗、木天窗、矩形木固定窗、异形木固定窗、装饰空花木窗。

窗制作、运输、安装；五金、玻璃安装；刷防护材料、油漆。

(6) 金属窗

金属窗包括：金属平开窗、金属推拉窗、金属固定窗、金属百叶窗、金属组合窗、彩板窗、塑钢窗、金属防盗窗、金属格栅窗。

工程内容包括：窗制作、运输、安装；五金、玻璃安装；刷防护材料、油漆。

部分门的形式见图 5-147。

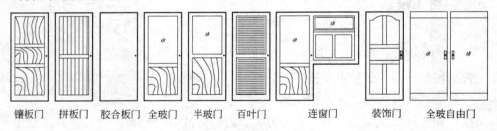

镶板门　拼板门　胶合板门　全玻门　半玻门　百叶门　连窗门　装饰门　全玻自由门

图 5-147　部分门示意图

玻璃、百叶面积占其门扇面积一半以内者为半玻门或半百叶门，超过一半时应为全玻璃门或全百叶门。

(二) 特殊五金

门窗上的五金有一般五金和特殊五金之分。一般五金已包括在相应的门窗项目内，特殊五金另按图示数量以"个/套"计算。

1. 一般五金

一般五金包括以下内容：

(1) 木门五金包括：折页、插销、风钩、弓背拉手、搭扣、木螺钉、弹簧折页（自动门）、管子拉手（自由门、地弹门）、地弹门（地弹簧）、角铁、门轧头（自由门、地

弹门）等。

（2）木窗五金包括：折页、风钩、插销、木螺钉、滑轮滑轨（推拉窗）等。

（3）铝合金窗五金包括：卡锁、滑轮、铰拉、执手、拉把、拉手、风撑、角码、牛角制等。

（4）铝合金门五金包括：地弹簧、门锁、拉手、门插、门铰、螺钉等。

（5）其他门五金包括：L形执手插锁（双舌）、球形执手锁（单舌）、门轧头、地锁、防盗门扣、门眼（猫眼）、门碰珠、电子销（磁卡销）、闭门器、装饰拉手等。

2. 特殊五金

特殊五金指一般五金以外的贵重五金。

工程内容包括：五金安装；刷防护材料、油漆。

（三）门窗套

门窗套包括木门窗套、金属门窗套、石材门窗套、门窗木贴脸、硬木筒子板、饰面夹板筒子板。见图5-148。

工程量按设计图示尺寸以展开面积"m²"计算。

工程内容包括：清理基层；底层抹灰；立筋制作、安装；基层板安装；面层铺贴；刷防护材料、油漆。

（四）窗帘盒、窗帘轨

窗帘盒包括木窗帘盒、饰面夹板窗帘盒、塑料窗帘盒、铝合金窗帘盒等。见图5-148。

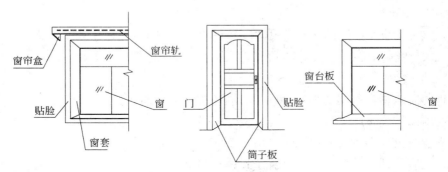

图 5-148　门窗套、窗帘轨示意图

工程量按设计图示尺寸以长度"m"计算。

工程内容包括：制作、运输、安装；刷防护材料、油漆。

（五）窗台板

窗台板包括木窗台板、铝塑窗台板、石材窗台板、金属窗台板等。见图5-146。

工程量按设计图示尺寸以长度"m"计算。

工程内容包括：基层清理；抹找平层；窗台板制作、安装；刷防护材料、油漆。

五、油漆、涂料、裱糊工程

（一）门窗油漆（020501）

工程量按设计图示数量以"樘"计算。

门油漆应区分单层木门、双层（一玻一纱）木门、双层（单裁口）木门、全玻自由门、半玻自由门、装饰门及有框、无框门等，分别编码列项。窗油漆应区分单层木玻窗、双层（一玻一纱）木窗、双层框扇（单裁口）木窗、双层框三层（二玻一纱）木窗、单层组合窗、双层组合窗、木百叶窗、木推拉窗等，分别编码列项。

工程内容包括：基层清理；刮腻子；刷防护材料、油漆。

（二）木扶手及其他板条线条油漆（020503）

包括木扶手油漆、窗帘盒油漆、封檐板、顺水板油漆、挂衣板、黑板框油漆、挂镜线、窗帘棍油漆、单独木线油漆。

工程量按设计图示尺寸以长度"m"计算。木扶手应区分带托板不带托板（见图5-149），分别编码列项。

图5-149 带托板木扶手示意图

工程内容包括：基层清理；刮腻子；刷防护材料、油漆。

（三）木材面油漆（020504）

木材面油漆包括各种板材面、木栅栏、栏杆、木地板等油漆。

工程量按设计图示尺寸以面积"m^2"计算。

（四）金属面油漆（020505）

工程量按设计图示尺寸以质量"t"计算。

工程内容包括：基层清理；刮腻子；刷防护材料、油漆。

（五）抹灰面油漆（020506）

1. 工程量计算

（1）抹灰面油漆：按设计图示尺寸以面积"m^2"计算。

（2）抹灰线条油漆：按设计图示尺寸以长度"m"计算。

2. 工程内容

工程内容包括：基层清理；刮腻子；刷防护材料、油漆。

（六）喷刷、涂料（020507）

工程量按设计图示尺寸以面积"m^2"计算。

工程内容包括：基层清理；刮腻子；刷、喷涂料。

（七）花饰、线条刷喷涂料（020508）

1. 工程量计算

（1）空花格、栏杆刷涂料：按设计图示尺寸以单面外围面积"m^2"计算。

（2）线条刷涂料：按设计图示尺寸以长度"m"计算。

2. 工程内容

工程内容包括：基层清理；刮腻子；刷、喷涂料。

（八）裱糊（020509）

裱糊包括墙纸裱糊、织锦缎裱糊。

工程量按设计图示尺寸以面积"m^2"计算。

工程内容包括：基层清理；刮腻子；面层铺贴；刷防护材料。

六、其他工程

（一）柜类、货架（020601）

柜类、货架包括柜台、酒柜、衣架、服务台等各种柜架。

工程量按设计图示数量以"个"计算。

工程内容包括：台柜制作、运输、安装（安放）；刷防护材料、油漆。

（二）暖气罩（020602）

暖气罩包括各种饰面板暖气罩、塑料板暖气罩、金属暖气罩等。

工程量按设计图示尺寸以垂直投影面积（不展开）"m^2"计算。

工程内容包括：暖气罩制作、运输、安装；刷防护材料、油漆。

（三）浴厕配件（020603）

1. 洗漱台

工程量按设计图示尺寸以台面外接矩形面积"m^2"计算。不扣除孔洞、挖弯、削角所占面积，挡板、吊沿板面积并入台面面积内。

工程内容包括：台面及支架制作、运输、安装。

【例 5-45】 计算如图 5-150 所示洗漱台的工程量。

$$S = 水平面 1.5 \times 0.68 + 吊边 (1.5+0.68) \times 0.15 = 1.35 m^2$$

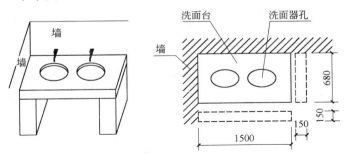

图 5-150 洗漱台示意图

2. 晒衣架、帘子杆、浴缸拉手、毛巾杆（架）

按设计图示数量以"根/套"计算。工程内容包括配件安装。

3. 毛巾环

按设计图示数量以"副"计算。工程内容包括配件安装。

4. 卫生纸盒、肥皂盒

工程量按设计图示数量以"个"计算。工程内容包括配件安装。

5. 镜面玻璃

工程量按设计图示尺寸以边框外围面积"m^2"计算。见图 5-151。

工程内容包括：基层安装；玻璃及框制作、运输、安装；刷防护材料、油漆。

6. 镜箱

工程量按设计图示数量以"个"计算。见图 5-151。

工程内容包括：基层安装；箱体制作、运输、安装；玻璃安装；刷防护材料、油漆。

（四）压条、装饰线（020604）

压条、装饰线包括：金属装饰线、木质装饰线、石材装饰线、石膏装饰线、镜面玻璃线、铝塑装饰线、塑料装饰线。

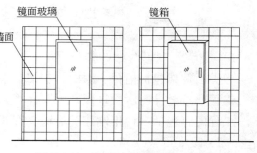

图 5-151　镜面玻璃、镜箱示意图

工程量按设计图示尺寸以长度"m"计算。

工程内容包括：线条制作、安装；刷防护材料、油漆。

（五）雨篷、旗杆（020605）

1. 雨篷吊挂饰面

工程量按设计图示尺寸以水平投影面积"m^2"计算。

工程内容包括：底层抹灰；龙骨基层安装；面层安装；刷防护材料、油漆。

2. 金属旗杆

工程量按设计图示数量以"根"计算。

工程内容包括：土石挖填；基础混凝土浇筑；旗杆制作、安装；旗杆台座制作、饰面。

（六）招牌、灯箱（020606）

招牌、灯箱包括：平面招牌、箱式招牌、竖式标箱、灯箱。见图 5-152。

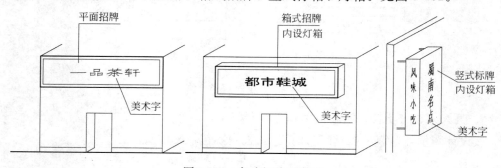

图 5-152　各式招牌示意图

1. 平面招牌、箱式招牌

工程量按设计图示尺寸以正立面边框外围面积"m^2"计算。复杂形的凸凹造型部分不增加面积。

工程内容包括：基层安装；箱体及支架制作、运输、安装；面层制作、安装；刷防护材料、油漆。

2. 竖式标箱、灯箱

工程量按设计图示数量以"个"计算。

工程内容包括：同平面招牌。

(七) 美术字（020607）

美术字有泡沫塑料字、有机玻璃字、木质字、金属字等。

工程量按设计图示数量以"个"计算。应按不同材质、字体大小分别列制项目编码。

工程内容包括：字制作、运输、安装；刷油漆。

第五节　工程量清单编制

工程量清单是表现拟建工程的分部分项工程项目、措施项目、其他项目名称和相应数量的明细清单。

工程量清单应由具有编制招标文件能力的招标人，或受其委托具有相应资质的中介机构（造价咨询机构或招标代理机构）进行编制。

工程量清单是招标文件的组成部分。

一、工程量清单的内容

工程量清单应按《建设工程工程量清单计价规范》统一要求的格式进行编制。工程量清单由封面、总说明、分部分项工程量清单、措施项目清单、其他项目清单、规费项目清单和税金项目清单等七部分组成，如图 5-153 所示。

二、工程量清单编制依据

（一）工程量清单计价规范

工程量清单必须根据工程量清单计价规范编制。现行的工程量清单计价规范，是由中华人民共和国建设部及国家质量监督检验检疫总局 2008 年 7 月 9 日发布，2008 年 12 月 1 日开始施行的《建设工程工程量清单计价规范》(GB 50500—2008)。

（二）工程施工图纸

工程施工图纸包括设计单位设计的工程施工图纸，以及施工图纸所涉及的相应标准图。

（三）施工组织设计或施工方案

依据施工组织设计或施工方案计算措施费。一般情况下在编制工程量清单时没有施工组织设计或施工方案，只能按常规考虑各项措施费。

（四）招标人的要求

招标人是否有甲方供应材料和对工程分包的要求，工程量清单应反映这些内容。

```
                          ┌ 工程名称
                          │ 招标人名称
                 封   面 ─┤ 法定代表人
                          │ 中介机构法定代表人
                          │ 造价工程师及其注册证号
                          └ 编制时间

                          ┌ 工程概况
                          │ 工程招标和分包范围
                          │ 工程量清单编制依据
                 总 说 明─┤ 工程质量、材料、施工等特殊要求
                          │ 招标人自行采购材料的名称、规格型号、数量等
                          │ 暂列金额
                          └ 其他需要说明的问题

                          ┌ 项目编码
              分部分项工程量清单 ┤ 项目名称
                          │ 计量单位
                          └ 工程数量

                                      ┌ 环境保护
                                      │ 文明施工
                                      │ 安全施工
                                      │ 临时设施
                                      │ 夜间施工
                          措施项目清单(一)┤ 二次搬运
工程量清单组成 ┤ 措 施 项 目 清 单 ┤   │ 冬雨期施工
                                      │ 大型机械设备进出场及安拆
                                      │ 施工排水
                                      │ 施工降水
                                      │ 地上、地下设施、建筑物的临时保护设施
                                      └ 已完工程及设备保护

                                      ┌ 混凝土、钢筋混凝土模板及支架
                          措施项目清单(二)┤ 脚手架
                                      │ 垂直运输机械
                                      └ 室内空气污染测试

                          ┌ 暂列金额
                          │ 暂估价 ┬ 材料暂估价
              其他项目清单 ┤        └ 专业工程暂估价
                          │ 计日工(人工、材料、机械)
                          └ 总承包服务费

                          ┌ 工程排污费
              规费项目清单 ┤ 社会保障费
                          │ 住房公积金
                          └ 危险作业意外伤害保险

                          ┌ 营业税
              税金项目清单 ┤ 城市建设费附加
                          └ 教育费附加
```

图 5-153 工程量清单组成图

三、工程量清单编制步骤

工程量清单编制步骤是：计算工程量→编制工程量清单。

（一）计算工程量

工程量应按计价规范以及施工图纸等相关资料进行计算。

工程量计算的基本知识和基本方法详见本章第三节建筑工程工程量计算和第四节装

饰工程工程量计算，工程量计算的实例见表 5-21 工程量计算表、表 5-22 钢筋工程量计算汇总表。

（二）编制工程量清单

根据工程量计算结果（表 5-21 工程量计算表）以及相关资料编制工程量清单，其步骤如下：编制分部分项工程量清单→措施项目清单→其他项目清单→规费、税金项目清单→总说明→封面。

1. 编制分部分项工程量清单

分部分项工程量清单包括序号、项目编码、项目名称、计量单位、工程数量五部分内容。

编制分部分项工程量清单应注意以下三个方面：

(1) 工程量应力求尽量准确，以防止投标报价的投机。

(2) 分部分项工程量清单应遵守"四统一"原则编制

分部分项工程量清单的编制，应按《建设工程工程量清单计价规范》的格式，满足统一项目名称、统一项目编码、统一计量单位和统一工程量计算规则的"四统一"要求。

(3) 分部分项工程量清单应认真描述工程的项目特征和工程内容

分部分项工程量清单格式（即表格要求），除应满足"四统一"的原则外，还应注意在"项目名称"中写明项目特征和工程内容。项目特征和工程内容应根据施工图纸资料，按《计价规范》的要求描述。

2. 编制措施项目清单

措施项目清单根据具体的施工图纸，按《建设工程工程量清单计价规范》（GB 50500—2008）中措施项目清单与计价表（一）和附录中措施项目表中的内容编制列项。

措施项目清单根据《计价规范》的规定包括措施项目清单（一）和措施项目清单（二）两个部分。

(1) 措施项目清单（一）

措施项目清单（一）包括以下项目：

1) 环境保护费；

2) 文明施工费；

3) 安全施工费；

4) 临时设施费；

5) 夜间施工费；

6) 二次搬运费；

7) 冬雨期施工费；

8) 大型机械设备进出场及安拆费；

9) 施工排水费；

10) 施工降水费；

11) 地上、地下设施、建筑物的临时保护设施费；

12）已完工程及设备保护费。
（2）措施项目清单（二）
措施项目清单（二）包括以下项目：
1）混凝土、钢筋混凝土模板及支架费；
2）脚手架费；
3）垂直运输机械费。
3. 其他项目清单
其他项目清单应根据拟建工程的具体情况列项。主要内容包括暂列金额、暂估价、计日工和总承包服务费四个部分。
（1）暂列金额
暂列金额应列出暂列金额明细表，暂列金额明细表的内容包括序号、项目名称、计量单位、暂定金额和备注等内容。
（2）暂估价
暂估价，包括专业暂估价和材料暂估价两个部分。
1）专业工程暂估价
根据工程具体情况列出专业工程暂估价表，专业暂估价表的内容包括序号、工程名称、工程内容、工程数量、工程单价、金额等内容。
2）材料暂估价
根据工程具体情况列出材料暂估单价表，材料暂估价表的内容包括序号、材料名称、规格、型号、计量单位、单价、备注等内容。
（3）计日工
计日工根据工程具体情况列出计日工表，具体包括项目名称、单位、暂定数量、综合单价、合价等内容。
（4）总承包服务费
总承包服务费包括发包人发包专业工程服务费和发包人供应材料服务费两个部分。
1）发包人发包专业工程服务费：一般可按专业工程暂估总价的3％～5％计算。
2）发包人供应材料服务费：一般可按招标人供应材料明细表总费用的1％计算。
根据工程具体情况列出总承包服务费计价表，总承包服务费计价表包括序号、项目名称、项目价值、服务内容、费率、金额等内容。
4. 规费、税金项目清单
（1）规费项目清单内容包括：
1）工程排污费。
2）社会保障费。
3）住房公积金。
4）危险作业意外伤害保险费。
（2）税金项目清单
税金项目清单内容包括：营业税、城市维护建设税、教育费附加。

5. 总说明

工程量清单的总说明包括以下六部分内容：

（1）工程概况：建设规模、工程特征、计划工期、施工现场实际情况、交通运输情况、自然地理条件、环境保护要求等。

（2）工程量清单编制依据：包括施工图纸及相应的标准图、图纸答疑或图纸会审纪要、地质勘探资料、计价规范等。

（3）工程质量、材料、施工等的特殊要求：工程质量应达到"合格"、对某些材料使用的要求（为使工程质量具有可靠保证，如有的工程要求使用大厂钢材、大厂水泥）、施工时不影响环境等。

（4）招标人供应材料的名称、规格型号、数量等：若招标人要求某些材料自行采购，则应以"招标人供应材料明细表"列出材料的名称、规格型号、数量、金额等。

（5）材料暂估价：材料暂估价在招标文件中给出"材料暂估价表"，以便于办理工程竣工结算时根据双方确定的单价进行调整，计入竣工结算造价。

（6）其他需要说明的问题：有则写出，没有则可不写。

6. 封面

工程量清单封面的内容包括工程名称、招标人名称、法定代表人、中介机构名称、法定代表人、造价工程师及其注册证号、编制日期等。

四、工程量清单编制实例

为便于理解和掌握工程量清单编制的基本知识和基本方法，下面以"××学院综合楼工程"为例，介绍工程量清单编制。

××学院综合楼工程建筑面积 1228.13m²，4 层（局部 3 层）、一、二层层高 4.2m、三、四层层高 3.3m，总高 15m。框架结构、钢筋混凝土独立柱基础、空心砖墙、楼地面地砖、内墙面刷乳胶漆、顶棚轻钢龙骨石膏板吊顶及抹水泥砂浆面刷乳胶漆、外墙贴浅灰色外墙面砖、胶合板门、铝合金窗。

（一）计算工程量

根据××建筑设计研究院设计的××学院综合楼工程全套施工图（建施 9 张、结施 12 张，共 21 张，见图 5-154～图 5-174），以及《建设工程工程量清单计价规范》（GB 50500—2008），计算建筑工程、装饰工程的全部工程量。计算结果见表 5-21"工程量计算表"和表 5-22"钢筋工程量汇总表"。

（二）工程量清单编制

根据表 5-21"工程量计算表"以及《建设工程工程量清单计价规范》以及下列资料，编制××学院综合楼工程的工程量清单。

1. 相关资料

（1）工程招标和分包范围。金属门窗为分包项目，其余内容均为本次招标范围。

（2）工程质量、材料、施工等特殊要求。工程质量、材料、施工等无特殊要求。

（3）部分材料实行材料暂估价，具体内容详表 5-20。

(4) 金属门窗由招标人另行分包，计入专业工程暂估价。具体内容包括：金属地弹门、金属推拉门。

(5) 暂列金额按总造价的 5% 考虑，计入其他项目清单。

(6) 其他

措施项目费（安全施工费除外）包干使用，办理结算时不得因工程量的增减而调整。

暂估价材料明细表　　　　　　　　　　　　　　　　　　　　　　表 5-20

工程名称：××学院综合楼工程

序号	材料名称	型号规格	单位	数量	单价
1	灰白色磨光花岗石	厚 20mm	m²	27.42	150
2	浅灰色大块外墙面砖		m²	821.31	40
3	豆绿色大块外墙面砖		m²	301.90	50
4	成品实木装饰门（含门套、五金）		m²	92.76	600

注：根据图纸会审纪要，原胶合板门改为成品实木装饰门（含门套、五金）。

2. 工程量清单编制实例

（1）封面　详见后。

（2）总说明　详见表 5-23。

（3）分部分项工程量清单　建筑工程详见表 5-24，装饰工程详见表 5-25。

分部分项工程量清单的顺序，是按照计价规范中项目编码的顺序排列，而不是按照工程量计算表的顺序排列。

项目名称应包括项目特征，项目特征应根据计价规范的规定和工程的具体情况描述。

（4）措施项目清单

措施项目清单包括措施项目清单（一）和措施项目清单（二）。

建筑工程措施项目清单（一）详见表 5-26，建筑工程措施项目清单（二）详见表 5-27。

装饰工程措施项目清单（一）详见表 5-28，装饰工程措施项目清单（二）详见表 5-29。

（5）其他项目清单　建筑工程详表 5-30，装饰工程详表 5-31。

其他项目清单对应的表格有暂列金额明细表、材料暂估价表、专业暂估价表、计日工表。暂列金额明细表详见表 5-32、表 5-33，材料暂估价表详见表 5-34，专业暂估价表详见表 5-35，计日工表详见表 5-36。

（6）规费、税金项目清单　建筑工程详见表 5-37、装饰工程详见表 5-38。

××学院综合楼工程 建筑施工图

建筑设计说明：

一、本工程为××学院综合整工程，建筑面积为1128m²。

二、本工程按现行国家标准及承包方与发包方所签订的承包任务书，规划部门的批文，本工程的设计任务进行。

三、本建设项目凡涉及国家现行规范者均执行之。

四、两地县统未利用地创造部门品定的坐标系参考，±0.000相当于当地标高标标标。其他均为建筑标高。室内外对为26.600mm（详图02）。

五、图中尺寸以mm为单位，标高以m为单位，除图层直高为结构标高外，其他均为建筑标高。

六、本工程内墙采用300厚加气混凝土砌块，内墙采用180厚非受力砂砂墙M5混合砂浆砌筑，120和60两内两墙采用M10水泥砂浆砌筑。M5水泥砂浆砌砖，地下室采用MU10烧结普通砖，M10水泥砂浆砌筑。

七、±0.000以下用M5水泥砂浆，±0.000以上用M5混合砂浆砌筑。

八、100大棒筑持桶（20Ⅲ），2.防水砂浆防潮层。

九、建筑做法用料做法：

1. 室内地面：
   a. 8-10厚防滑地砖嵌缝，干水泥擦缝
   b. 水泥砂浆1:2 厚度20mm
   c. 素水泥浆结合层一道
   d. 80厚C10混凝土
   e. 素土夯实

2. 楼面：
   a. 8-10厚防滑地砖嵌缝，干水泥擦缝
   b. 25厚1:3干硬性水泥砂浆粘结层，面上撒素水泥
   c. 钢筋混凝土楼板
   d. 素水泥浆结合层一道

楼2：
   a. 8-10厚防滑地砖嵌缝，面层撒素水泥
   b. 25厚1:4干硬性水泥砂浆粘结层，面上撒素水泥
   c. 1.5厚聚氨酯防水涂料，四周卷边上翻150高
   d. 刷基层处理剂一道
   e. 15厚1:2水泥砂浆找平
   f. 50厚C20豆石混凝土找坡2%，最薄处不少于20
   g. 钢筋混凝土楼板

墙1：(150米)
   a. 17剧1:3水泥砂浆
   b. 10厚1:1水泥砂浆
   c. 4-5厚面砖，水泥浆擦缝

墙1：
   a. 15厚1:3水泥砂浆
   b. 5厚1:2水泥砂浆
   c. 满刮腻子
   d. 刷双乳胶涂料一遍

顶1：
   a. 钢筋混凝土板底面清理干净
   b. 7厚1:3水泥砂浆
   c. 5厚1:2水泥砂浆
   d. 满刮腻子
   e. 刷双乳胶涂料一遍

顶2：
   a. 轻钢龙骨标准层骨架 主龙骨中距900-1000，次龙骨中距500或605，模皮中距605
   b. 500×500采600×600高10-13矿棉吸声板。自攻螺钉平式用M
   注卫生同、厨房吊顶高度为2500，一、二、三层吊顶高度为3400，二、三层走道吊顶高度为2500

2外墙面：

贴墙面砖（a）7厚1:5混合砂浆 贴面砖
（b）15厚1:3水泥砂浆 找平

刷涂料（a）刷外墙无孔底涂层面层
（b）5厚1:3水泥石灰砂浆面层
（c）13厚1:1:5水泥石灰砂浆打底找平

其他立外装修做法见立面图

3. 台阶：C15混凝土台阶，面层同相邻地面做法。见建施2
节点 1。

4. 散水：C15混凝土150mm厚散水，与墙连接处及转角处沥青灌缝，散水纵向每隔50m 遇缝。见建施2节点②

5. 坡道：面层做80厚C20混凝土提浆抹光，划线防滑，也面做100厚连砂石，基层素土夯实，坡度≤8%

6. 屋面做法：（上人屋面）
   (1)40厚C30混凝土防水层，表面压光，混凝土内配φ4钢筋双向中距150。
   (2)20厚1:2.5水泥砂浆找平层
   (3)4.0厚高聚物1:8水泥参涂料找2%坡
   (4)钢筋混凝土屋面板板面清扫干净

十、楼梯做法：
1. 楼梯：同客厅楼面
2. 楼梯底板：同顶面
3. 楼梯扶栏杆：不锈钢扶手栏杆。

十一、门窗：
1. 预在墙体壁中的水（铁）件均应作防腐（防锈）处理。
2. 除特别标注外，所有门窗标准中线定位。

3. 室内门详见图集98ZJ，木门刷底漆2遍，粘合色调和漆2遍。
4. 窗采用成品铝合金窗，选用70系列框料。
5. 门窗设计要求由厂家加工，构造节点做法及安装由厂家负责提供图纸，经甲方审核可后方可施工。

十、防潮层：在-0.100水作20厚1：2水泥砂浆加5%水泥

其它：
1. 墙体500高在2倍6柱与相邻砌筑混凝土柱（墙）拉接处理，均需接缝；
2. 凡墙水坡凝土上养点的地方，找坡厚度大于30时，均用C20细石混凝土找坡；
3. 所有露钉均经防锈处理后，再刷调合漆两遍；
4. 凡入侵水构件均应加防腐油；
5. 厨厕内敞墙窗口采用铝合金制作，镶白色玻璃，形式需要由厂家出，工厂方加工，现场安装，未另详处一律使用。
7. 一切管道穿过墙体时，在施工中预留孔洞，预埋套管并用砂浆抹平。
8. 本设计按七度抗震烈度设计，技本图未说明未及应及处，均按国家现行规范执行。
十二、凡图中未注明和不说明未及处，均按国家现行规范执行。

部位	名称	地面	楼面	踢脚	墙裙	墙面	天棚
	楼梯间	地1 (300×300地砖)	楼1 (600×600地砖)	踢1 (150×300)		墙1	顶1
	教室、活动室		楼1 (600×600地砖)	踢1 (150×500)		墙1	顶1
	餐厅、走道		楼1 (600×600地砖)		墙1 (200×300瓷砖到5m高)		顶2
	厨房	地1 (300×300地砖)				墙1 150×200瓷砖	顶2
	卫生间	地2 (300×300地砖)				墙1 150×200瓷砖	顶2
	地下室	地1 (600×600地砖)		踢1 (150×500)		墙1	顶1

工程名称	××学院综合楼	设计编号	建施-01
图 名	平面位置图	比 例	1:300
		图 号	建施-01
		日 期	2006.8.6

××建筑设计研究院

证书号	审 核	
电 话	校 对	
单位负责人	设 计	
技术负责人	描 图	
工程负责人		
专业负责人	档案号	

图5-154 ××学院综合楼 建施-01

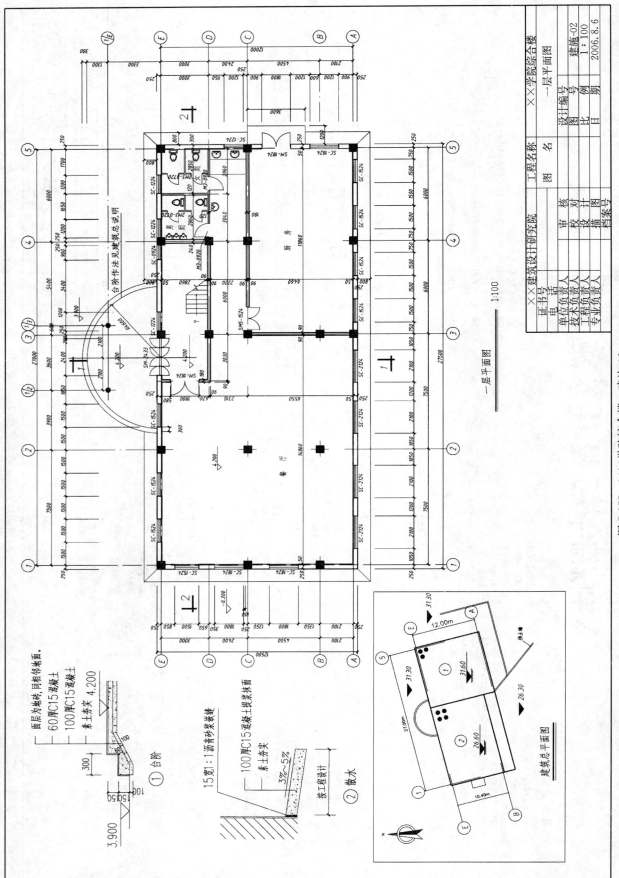

图 5-155 ××学院综合楼 建施-02

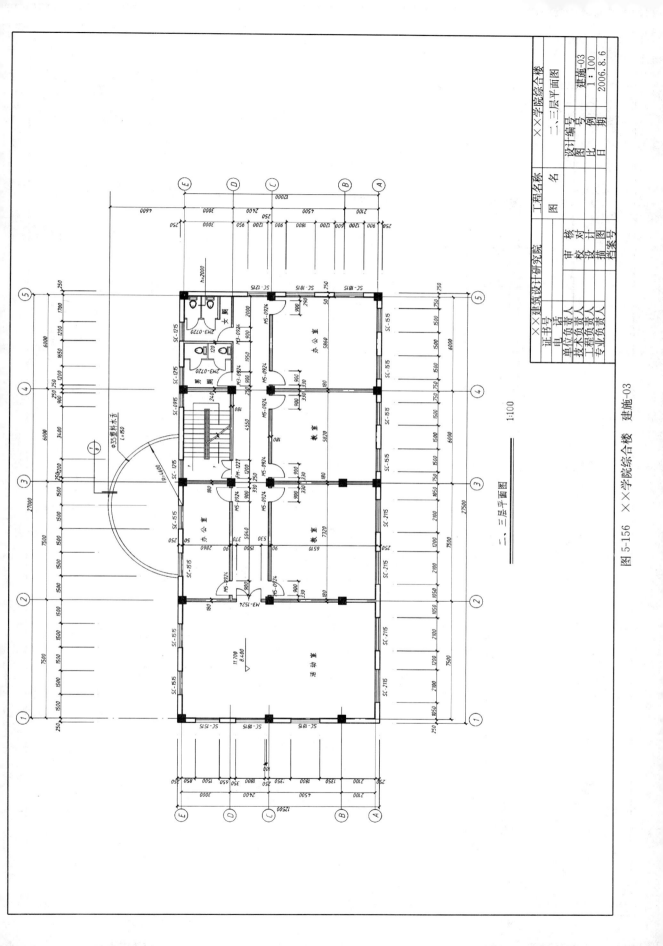

图 5-156 ××学院综合楼 建施-03

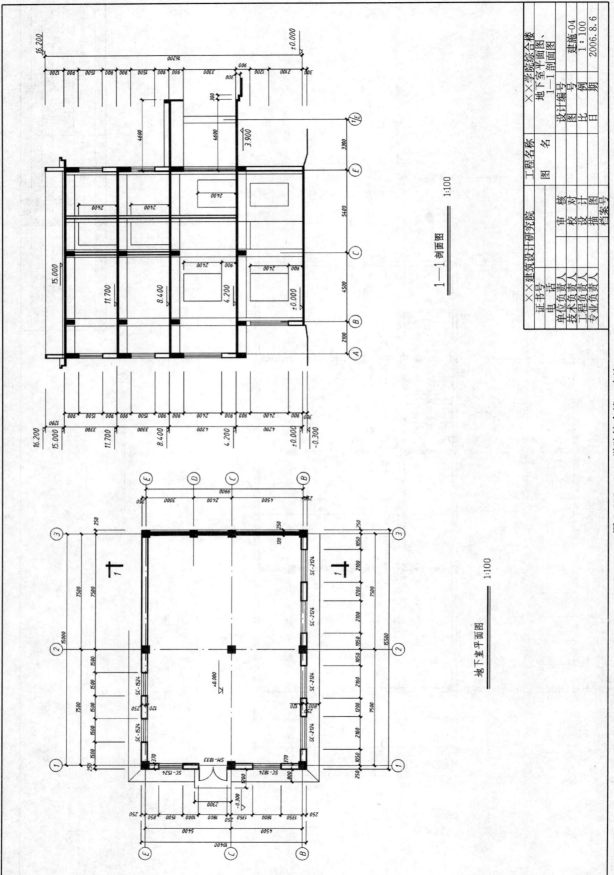

图 5-157　××学院综合楼　建施-04

图 5-158 ××学院综合楼 建施-05

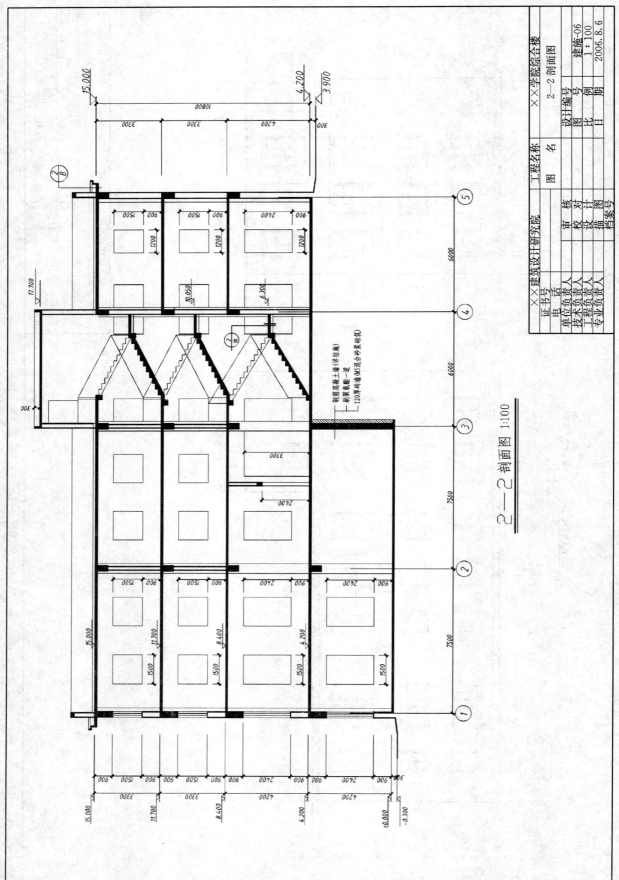

图 5-159 ××学院综合楼 建施-06

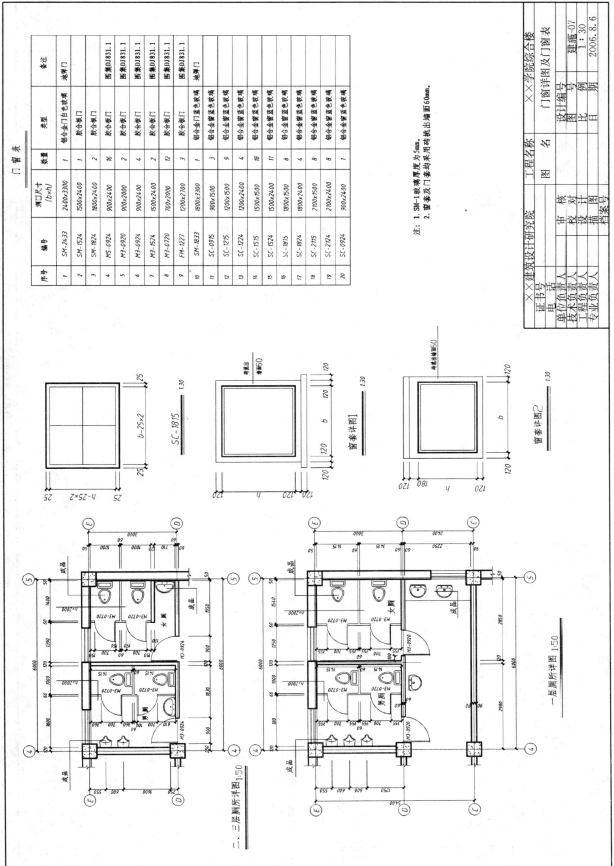

图 5-160 ××学院综合楼 建施-07

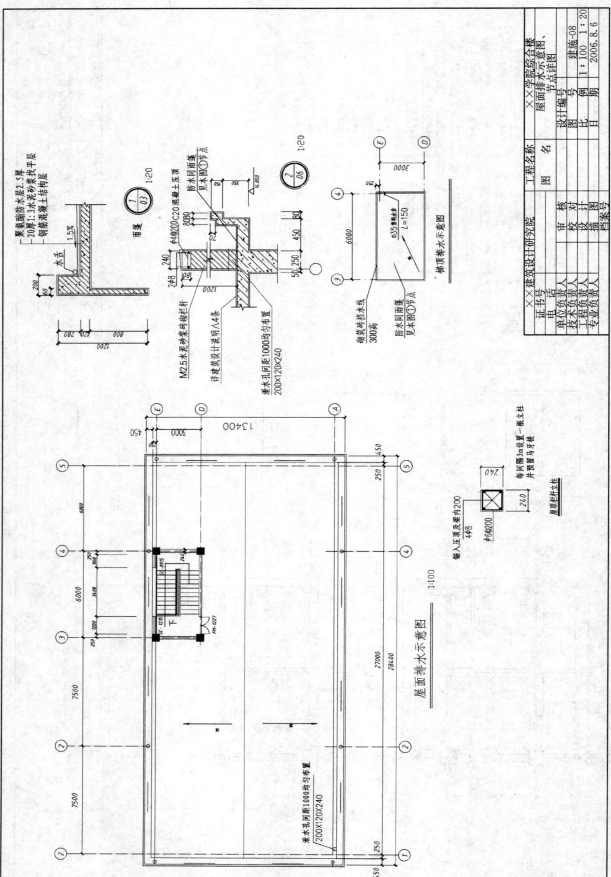

图 5-161 ××学院综合楼 建施-08

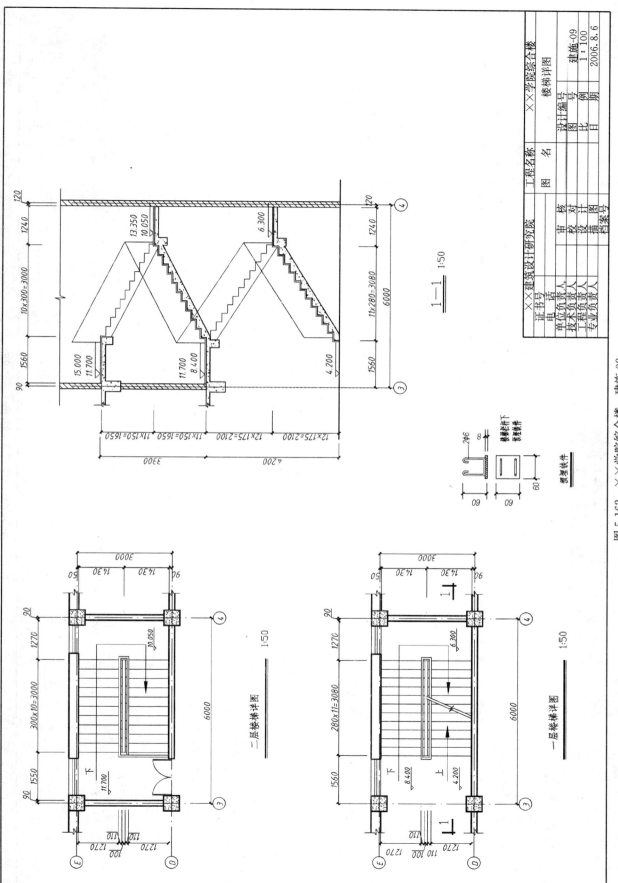

图 5-162 ××学院综合楼 建施-09

××学院综合楼工程 结构施工图

结构设计说明：

一、一般说明：
1. 本设计尺寸以毫米计，标高以米计；
2. 本工程±0.000同建筑。

二、设计依据
本结构设计依据本工程的《岩土工程勘察报告》以及国家现行设计规范实施设计，设计规范包括：
1. 建筑结构设计荷载规范 GBJ 9-87
2. 建筑抗震设计规范 GBJ 11-89
3. 砌体结构设计规范 GBJ 3-88
4. 混凝土结构设计规范 GBJ 10-89
5. 建筑地基基础设计规范 GBJ 7-89

三、自然条件：
1. 基本雪压为0.40kN/m²（$S<0,100\cdot 2^n$）；
2. 基本风压为0.6kN/m²（$S<0,100\cdot 2^n$）；
3. 抗震设防烈度为7度，建筑场地类别为Ⅱ类，抗震等级为四级（框架）；
4. 冻结深度为0.0m。

四、基础与地下部分：
1. 根据××地质工程勘察集团沈阳勘察院金州分院提供的《岩土工程勘察报告》，2000-10-07进行基础设计，本工程采用钢筋混凝土独立基础，持力层为强风化板岩，地基承载力标准值f_k≥300kPa，基槽开挖后如与实际不符须通知我院进行修改。
2. 基槽开挖后经有关人员验收合格方可施工。
3. 基础放线时应有关专业校对，如发现地基与勘察报告不符，须会勘察报告中应如实填写隐蔽工程记录。建筑单位商制处理后，方可继续施工，浇筑过程中应按图集施工要求进行施工。
4. 独立基础及几采用C20混凝土，钢筋采用Φ—Ⅰ级、Φ—Ⅱ级；混凝土保护层：基础底面及顶部为35mm，几为25mm，Ⅱ级钢筋搭接在跨中搭接，下部在支座处搭接，搭接长度为500mm。
5. 一层地下室填充墙采用粘土空心砖，M5水泥砂浆砌筑。

五、本工程采用现浇全框架结构体系。

六、钢筋混凝土工程：
1. 钢筋搭接长度除注明外均为36d，锚固长度除注明外为20d（Ⅰ级钢筋）、30d（Ⅱ级钢筋）；次梁与上下级钢筋锚入柱或主梁内30d；
2. 柱和梁钢筋弯钩角度为135°，等钩尺寸为10d；柱中纵向钢筋直径大于20均采用电渣压力焊，同一截面的搭接数不少于总根数的50%，柱子与外侧墙的连接设拉结筋，自柱底-0.5m至柱顶预留2Φ4@500筋，锚入柱内≥200mm，深入墙中≥1000mm；

4. 梁支座处不得留置施工缝，混凝土施工中要振捣密实，确保质量。
5. 钢筋保护层厚度：板15mm，梁柱25mm，剪力墙25mm，基础梁35mm；
6. 现浇板中未注明的分布筋为φ6@200；
7. 现浇板洞口旁设备电气图预留，浇注时应按所定设备规格尺寸，除注明的楼板预留孔洞边附加钢筋外，小于或等于300mm×300mm的洞口，钢筋绕过不剪断，并长出洞边20d；
时，在四周设加固钢筋，补足截断的钢筋面积，并长出洞边20d；
8. 楼面主梁相交处剪口需斜过梁均见（03G101）图集；
9. 框架梁主作法及要求均见（03G101）图集；
10. 各楼层中门窗洞口需做过梁的，过梁两端各伸入侧边250mm；
11. 楼梯构造作法见图集，焊接入框架柱下各伸入框架柱或地梁内450mm；
12. 预埋件钢材为Q235b，焊条采用E4301，钢筋采用电弧焊接时，下表采用：

钢筋种类	搭接焊	帮条焊
Ⅰ级钢	E4301	E4303
Ⅱ级钢	E5001	E5003

七、材料：
1. 混凝土：梁、板、柱均采用C30；
2. 钢筋：Ⅰ级、Ⅱ级；
3. 墙体材料见建筑说明。

八、其他：
1. 本工程施工时，所有孔洞均应预留预埋，不得事后剔凿，具体位置详各有关专业图纸；
2. 设计中采用标准图集，施工时各专业应密切配合，以防遗漏。
3. 本工程遇引下线等说明未表现时按图集电气施工图；
4. 材料代换应征得设计方同意；
5. 本说明未尽事宜应按照国家现行施工及验收规范执行。

××建筑设计研究院		工程名称		××学院综合楼
证书号		图 名		结构设计说明
电 话	审 核	设计编号		结施-01
单位负责人	校 对	图 号		
技术负责人	设 计	比 例		
工程负责人	描 图	日 期		2006.8.6
专业负责人	档案号			

图 5-163 ××学院综合楼 结施-01

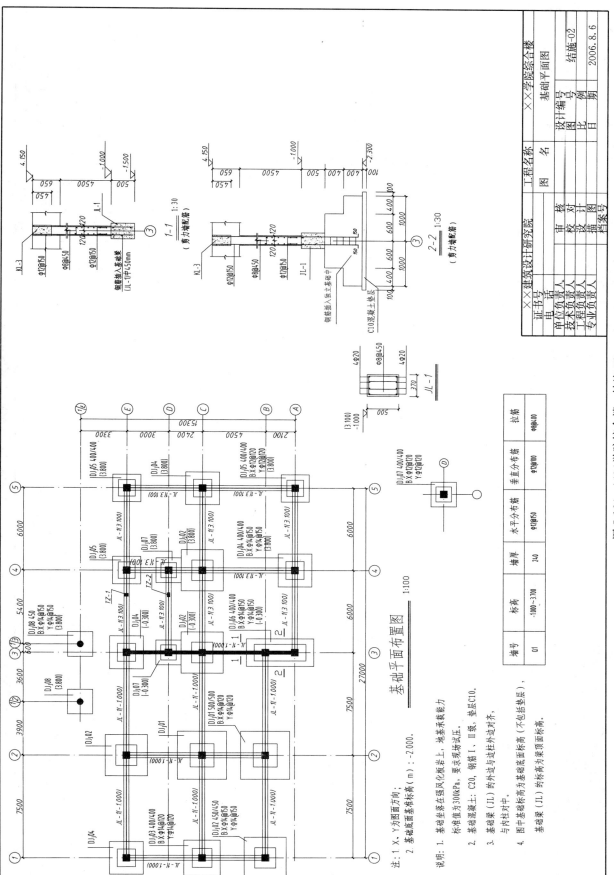

图 5-164 ××学院综合楼 结施-02

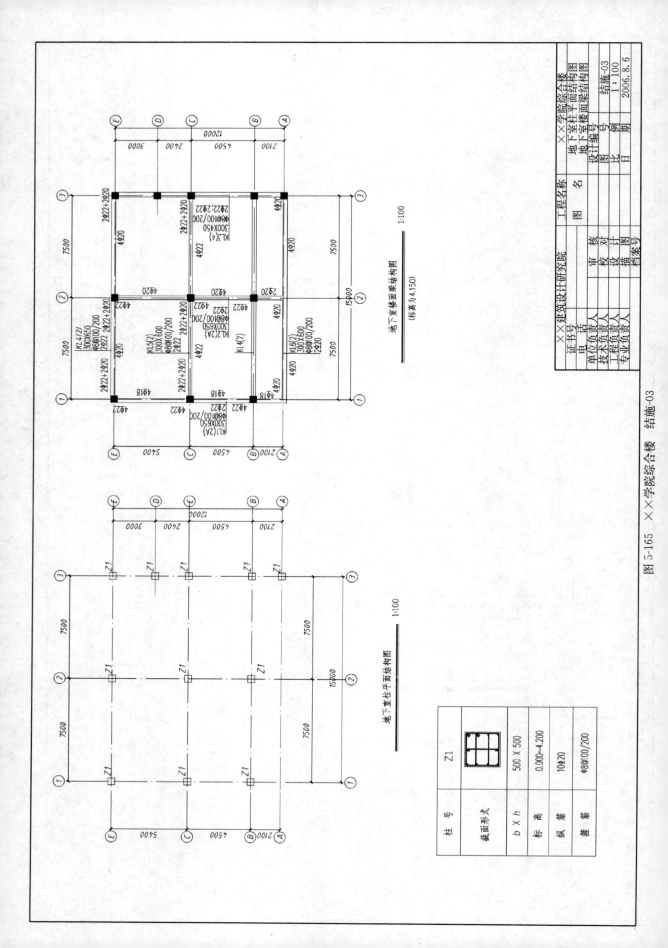

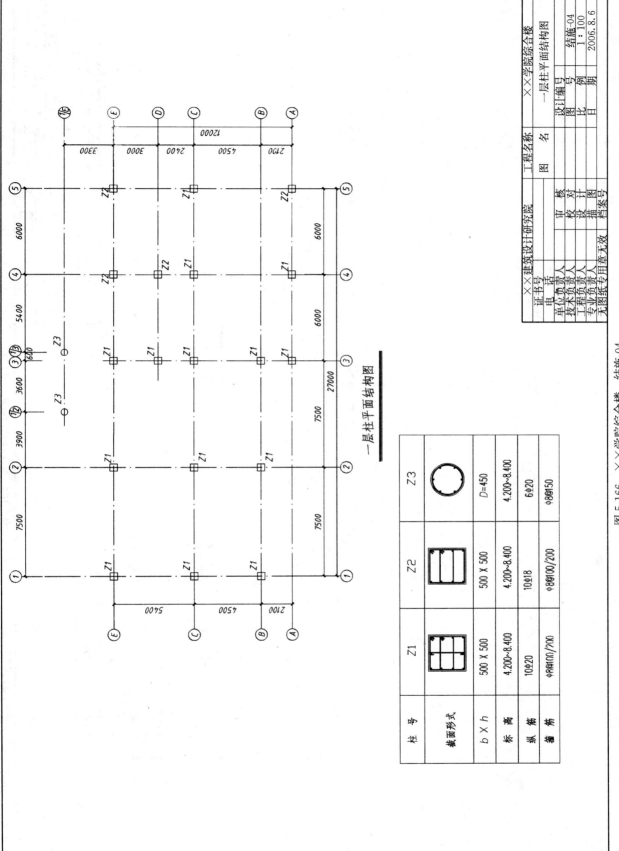

图 5-166 ××学院综合楼 结施-04

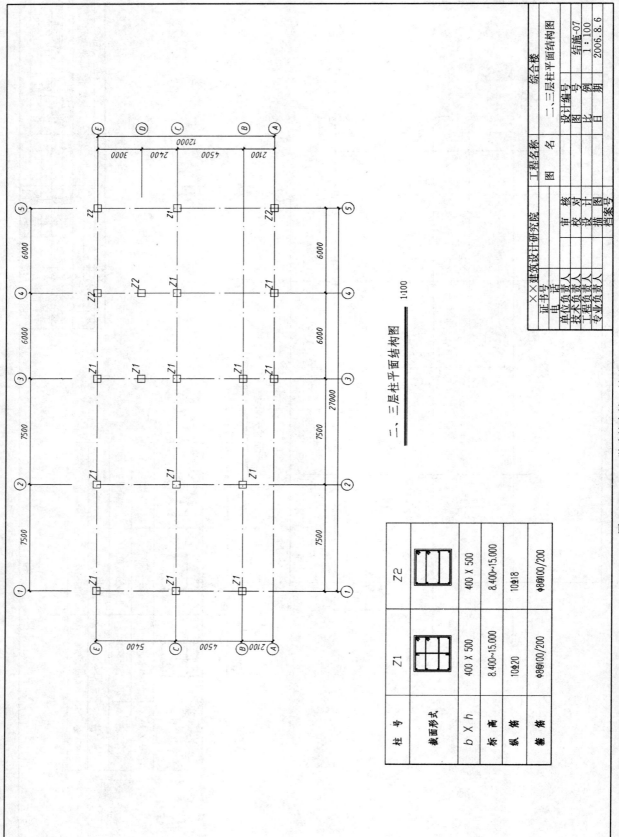

图 5-167 ××学院综合楼 结施-07

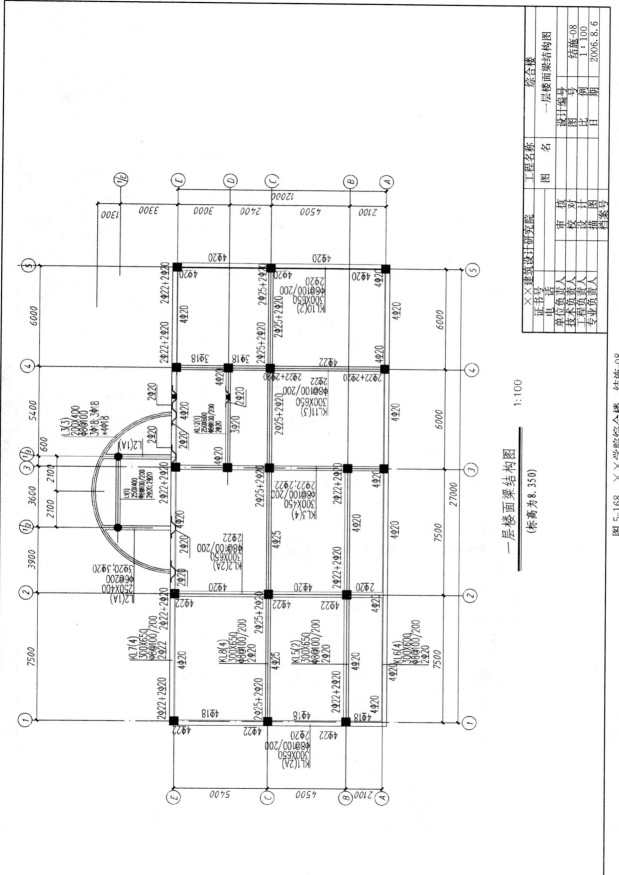

图 5-168 ××学院综合楼 结施-08

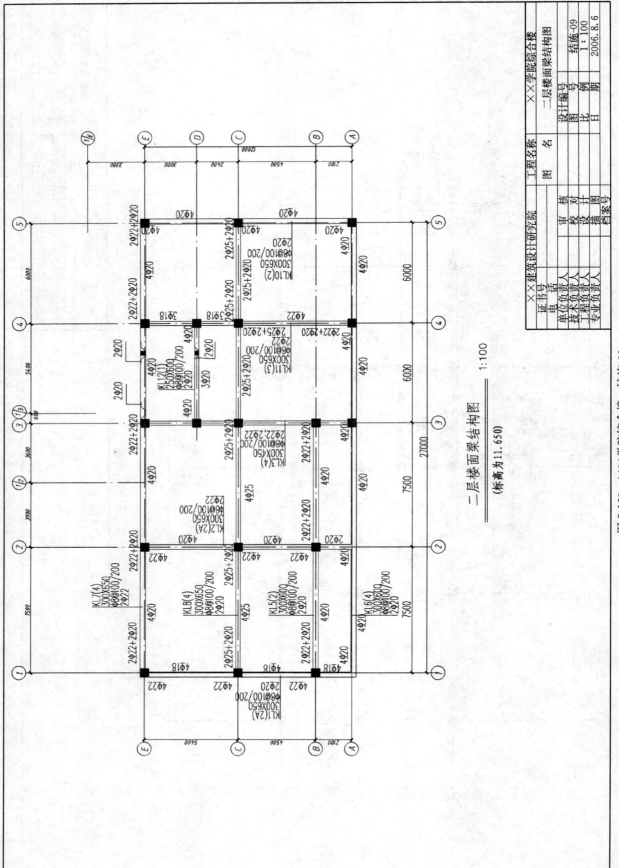

图 5-169 ××学院综合楼 结施-09

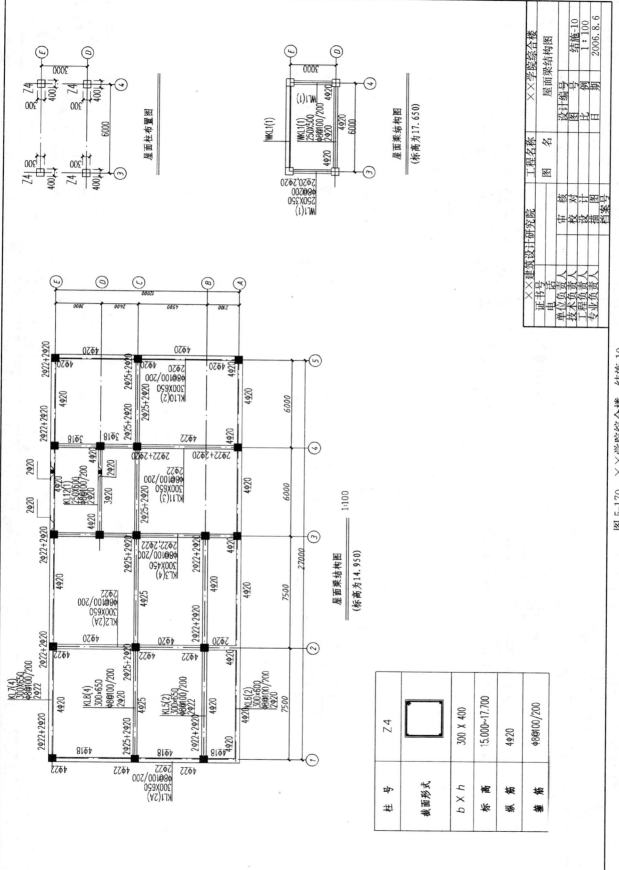

图 5-170 ××学院综合楼 结施-10

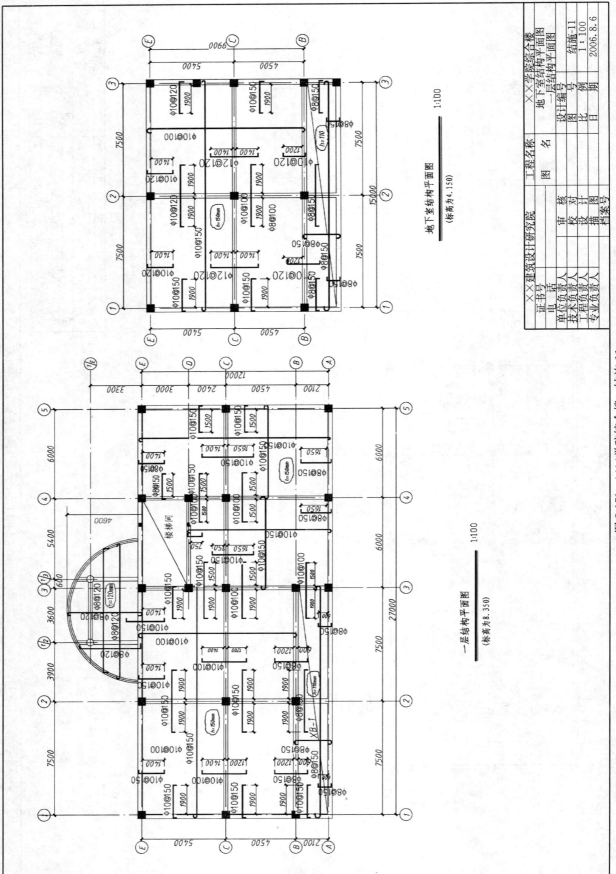

图 5-171 ××学院综合楼 结施-11

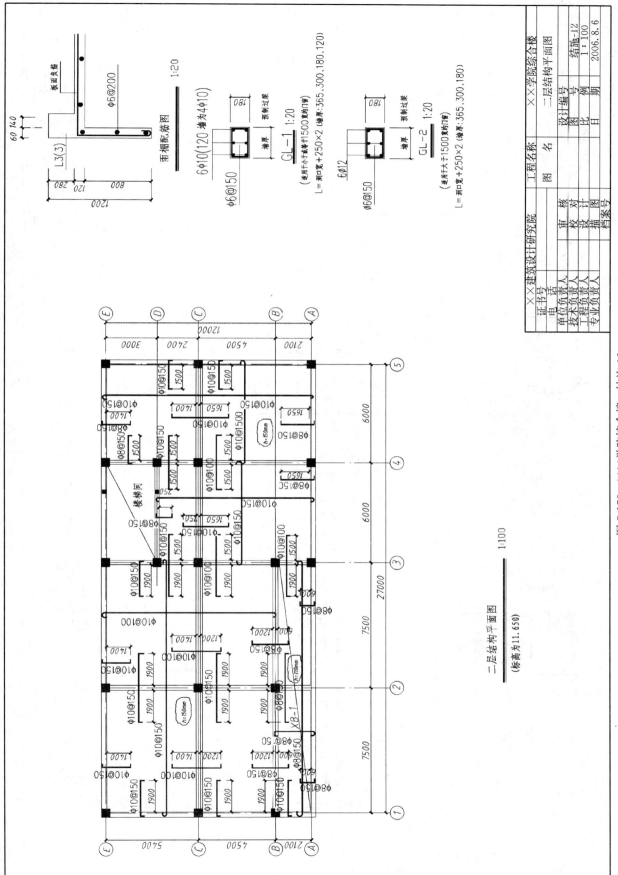

图 5-172　××学院综合楼　结施-12

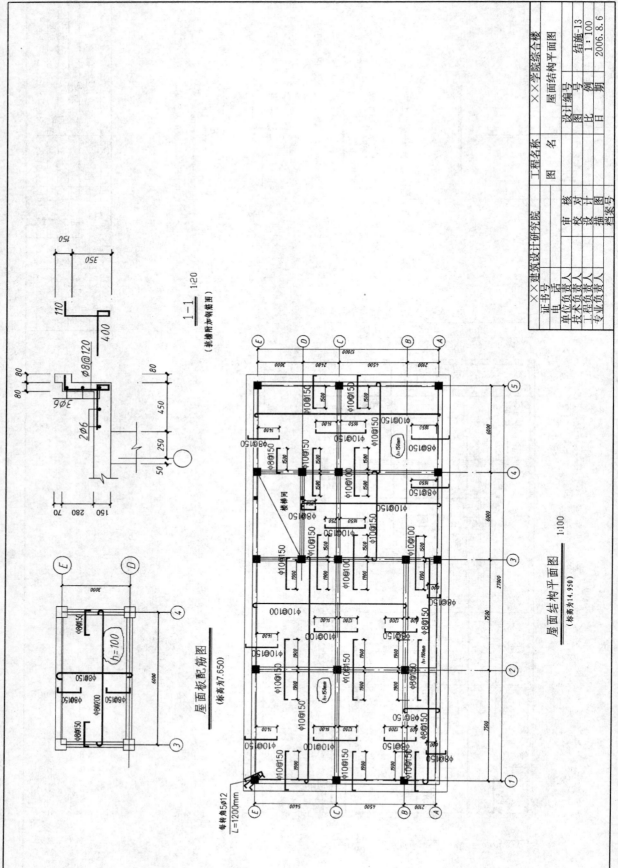

图 5-173 ××学院综合楼 结施-13

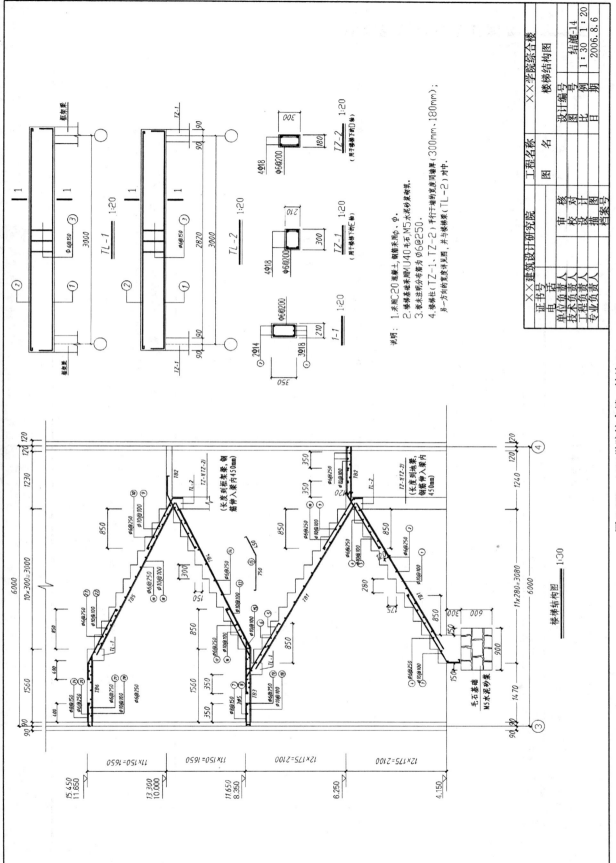

图5-174 ××学院综合楼 结施-14

工程量计算表

表 5-21

工程名称：××学院综合楼工程　　　　　　　　　　　　　　　　　　　　　　　　第 1 页（共 16 页）

序号	项目编码	项目名称	单位	工程量	计　算　式
1	010101001001	建筑面积	m²	1228.13	(1)地下室：15.50×10.40＝161.20m² (2)一～三层：27.50×12.50×3＝1031.25m² (3)屋顶楼梯间：6.24×3.24＝20.22m² (4)雨篷：(4.60²×3.14－9.20×0.25)÷2＝15.46m² 合计：1228.13m²
		平整场地	m²	343.75	建筑物首层面积：27.50×12.50＝343.75m²
2	010101003001	挖基础土方(柱基础)	m³	290.24	挖基础土方体积＝垫层面积×挖土深度 (从建施-02建筑总平面图知道，自然地坪比室内地坪低0.3m，挖土深度＝垫层底标高－0.3) 2J-1：3.70×3.70×1.80×2＝49.28m³ 4J-2：3.20×3.20×(1.80×2+2.10+2.20)＝80.90m³ 1J-3：2.80×2.80×1.80＝14.11m³ 4J-4：2.60×2.60×(1.80+2.10+2.20×2)＝56.11m³ 3J-5：2.20×2.20×2.20×3＝31.94m³ 1J-6：5.00×2.20×2.1＝23.10m³ 2J-7：2.00×2.00×(2.10+2.20)＝17.20m³ 2J-8：2.00×2.00×2.20×2＝17.60m³ 合计：290.24m³
3	010101003002	挖基础土方(基础梁)	m³	29.46	挖基础梁土方体积＝基础梁宽度×(基础梁长－垫层宽)×挖土深度 ①～③轴：(15×3+9.9×2－1.85×7－1.6×8－1.4×3－1.3×5－1.1)×1.2×0.37＝12.10m³ ③～⑤轴：(6×7+12×2－1.6×5－1.3×7－1.1－1.0×4)×1.3×0.37＝17.36m³ 合计：29.46m³

第五章 建筑工程工程量计算

续表

第2页（共16页）

序号	项目编码	项目名称	单位	工程量	计算式
4	010401002001	C20混凝土独立基础	m³	69.43	2-DJJ01:(3.5×3.5×0.50+1.7×1.7×0.5)×2=15.14m³ 4-DJJ02:(3.0×3.0×0.45+1.5×1.5×0.45)×4=20.25m³ 1-DJJ03:2.6×2.6×0.40+1.4×1.4×0.4)×1=3.49m³ 4-DJJ04:(2.4×2.4×0.40+1.3×1.3×0.4)×4=11.92m³ 3-DJJ05:(2.0×2.0×0.40+1.2×1.2×0.4)×3=6.53m³ 1-DJJ06:(4.8×2.0×0.40+3.7×1.2×0.4)×1=5.62m³ 2-DJJ07:(1.8×1.8×0.40+1.1×1.1×0.4)×2=3.56m³ 2-DJJ08:1.8×1.8×0.45×2=2.92m³ 合计：69.43m³
5	010401006001	C10混凝土基础垫层	m³	14.47	2-DJJ01:3.7×3.7×0.1×2=2.74m³ 4-DJJ02:3.2×3.2×0.1×4=4.10m³ 1-DJJ03:2.8×2.8×0.1×1=0.78 m³ 4-DJJ04:2.6×2.6×0.1×4=2.70m³ 3-DJJ05:2.2×2.2×0.1×3=1.45m³ 1-DJJ06:5.0×2.2×0.1×1=1.10m³ 2-DJJ07:2.0×2.0×0.1×2=0.80m³ 2-DJJ08:2.0×2.0×0.1×2=0.80m³ 合计：14.47m³
6	010403001001	现浇C20混凝土基础梁	m³	24.01	[(27.0−0.5×4)×3+(9.9−0.5×2)×2+12.0×3−0.5×9+5.5)]×0.37×0.5=24.01m³
7	010103001001	基础回填土	m³	211.79	序2　序3　序4　序5　序6 290.24+29.46−69.43−14.47−24.01=211.79m³
8	010103001002	室内回填土	m³	54.58	主墙间净面积：地下室14.76×9.66+首层(11.86×11.90−11.86×0.18−5.50×0.18−2.50×0.24)=279.91m²（注：不扣柱子及120mm以内的墙体所占面积） 填土深度：0.30−0.105（地砖按5mm厚计算）=0.195m 填土体积：279.91×0.195=54.58m³

续表

第3页（共16页）

序号	项目编码	项目名称	单位	工程量	计算式
9	010404001001	现浇C20混凝土墙	m^3	11.28	$10.00\times0.24\times4.70=11.28m^3$
10	010402002001	现浇C30混凝土异形柱	m^3	1.94	圆柱（雨篷下）：$0.45\times0.45\times0.7854\times6.1\times2=1.94m^3$
11	010402001001	现浇C30混凝土矩形柱	m^3	61.61	(1)地下室柱 $0.5\times0.5\times(5.2\times2+5.3\times2+5.4\times2+5.7\times4+5.6)=15.05m^3$ (2)一层柱 $0.5\times0.5\times(4.2\times11+5.7+5.8\times6)=21.68m^3$ (3)二、三层柱 $0.4\times0.5\times6.55\times18=23.58m^3$ (4)顶层楼梯间柱 $0.3\times0.4\times2.7\times4=1.30m^3$ 合计 (1)+(2)+(3)+(4)=$61.61m^3$
12	010402001002	现浇C20混凝土矩形柱	m^3	0.75	楼梯梁下柱 TZ-1，TZ-2 $0.3\times0.21\times(3.15+1.65\times2)+0.3\times0.18\times(3.15+1.65\times2)=0.75m^3$
13	010405001001	现浇C30混凝土有梁板	m^3	253.08	(1)地下室楼板 $40.15m^3$ 板 $0.15\times15.5\times10.25+0.11\times15.5\times2.25=27.67m^3$（含梁，后同，单根柱断面积未超过$0.3m^2$，所以未扣除柱子所占体积，后同） 梁 $0.3\times0.5\times14.0\times2$(Ⓑ、Ⓔ段)$+0.3\times0.45\times14.0$(Ⓒ轴)$+0.3\times0.49\times14.4$(Ⓐ轴)$+0.3\times0.5\times8.9\times2$(①、②轴 BE段)$+0.3\times0.3\times8.4$(③轴 BE段)$+0.3\times0.54\times2.1\times2$(①、②轴 AB段)$+0.3\times0.34\times1.6$(③轴 AB段)$=12.48m^3$（算梁的体积时扣除板的厚度，后同） (2)一层楼板 $69.86m^3$ 板 $0.15\times(27.5\times12.5-5.7\times2.725$（楼梯间）$-15.0\times2.1)+0.11\times15.0\times2.1=48.29m^3$ 梁 $0.30\times0.5\times(7.0\times6+5.5\times3+8.9\times2+6.1\times2+4.9\times4)+0.25\times0.45\times5.5\times3+0.3\times0.54\times2.1\times2+0.3\times0.42\times14.4+0.3\times0.34\times1.6+0.3\times0.3\times10.0+0.3\times0.45\times5.5\times2=21.57m^3$ (3)二层楼板 同一层楼板 $69.86-B$轴B梁减少 $14.5\times0.3\times0.05=69.64m^3$ (4)屋面板 同一层楼板 $69.86m^3$

第五章 建筑工程工程量计算

续表

第 4 页（共 16 页）

序号	项目编码	项目名称	单位	工程量	计 算 式
13	010405001001	现浇C30混凝土有梁板	m^3	3.22	(5)楼梯间顶板 板6.35×3.325×0.1+梁0.25×0.4×5.6×2+2.7×0.25×0.25×2=3.57m^3 合计(1)+(2)+(3)+(4)+(5)=253.08m^3
14	010403002001	现浇C30混凝土矩形梁	m^3	5.45	楼梯间梁（Ⓔ轴交③~④轴）：0.30×0.65×5.50×3=3.22m^3
15	010405008001	现浇C30混凝土雨篷	m^3	8.40	板(4.6×4.6×3.14÷2-9.2×0.25)×0.12=3.71m^3 梁(3.17×2+3.75)×0.25×0.28+(4.5×3.14÷2-0.25×2)×0.2×0.28=1.07m^3 吊边 0.06×0.8×(4.6×3.14-0.25×2)=0.67m^3 合计(1)+(2)+(3)=5.45m^3
16	010405007001	现浇C20混凝土挑檐	m^3	79.04	屋顶四周(28.4×13.4-27.5×12.5)×0.15+(28.4+13.4)×2×(0.08×0.28+0.08×0.15)=8.40m^3 梁外部分均属挑檐
17	010407001001	现浇C20混凝土压顶	m^3	49.68	(27.26+12.26)×2=79.04m^3（断面尺寸：240×80）
18	010406001001	现浇C20混凝土直形楼梯	m^2	0.75	5.79×2.86×3=49.68m^2
19	010305001001	M5水泥砂浆砌毛石基础	m^3	10.07	楼梯基础 0.9×0.6×1.38=0.75m^3（1.38m详建施-9）
20	010410003001	预制C20混凝土过梁	m^3	8.37	详结施-12：梁长=洞口宽+0.5；梁宽=墙厚，梁高=0.18m 120墙：1.4×6×0.12×0.18=0.18m^3 180墙：(2.0×3+2.3+1.4×16+1.7×2)×0.18×0.18=1.10m^3 300墙：(2.6×12+2×26+2.3×12+1.4×3+2.9+1.7×12)×0.3×0.18=7.47m^3 370墙：(2.6×4+2.3×2+2.0×3)×0.365×0.18=1.32m^3 合计：10.07m^3
21	010407001001	现浇C10混凝土台阶	m^2	7.08	(4.6×3.14-0.25×2)×0.6=8.37m^2（详建施-02）
22	010407002001	现浇C10混凝土坡道	m^2	54.00	(2.3+3.6)×1.2=7.08m^2（详建施-02、建施-04）
23	010407002002	现浇C10混凝土散水	m^2	54.00	[(27.5+12.5)×2+0.8×4-2.3-3.6-9.8]×0.8=67.5×0.8=54.00m^2 伸缩缝灌沥青长度：67.5+0.8×1.41×4(转角处)+0.8×9(相交处)=84.75m

续表

第 5 页（共 16 页）

序号	项目编码	项目名称	单位	工程量	计 算 式
24	010416001001	现浇构件钢筋（Φ10以内）	t	25.688	见"钢筋统计汇总表"表 5-22
25	010416001002	现浇构件钢筋（Φ10以上）	t	0.723	见"钢筋统计汇总表"表 5-22
26	010416001001	现浇构件钢筋（带肋钢筋）	t	26.673	见"钢筋统计汇总表"表 5-22
27	010416002001	预制构件钢筋（Φ10以内）	t	0.26	见"钢筋统计汇总表"表 5-22
28	010416002002	预制构件钢筋（Φ10以上）	t	0.902	见"钢筋统计汇总表"表 5-22
29	010417002001	预埋铁件	t	0.026	-8 钢板：0.06×0.06×62.8*×79=17.86kg Φ6 钢筋：(0.06×2+0.04+0.075)×2×0.222×79=8.24kg 合计　26.10kg
30	020402003001	铝合金地弹门	m^2	13.86	洞口尺寸 1800mm×3300mm：1.8×3.3=5.94m^2 洞口尺寸 2400mm×3300mm：2.4×3.3=7.92m^2 合计：13.86m^2
31	020406001001	铝合金推拉窗	m^2	218.43	洞口尺寸 900mm×1500mm：0.9×1.5×3=4.05m^2 洞口尺寸 900mm×2400mm：0.9×2.4×1=2.16m^2 洞口尺寸 1200mm×1500mm：1.2×1.5×9=16.20m^2 洞口尺寸 1200mm×2400mm：1.2×2.4×4=11.52m^2 洞口尺寸 1500mm×1500mm：1.5×1.5×18=40.50m^2 洞口尺寸 1500mm×2400mm：1.5×2.4×11=39.60m^2 洞口尺寸 1800mm×1500mm：1.8×1.5×8=21.60m^2 洞口尺寸 1800mm×2400mm：1.8×2.4×4=17.28m^2 洞口尺寸 2100mm×1500mm：2.1×1.5×8=25.20m^2 洞口尺寸 2100mm×2400mm：2.1×2.4×8=40.32m^2 合计：218.43m^2

第五章 建筑工程工程量计算

序号	项目编码	项目名称	单位	工程量	计 算 式
32	020401004001	胶合板门	m²	92.76	洞口尺寸 1500mm×2400mm：1.5×2.4×3＝10.80m² 洞口尺寸 1800mm×2400mm：1.8×2.4×2＝8.64m² 洞口尺寸 900mm×2400mm：0.9×2.4×20＝43.20m² 洞口尺寸 900mm×2000mm：0.9×2.0×2＝3.60m² 洞口尺寸 700mm×2000mm：0.7×2.0×12＝16.80m² 洞口尺寸 1200mm×2700mm：1.2×2.7×3＝9.72m² 合计：92.76m²
33	020107001001	不锈钢栏杆扶手	m	24.98	第1跑　　　　　　　　弯头　安全栏杆　　　2,3楼 $\sqrt{3.08^2+2.10^2}+\sqrt{3.36^2+2.10^2}+\sqrt{3.30^2+1.65^2}×4+0.2×5+1.53=24.98$m 附算面积：(3.08+3.36+3.3×4+0.2×5+1.53)×(栏杆高)0.90＝19.95m²（算综合单价用）
34	010302001001	M5 水泥砂浆砌砖墙 (±0.000 以下部分)	m³	13.47	0.365×(7.0×4+8.9)×1.00＝13.47m³（地梁至±0.000 部分的砌体）
35	010304001001	M5 混合砂浆砌空心砖墙 (地下室)	m³	30.60	墙高　　墙长　　　　　　　　　　　扣门窗面积 [(7.0×4+8.9)×3.5－(2.1×2.4×4+1.8×2.4+1.8×3.3+1.5×2.4 　墙厚　　　　扣过梁体积 ×3)]×0.365－(2.6×4+2.3×2+2.0×3)×0.365×0.18＝30.60m³
36	010302006001	M5 混合砂浆砌 120 砖墙 (剪力墙贴砖)	m³	6.50	0.125×5.00×10.40＝6.50m³ （基础梁顶-1.000 至板底：4.15+1.00－0.15＝5.00m）
37	010703002001	聚氨脂防水层一道 (剪力墙外侧)	m²	52.00	5.00×10.40＝52.00m²

续表

第 7 页（共 16 页）

序号	项目编码	项目名称	单位	工程量	计 算 式
38	010304001002	M5混合砂浆砌煤渣空心砌块墙	m³	206.03	(1)一层300厚外墙 [(8.9+2.1+11.0)×2+14.0)×3.55+Ⓐ轴(14.8+11.0)×3.6+③~⑤增加(4.2-3.1)×11.0×3.0—扣门窗面积(2.1×2.4×4+1.5×2.4×8+1.8×2.4×4+0.9×2.4+2.4×3.3+1.2×2.4×4)]×0.3—扣过梁体积(2.6×4+2.0×8+2.3×4+1.4+2.9+1.7×4)×0.3×0.18=59.89m³ (2)二、三层300厚外墙 {[(8.9+2.1+11.0)×2+14.0)×2.65+(14.8+11.0)×2.7—扣门窗面积(2.1×1.5×4+1.5×1.5×9+1.8×1.5×4+1.2×1.5×4+0.9×1.5)]×0.3—扣过梁体积(2.6×4+2.0×9+2.3×4+1.7×4+1.4)×0.3×0.18}×2层=80.26m³ (3)一层180内墙 [②轴5.6×2.85+Ⓒ轴11.0×2.65+④轴3.5×2.65+Ⓓ板上5.5×2.7+5.73×3.15—扣门窗面积(1.5×2.4+1.8×2.4)]×0.18—扣过梁体积(2.0+2.3)×0.18×0.18=14.15m³ (4)二三层180内墙 {[②轴10.95×2.65+③轴10.25×2.85+④轴10.25×2.65+Ⓒ板上7.16×3.15+Ⓓ轴梁上5.5×2.7—扣门窗面积(0.9×2.4×8+1.5×2.4+1.2×2.7)]×0.18—扣过梁体积(1.4×8+2.0+1.7)×0.18×0.18}×2 =51.73m³ 合计(1)+(2)+(3)+(4)=206.03m³
39	010302001001	M10水泥砂浆砌页岩砖墙（厕所隔墙）	m³	8.82	一层120墙：[(5.7+2.89)×4.05-0.9×2.0×2]×0.115=3.59m³ 二三层120墙：[(5.7+2.89)×3.15-0.9×2.4×2]×0.115×2=5.23m³ 合计8.82m³
40	010402001001	屋顶栏杆C20混凝土立柱	m³	1.85	0.24×(0.24+马牙槎0.06)×1.12×23=1.85m³

第五章 建筑工程工程量计算

续表

第 8 页（共 16 页）

序号	项目编码	项目名称	单位	工程量	计　算　式
41	010302006002	M2.5 水泥砂浆零星砌砖	m³	21.29	(1)屋顶栏杆(27.26+12.26)×2×0.24×1.12=混凝土立柱 1.85=19.10m³ (2)一层厕所隔断：[(2.89×2+1.54+1.0)×2.0−0.7×2.0×4]×0.053=0.59m³ (3)二、三层厕所隔断：[(2.89+2.06+1.0+1.4)×2.0−0.7×2.0×4]×0.053×2+1.46×2.0×0.115=1.30m³ 合计 21.29m³
42	010416001001	砌体内钢筋加固	t	0.444	(1)地下室 2.65×11 处×8 层×0.222*=51.77kg 注：见结施-01 说明六. 2 条：从−1.000 开始至+3.500 共设 8 层（上下各留 500mm），ϕ6@500 拉结钢筋伸墙人 1m，每根长=0.2×2+0.25+1.0×2+12.5×0.006=2.65m/根 (2)其余（略）　392.86kg 合计　444.63kg=0.444t
43	020106002001	300×300 楼梯砖贴楼梯面	m²	49.68	5.79×2.86×3=49.68m²
44	020102002001	500×500 地砖地面	m²	196.19	(1)地下室：14.76×9.66=142.58m² (2)餐厅走道（一层）：12.04×2.22=26.73m² (3)雨篷下：4.3×4.3×3.14÷2−8.6×0.25=26.88m² 合计 196.19m²
45	020108002001	台阶面贴地砖	m²	8.37	(4.6×3.14−2×0.25)×0.6 = 8.37m²
46	020102002002	300×300 地砖地面	m²	141.40	(1)厨房（一层），11.86×6.46=76.62m² (2)卫生间（一层）：(2.86+2.85)×2.89=16.50m² (3)梯间底（一层）：5.63×2.86−0.6×1.38=15.27m² 合计 141.40m²

续表

第 9 页（共 16 页）

序号	项目编码	项目名称	单位	工程量	计 算 式
47	020102002003	500×500 地砖楼面	m²	724.28	(1)餐厅:14.86×11.90−0.18×5.73(墙)=175.80m² (2)活动室：7.36×11.90×2=175.17m² (3)教室：(7.32+5.82)×6.46×2=169.77m² (4)办公室：(7.32×2.86+5.86×6.46)×2=117.58m² (5)走道:19.36×2.22×2=85.96m² 合计 724.28m²
48	020102002004	300×300 地砖楼面	m²	33.00	卫生间(二三层)：(2.86+2.85)×2.89×2=33.00m²
49	020204003001	200×300 面砖墙裙	m²	99.21	(1)餐厅[(14.86+11.90)×2−门洞(1.9+1.8×2)]×1.5−窗洞 0.6×(2.1×4+1.5×4+1.8×2)+梁侧(0.16×4+0.2×6)×1.5=63.99m² (2)走道(12.2×2+2.22−1.5−0.9×2)×1.5−窗洞 1.2×0.6+0.16×4×1.5=35.22m² 合计 99.21m²
50	020204003002	150×200 面砖墙面	m²	450.58	(1)厨房(14.86+6.46)×2×4.05−门窗(0.9×2.0×2+1.8×2.4×2)+(0.2×2+0.16×4)×4.05=164.66m² (2)卫生间 一层:(5.59×2+2.89×4)×4.05−门窗(0.9×2.0×2+1.2×2.4×2)=104.82m² 二、三层：[(5.59×2+2.89×4)×3.15−门窗(0.9×2.4×2+1.2×1.5×2)+2m 隔断(2.89×2+1.0×2+1.46+1.4×4+2.18+1.0×2−0.7×8)×2.0]×2=181.10m² 合计 450.58m²
51	020105003001	150×300 踢脚线（楼梯间）	m²	13.40	(1)一层[(8.82+2.86)×2−1.8−2.4+梁 0.2×2+0.16×2]×0.15=3.00m² (2)二三层[(5.79+2.86)×2−1.2]×0.15×3+0.25×0.175×24+0.3×0.15×44=10.4m² 合计 13.40m²

续表
第10页（共16页）

序号	项目编码	项目名称	单位	工程量	计 算 式
52	020105003002	150×500踢脚线	m²	55.91	(1)地下室 [(14.76+9.66)×2−1.8+梁侧 0.2×2+0.13×8]×0.15=7.29m² (2)活动室 [(7.36+11.9)×2−门]1.5+梁侧 0.2×4+0.16×4]×0.15×2层=11.54m² (3)走道 [(19.36+2.22)×2−门1.5−0.9×10−1.2+梁侧 0.16×8]×0.15×2=9.82m² (4)教室,办公室 [7.32×4+6.46×6+2.86×2+5.82×2+5.86×2−0.9×8+0.16×6]×0.15×2=27.26m² 合计 55.91m²
53	020201001001	水泥砂浆抹内墙面	m²	1510.83	(1)地下室 [(14.83+9.66)×2+0.2×2+0.13×8]×4.05−[门1.8×3.3−1.5×2.4×2−2.1×2.4×4=170.90m² (2)餐厅、走道 [(26.9+11.9)×2+梁侧 0.16×12+0.2×6]×2.55−门窗(1.5×0.9+1.5×1.8×4+0.9×0.5×2+1.8×0.9+1.8×2×4+0.16×2]×2.1×1.8×4+1.2×1.8)=167.41m² (3)活动室 {[(7.36+11.9)×2+0.2×4+0.16×4]×3.15−门窗(1.5×2.4+1.5×1.5×3+1.8×1.5×2+2.1×1.5×2)}×2=207.65m² (4)走道 {[(19.36+2.22)×2+0.16×8]×3.15−门窗(1.5×2.4+1.2×1.5+0.9×2.4×10+1.2×2.7)}×2=219.49m² (5)教室,活动室 {[(7.32×4+6.46×6+2.86×2+(5.82+5.86)×2]×3.15−门窗(1.8×2.4+2.4×3.3+1.2×1.5×8+1.8×1.5×2)}×2=530.50m² (6)楼梯间 一层:[(8.82+2.86)×2×2.4]=80.24m² 二三层:[(5.79+2.86)×2×3.15(平均高度)−门窗(1.2×1.5+1.2×2.7+0.9×1.5)]×2=96.21m² 四层:(5.76+2.86)×2×2.6−(1.2×1.5+1.2×2.7+0.9×1.5)=38.43m² 合计 1510.83m²

续表

第 11 页（共 16 页）

序号	项目编码	项目名称	单位	工程量	计 算 式
54	020506001001	墙面乳胶漆	m^2	1510.83	同上
55	020301001001	顶棚板底抹水泥砂浆	m^2	773.63	(1)楼梯间 $5.76×2.86+5.79×2.86×2+8.82×2.86+49.68×0.3=89.72m^2$ (2)活动室 $7.36×11.9×2+0.5×7×4×2=203.17m^2$ (3)教室、活动室 $[(7.32+5.82+5.86)×6.46+7.32×2.86+0.5×7.0×2]×2=301.35m^2$ (4)挑檐 $28.4×13.4-27.5×12.5=36.81m^2$ (5)地下室 $14.76×9.66=142.58m^2$ 合计 $773.63m^2$
56	020506001002	顶棚刷乳胶漆	m^2	773.63	同上
57	020302001001	顶棚吊顶	m^2	437.09	(1)卫生间 $5.71×2.89×3=49.51m^2$ (2)厨房 $11.86×6.46=76.62m^2$ (3)餐厅 $14.86×11.9-3.12×3.04=167.35m^2$ (4)走道 $(12.04+19.36×2)×2.22=112.69m^2$ (5)雨篷底 $4.6×4.6×3.14÷2-9.2×0.25=30.92m^2$ 合计 $437.09m^2$
58	010702002001	屋面涂膜防水	m^2	230.22	(1)雨篷 $4.6×4.6×3.14÷2-0.25×9.2+0.28×(4.4×3.14-0.25×2)=34.65m^2$ (2)挑檐 $28.56×13.56-27.5×12.5+(27.5+12.5)×2×1.2+(28.4+13.4)×2×0.35=168.78m^2$ (3)楼间顶 $3.37×6.24+(3.37+6.24)×2×0.3=26.79m^2$ 合计 $230.22m^2$
59	010803001001	屋面保温层 （1:8水泥珍珠岩）	m^2	324.78	$27.02×12.02=324.78m^2$ （附：平均厚度$=0.04+6.0×2‰÷2=0.10m$。计算综合单价用）
60	010702003001	屋面刚性防水	m^2	324.78	$27.02×12.02=324.78m^2$
61	020206003001	雨篷外侧贴浅灰色面砖	m^2	17.57	$(4.6×3.14-0.25×2)×(1.2+0.06)=17.57m^2$
62	020206001001	外墙贴灰白色磨光花岗石	m^2	26.88	$[(27.5+12.5)×2-1.8×2-9.2]×0.4=26.88m^2$
63	020506001003	挑檐刷白色外墙涂料	m^2	48.86	$(28.56+13.56)×2×0.58=48.86m^2$

第五章 建筑工程工程量计算

续表

第 12 页（共 16 页）

序号	项目编码	项目名称	单位	工程量	计 算 式
64	02020300l001	水泥砂浆零星抹灰	m²	161.30	(1)涂料底 48.86m²(见序63) (2)屋面栏杆内侧 (27.02+12.02)×2×(1.2+0.24)=112.44m² 合计 161.30m²
65	020206003002	豆绿色大块外墙面砖贴窗套	m²	262.52	窗套 1 计算公式：S1=[(b+h)×内宽×2+(b+0.24)×0.12+(b+0.48)×0.12+(b+h+0.84)×2×0.06]×n 窗套 2 计算公式：S2=[(b+h)×内宽×2+(b+0.24)×(h+0.42)-b×h+(b+h+0.66)×2×0.06]×n 内宽=墙厚 0.3+内墙面抹灰厚 0.02+外墙面贴砖厚 0.03-窗框 0.07=0.28m 窗套 1： SC1524：2 樘 贴砖面积 6.97m² 墙面扣除面积 9.60m² SC1824：4 樘 贴砖面积 15.05m² 墙面扣除面积 22.52m² SC1224：1 樘 贴砖面积 3.21m² 墙面扣除面积 3.97m² SC1515：2 樘 贴砖面积 5.53m² 墙面扣除面积 6.47m² SC1815：8 樘 贴砖面积 24.35m² 墙面扣除面积 30.36m² SC1215：2 樘 贴砖面积 4.98m² 墙面扣除面积 5.36m² 窗套 2： SC1524：9 樘 贴砖面积 36.34m² 墙面扣除面积 44.16m² SC2124：8 樘 贴砖面积 37.58m² 墙面扣除面积 52.79m² SC1224：3 樘 贴砖面积 11.12m² 墙面扣除面积 12.18m² SC0924：1 樘 贴砖面积 3.38m² 墙面扣除面积 3.21m² SC1515：16 樘 贴砖面积 51.36m² 墙面扣除面积 53.45m² SC1215：7 樘 贴砖面积 20.16m² 墙面扣除面积 19.35m² SC0915：3 樘 贴砖面积 7.65m² 墙面扣除面积 6.57m² SC2115：8 樘 贴砖面积 30.96m² 墙面扣除面积 35.94m² 370 墙增加(0.07)： 3.61m² 合 计 262.52m²
66	020206003001	浅灰色大块外墙面砖贴外墙面	m²	805.21	(27.5+12.5)×2×(10.95+1.2)+(15.5×2+10.4)×(3.9+0.3-0.4)-扣门(2.4×3.3+1.8×2.4+1.8×3.3)-扣窗 305.93=805.21m² 305.93m²
67	020205003001	圆柱面贴浅灰色外墙面砖	m²	1.65	(0.45+0.03×2)2×0.7854×4.03×2=1.65m²

续表

第 13 页（共 16 页）

序号	项目编码	项目名称	单位	工程量	计 算 式
		措施项目工程量：			措施项目的工程量按所采用定额的规定计算
		一、建筑工程措施项目（部分）			
		（一）大型机械设备进出场及安拆			本计算所采用的定额规定：工程量按"台次"计算。本工程假设采用了塔吊一台
1		塔吊进出场费（60kN·m以内）	台次	1	
2		塔吊一次安拆费（60kN·m以内）	台次	1	
3		塔吊固定式基础（带配重）	台次	1	
		（二）混凝土、钢筋混凝土模板及支架			本计算所采用的定额规定：混凝土构件模板工程量除楼梯、雨蓬、挑檐、台阶按水平投影面积计算和压顶按延长米计算外，其余构件模板工程量均按模板接触面积计算
1		现浇混凝土基础模板	m²	122.18	2-DJJ01:[(3.5+3.5)×2×0.50+(1.7+1.7)×2×0.50]×2=20.80m² 4-DJJ02:[(3.0+3.0)×2×0.45+(1.5+1.5)×2×0.45×4]×2=32.40m² 1-DJJ03:[(2.6+2.6)×2×0.40+(1.4+1.4)×2×0.40]×1=6.40m² 4-DJJ04:[(2.4+2.4)×2×0.40+(1.3+1.3)×2×0.40]×4=23.68m² 3-DJJ05:[(2.0+2.0)×2×0.40+(1.2+1.2)×2×0.40]×3=15.36m² 1-DJJ06:[(4.8+2.0)×2×0.40+(3.7+1.2)×2×0.40]×1=9.36m² 2-DJJ07:[(1.8+1.8)×2×0.40+(1.1×1.1)×2×0.40]×2=7.70m² 2-DJJ08:(1.8+1.8)×2×0.45×2=6.48m² 合计：122.18m²
2		现浇混凝土基础垫层模板	m²	20.32	2-DJJ01:(3.7+3.7)×2×0.1×2=2.92m² 4-DJJ02:(3.2+3.2)×2×0.1×4=5.12m² 1-DJJ03:(2.8+2.8)×2×0.1×1=1.12m² 4-DJJ04:(2.6+2.6)×2×0.1×4=4.16m² 3-DJJ05:(2.2+2.2)×2×0.1×3=2.64m² 1-DJJ06:(5.0+2.2)×2×0.1×1=1.44m² 2-DJJ07:(2.0+2.0)×2×0.1×2=1.60m² 2-DJJ08:(2.0+2.0)×2×0.1×2=1.60m² 合计：20.32m²

续表

第14页（共16页）

序号	项目编码	项目名称	单位	工程量	计算式
3		现浇混凝土基础梁模板	m²	24.01	①～③轴：(15×3+9.9×2-1.85×7-1.6×8-1.4×3-1.3×5-1.1)×0.37=10.08m² ③～⑤轴：(6×7+12×2-1.6×5-1.3×7-1.1×7-1.1.0×4)×0.37=13.36m² 合计：23.44m²
4		现浇混凝土墙模板	m²	94.00	10.00×4.70×2=94.00m²
5		现浇混凝土异形柱模板	m²	17.04	0.45×3.14×6.03×2=17.04m²
6		现浇混凝土矩形柱模板	m²	494.91	(1)地下室柱：(0.5+0.5)×2×(5.05×2+5.15×2+5.25×2+5.55×4+5.45)=117.10m² (2)一层柱：(0.5+0.5)×2×(4.05×2+4.05×11+5.55+5.65×6)=168.00m² (3)二、三层柱：(0.4+0.5)×2×2.55×4=207.36m² (4)顶层楼梯间柱 (0.3×0.4)×2×2.55×4=2.45m² 合计：(1)+(2)+(3)+(4)=494.91m²
7		现浇混凝土矩形柱(TZ)模板	m²	12.77	楼梯梁TZ-1、TZ-2 (0.3+0.21)×2×(3.15+1.65×2)+(0.3+0.18)×2×(3.15+1.65×2)=12.77m²
8		现浇混凝土有梁板模板	m²	1700.40	(1)地下室楼板 276.93m² 板 15.5×10.25+15.5×14.0×2.25=193.75m²(含梁底，后同) 梁侧：2×0.5×14.0×2(⑧、ⓔ轴)+2×0.45×14.0(ⓒ轴)+2×0.49×14.4(Ⓐ轴)+2×0.5×8.9×2(①、②轴BE段)+2×0.3×8.4(③轴BE段)+2×0.54×2.1×2(①、②轴AB段)+2×0.34×1.6(③轴AB段)=83.18m² (2)一层楼板 同一层楼板 474.49m² 板底(27.5×12.5-5.7×2.725(楼梯间)-15.0×2.1)+15.0×2.1=328.22m² 梁侧：2×0.5×(7.0×6+5.5×3+8.9×2+6.1×2+4.9×4.4+2×0.45×5.5×3+2×0.54×2.1×2+2×0.42×14.4+2×0.34×1.6+2×0.3×10.0+2×0.45×5.5×2=146.27m² (3)二层楼板 同一层楼板 474.49m² (4)屋面板 同一层楼板 474.49m² 合计 1700.40m²
9		现浇混凝土矩形梁模板	m²	26.40	楼梯间梁(⑧轴交③～④轴)：(0.30+0.65×2)×5.50×3=26.40m²
10		现浇混凝土雨篷模板	m²	30.92	雨篷水平投影面积：(4.6×4.6×3.14÷2-9.2×0.25)=30.92m²
11		现浇混凝土挑檐模板	m²	36.78	挑檐水平投影面积：(28.4+13.1)×(0.53+0.35)=36.78m²
12		现浇混凝土压顶模板	m	79.04	压顶长度：79.04m

续表

第15页（共16页）

序号	项目编码	项目名称	单位	工程量	计　算　式
13		现浇混凝土直形楼梯模板	m²	49.68	见本表序18
14		预制混凝土过梁模板	m²	112.85	详结施-12：梁长=洞口宽+0.5；梁宽=墙厚；梁高=0.18m 120墙：1.4×6×(0.12+0.18×2)=4.03m² 180墙：(2.0×3+1.4×16+1.7×2)×(0.18×0.18×2)=2.21m² 300墙：(2.6×12+2×26+2.3×12+1.4×3+2.9+1.7×12)×(0.30+0.18×2)=91.28m² 370墙：(2.6×4+2.3×2+2.0×3)×(0.37+0.18×2)=15.33m² 合计：112.85m²
15		台阶	m²	8.37	水平投影面积：8.37m²
		（三）脚手架费			本计算所采用的定额规定：脚手架按建筑面积计算其工程量，根据不同檐高划分项目
1		综合脚手架（多层，H=9m内)	m²	15.46	15.46m²（H表示建筑物檐口高度）
2		综合脚手架（H=15m内）	m²	567.87	1228.13-644.80=567.87m²（H表示建筑物檐口高度）
3		综合脚手架（H=24m内）	m²	644.80	161.20×4=644.80m²（H表示建筑物檐口高度）
		（四）垂直运输费			本计算所采用的定额规定：垂直运输费按建筑面积计算其工程量
1		垂直运输费 (H=20m内，框架，塔吊)	m²	1228.13	建筑面积：1228.13m²
		（五）排水、降水费			本工程不发生排水、降水费
		二、装饰工程措施项目（部分）			
		（一）脚手架费			本计算所采用的定额规定：
1		单排外脚手架	m²	1278.40	外脚手架按外墙外边线长乘以外墙高度计算。 (1)地下室：(15.50×2+10.40)×4.2=173.88m² (2)一～三层：(27.50+12.50)×2×12.30=984.00m² (3)雨蓬：4.6×3.14×4.8=69.33m² (4)屋顶楼梯间：(3.24+6.24)×2×2.70=51.19m² 合计：1278.40m²

续表

第16页（共16页）

序号	项目编码	项目名称	单位	工程量	计算式
2		里脚手架	m^2	2181.14	里脚手架按内墙净长乘以内墙净高计算。 (1)地下室(14.83+9.66)×2×4.05=216.76m^2 (2)餐厅[(14.86+11.90)×2]×4.05=216.76m^2 (3)走道(12.2×2+2.22)×4.05=107.81m^2 (4)厨房(14.86+6.46)×2×4.05=172.69m^2 (5)卫生间 一层:(5.59×2+2.89×4)×4.05=104.82m^2 二、三层:[(5.59×2+2.89×4)×3.15]×2=181.10m^2 (6)活动室(7.36+11.9)×2×3.15×2=242.68m^2 (7)走道 (19.36+2.22)×2×3.15×2=271.91m^2 (8)教室、活动室 [(7.32×4+6.46×6+2.86×2)×3.15×2=464.69m^2 (9)楼梯间 一层:(8.82×2.86)×2×4.05=81.50m^2 二三层:(5.79×2.86)×2×3.15(平均高度)=98.91m^2 四层:(5.76+2.86)×2×2.6=39.90m^2 合计:2181.14m^2
		(二)已完工程及设备保护			
1	FC0012	楼地面地砖 麻袋保护	m^2	1094.87	序44 序60 序47 序48 196.19+141.40+724.28+33.00=1094.87m^2
2	FC0013	楼梯、台阶地砖 麻袋保护	m^2	58.08	序43 序45 49.68+8.37=58.08m^2
		(三)垂直运输机械费			
1	FC0001	垂直运输机械费 (多层,II=20m内)	元		装饰垂直运输机械费,按装饰工程人工费计算

表 5-22

钢筋计算汇总表

单位工程名称：××学院综合楼工程　　　　　　　　　　　　　　　　　　　　　　　　第 1 页（共 6 页）

序号	构件名称及代号	件数	总重(kg)	圆钢(kg)						螺纹钢(kg)					
				4	6	8	10	12	10	14	18	20	22	25
	一、现浇构件钢筋													
1	现浇板		19905		1500	1661	16069	676						
	基础层		3706		333	202	2517	654						
	1层		6029		398	628	5003							
	2层		4680		332	246	4102							
	3层		4955		429	471	4034	21						
	4层		122		8	114								
	铁马		413				413							
2	独立基础	19	1795						47	1748				
	J-1	2	457							457				
	J-2	4	548							548				
	J-3	1	102							102				
	J-4	4	383							383				
	J-5	3	31						31					
	J-6	1	150							150				
	J-7	2	16						16					
	J-8	2	109							109				
3	梁		20024		32	3349					664	10712	3354	1913
	基础梁		3243			225						3017		
	JL-1/1.2.5	3	689			47						642		

第五章 建筑工程工程量计算

续表

第 2 页（共 6 页）

序号	构件名称及代号	件数	总重(kg)	圆钢(kg)					螺纹钢(kg)					
				4	6	8	10	12	12	14	18	20	22	25
	JL-1/3		273			18						255		
	JL-1/4		273			18						255		
	JL-1/A		274			18						255		
	JL-1/B		337			23						315		
	JL-1/C		593			41						551		
	JL-1/D		194			16						179		
	JL-1/E		609			45						564		
	框架梁		16781		32	3123					664	7695	3354	1913
	基础层		2481			472					111	939	960	0
	KL1		315			66					111		138	
	KL2		344			66						129	148	
	KL3		231			53							178	
	KL4/B、E		790			148						450	192	
	KL5		428			69						56	303	
	KL6		373			69						304		
	1层		5101		32	916					294	2486	735	638
	KL1(2A)		313			68						109	136	
	KL10(2)		312			63						248		
	KL11(3)		334			68						55	211	
	KL12(1)		158			32						126		

续表 第 3 页（共 6 页）

序号	构件名称及代号	件数	总重(kg)	圆钢(kg) 4	6	8	10	12	螺纹钢(kg) 14	18	20	22	25
	KL2(2A)		345			68					125	152	
	KL3(4)		224			53					171		
	KL5(2)		387			74					244	68	
	KL6(4)		663			127					535		
	KL7(4)		795			161					467	168	
	KL8(4)		914			137					138		638
	L1(1)		57		10						47		
	L2(1A)		236		17						219		
	L3(3)		364		5	65				294			
	2层		4405			837				109	1898	923	638
	KL1(2A)		329			68				109	248	152	
	KL10(2)		312			63					55	211	
	KL11(3)		334			68					126		
	KL12(1)		158			32							
	KL2(2A)		345			68					125	152	
	KL3(4)		224			53					171		
	KL5(2)		387			74					244	68	
	KL6(4)		663			127					535		
	KL7(4)		740			147					425	168	
	KL8(4)		914			137					138		638

续表
第4页（共6页）

序号	构件名称及代号	件数	总重(kg)	圆钢(kg)					螺纹钢(kg)				
				4	6	8	10	12	14	18	20	22	25
	3层		4408			837				150	2046	736	638
	KL1(2A)		329			68				109	248	152	
	KL10(2)		312			63					55	169	
	KL11(3)		332			68				41	126		
	KL12(1)		158			32					125	152	
	KL2(2A)		345			68					171		
	KL3(4)		224			53					221	96	
	KL5(2)		392			74					535		
	KL6(4)		663			127					425	168	
	KL7(4)		740			147					138		638
	KL8(4)	1	914			137					325		
	4层		386			61					256		
	WKL1(1)		302			47					70		
	WL1(1)		83			14							
4	楼梯		985		107	27	553		53	245			
	TB		619		66		553						
	TL1	3	106		14				26	66			
	TL2	3	105		14				27	64			
	TZ		128		13					115			
5	剪力墙		1587			27		1560					

续表

第 5 页（共 6 页）

序号	构件名称及代号	件数	总重(kg)	圆钢(kg)					螺纹钢(kg)						
				4	6	8	10	12	10	12	14	18	20	22	25
6	柱		8788	10	45	2309						478	5946		
	基础层	1	2279			692							1587		
	1层	1	2850			632							2218		
	Z1/1-3	11	1443			335							1108		
	Z1/4-5	3	538			105							433		
	Z2/4-5	4	605			140							465		
	Z3(圆柱)		264			51							213		
	2层	1	1799			396						264	1139		
	Z1	14	1447			308						264	1139		
	Z2	4	352			88									
	3层	1	1729	10	45	540						214	920		
	Z1	14	1241			321						214	920		
	Z2	4	306		45	92									
	GZ(屋顶小构造柱)	25	107			62									
	屋顶小构造柱上压顶	1	76	10		65									
	4层		131			49							81		
	Z4		131			49							81		
	现浇构件合计		53084	10	1684	7372	16622	676	47	1560	1801	1386	16658	3354	1913
	分类合计		53084			25688				723			26673		

续表

第 6 页（共 6 页）

序号	构件名称及代号	件数	总重(kg)	圆钢(kg)					螺纹钢(kg)						
				4	6	8	10	12	10	12	14	18	20	22	25
	二、预制构件钢筋														
1	预制过梁														
	GL700	14	84		18			66							
	GL900	27	187		40			147							
	GL1200	15	127		29			99							
	GL1500	32	320		74			246							
	GL1800	13	150		36			114							
	GL2100	16	281		51				230						
	GL2400	1	13		2		11								
	预制构件合计		1162	0	249	260	11	672	230	0	0	0	0	0	0
	分类合计		1162			902			0						
	总计		54246	10	1933	7372	16633	1348	278	1560	1801	1386	16658	3354	1913
	分类总计		54246			25951					26672				
	以 t 为单位		54.246			25.951				1.626			26.672		

注：本表根据钢筋工程量计算表汇总而成（由于篇幅所限限钢筋工程量计算表省略）。

××学院综合楼工程

工 程 量 清 单

招 标 人：_____　　　工程造价
　　　　　（单位盖章）　　　　　　咨 询 人：_____
　　　　　　　　　　　　　　　　　　　　　（单位资质专用章）

法定代表人　　　　　　　　　　　　法定代表人
或其授权人：_____　　或其授权人：_____
　　　　　（签字或盖章）　　　　　　　　　　（签字或盖章）

编 制 人：_____　　　或其授权人：_____
　　（造价人员签字或盖专用章）　　　　（造价人员签字或盖专用章）

编制时间：　　年　　月　　日　　复核时间：　　年　　月　　日

封—1

第五章 建筑工程工程量计算

总说明　　　　　　　　　　　　　　　　　　　　　　　表 5-23

工程名称：学术报告厅　　　　　　　　　　　　　　第 1 页（共 1 页）

1. 工程概况

　　××学院综合楼工程建筑面积 1228.13m²，4 层（局部 3 层），一、二层层高 4.2m，三、四层层高 3.3m，总高 15m。框架结构、钢筋混凝土独立柱基础、空心砖墙、地面地砖、内墙面刷乳胶漆、顶棚轻钢龙骨石膏板吊顶及抹水泥砂浆面刷乳胶漆，外墙贴浅灰色外墙面砖，胶合板门、铝合金窗。施工现场的"三通一平"工作已经完成，交通运输方便，周围环境保护无特殊要求。计划工期 110 天。

2. 工程招标和分包范围

　　本工程按施工图纸范围招标（内容包括建筑及装饰工程），无分包项目。

3. 工程量清单编制依据

　　(1)《建设工程工程量清单计价规范》（GB 50500—2008）。

　　(2) ××建筑设计研究院设计的××学院综合楼工程全套施工图（建施 10 张、结施 12 张，共 22 张）。

4. 工程质量、材料、施工等特殊要求

　　所有混凝土均使用商品混凝土。

5. 暂列金额

　　暂列金额预留金按 5% 考虑（详见表 5-32、表 5-33）。

6. 暂估价

　　(1) 材料暂估价：详"材料暂估价表"（详见表 5-34）。

　　(2) 专业工程暂估价：详"专业工程暂估价表"（详见表 5-35）。

分部分项工程量清单

表 5-24

工程名称：××学院综合楼工程（建筑工程）　　　　第 1 页（共 4 页）

序号	项目编码	项目名称	项目特征描述	计量单位	工程数量
	土(石)方工程					
1	010101001001	平整场地	1. 土类别：综合 2. 弃土运距：根据自行考虑 3. 取土运距：根据自行考虑	m²	343.75
2	010101003001	挖基础土方	1. 土类别：一类土 2. 基础类型：独立柱基础 3. 垫层底宽、底面积 4. 挖土深度：2.2m 5. 弃土运距：根据现场自行考虑	m³	290.24
3	010101003002	挖基础土方	1. 土类别：一类土 2. 基础类型：基础梁 3. 垫层底宽、底面积 4. 挖土深度：2m 以内 5. 弃土运距：根据现场自行考虑	m³	29.46
4	010103001001	土(石)方回填	1. 土质要求：一类 2. 夯填(碾压)：夯填 3. 运输距离：100mm 内	m³	266.37
	砌筑工程					
5	010302001001	实心砖墙	1. 砖品种、规格、强度等级：MU5 页岩标准砖 2. 墙体类型：±0.000 以下的基础墙 3. 墙体厚度：370mm 4. 墙体高度：1m 5. 勾缝要求：无 6. 砂浆强度等级、配合比：M5 水泥砂浆	m³	13.47
6	010302001002	实心砖墙	1. 砖品种、规格、强度等级：MU5 页岩标准砖 2. 墙体类型：厕所隔墙 3. 墙体厚度：120mm 4. 墙体高度 5. 勾缝要求 6. 砂浆强度等级、配合比：M10 水泥砂浆	m³	8.82
7	010302006001	零星砌砖	1. 零星砌砖名称、部位：混凝土剪力墙贴 120mm 砖 2. 勾缝要求：无 3. 砂浆强度等级、配合比：M5 混合砂浆	m³	6.50
8	010302006002	零星砌砖	1. 零星砌砖名称、部位：厕所隔断、屋顶栏杆 2. 勾缝要求：无 3. 砂浆强度等级、配合比：M2.5 水泥砂浆	m³	21.29
9	010304001001	空心砖墙、砌块墙	1. 墙体类型：地下室墙 2. 墙体厚度：370mm 3. 空心砖、砌块品种、规格、强度等级：黏土空心砖 4. 勾缝要求：无 5. 砂浆强度等级、配合比：M5 混合砂浆	m³	30.60

工程名称：××学院综合楼工程（建筑工程）

续表
第2页（共4页）

序号	项目编码	项目名称	项目特征描述	计量单位	工程数量
10	010304001002	空心砖墙、砌块墙	1. 墙体类型：框架间填充墙 2. 墙体厚度：外墙300mm，内墙180mm 3. 空心砖、砌块品种、规格、强度等级：水泥煤渣空心砌块 4. 勾缝要求：无 5. 砂浆强度等级、配合比：M5混合砂浆	m³	206.03
11	010305001001	石基础	1. 垫层材料种类、厚度：无 2. 材料种类、规格：毛石 3. 基础深度：0.90m 4. 基础类型：楼梯基础 5. 砂浆强度等级、配合比：M5水泥砂浆	m³	0.75
			混凝土及钢筋混凝土工程		
12	010401002001	独立基础	1. 混凝土强度等级：C20 2. 混凝土拌合料要求：商品混凝土	m³	69.43
13	010401006001	垫层	1. 垫层材料种类、厚度：混凝土、100mm厚 2. 混凝土强度等级：C10 3. 混凝土拌合料要求：商品混凝土	m³	14.47
14	010402001001	矩形柱	1. 柱高度：5.8m（层高） 2. 柱截面尺寸：500×500 3. 混凝土强度等级：C30 4. 混凝土拌合料要求：商品混凝土	m³	61.61
15	010402001002	矩形柱	1. 柱高度：1.12m 2. 柱截面尺寸：屋顶栏杆构造柱 3. 混凝土强度等级：C20 4. 混凝土拌合料要求：商品混凝土	m³	1.850
16	010402002001	异形柱	1. 柱高度：6.1m（雨篷下圆柱） 2. 柱截面尺寸：圆柱直径450mm 3. 混凝土强度等级：C30 4. 混凝土拌合料要求：商品混凝土	m³	1.940
17	010403001001	基础梁	1. 梁底标高：—1.5m 2. 梁截面：370×500 3. 混凝土强度等级：C20 4. 混凝土拌合料要求：商品混凝土	m³	24.010
18	010403002001	矩形梁	1. 梁底标高 2. 梁截面尺寸：300×650 3. 混凝土强度等级：C30 4. 混凝土拌合料要求：商品混凝土	m³	3.22
19	010404001001	直形墙	1. 墙类型：直型墙 2. 墙厚度：240mm 3. 混凝土强度等级：C20 4. 混凝土拌合料要求：商品混凝土	m³	11.28

续表

工程名称：××学院综合楼工程（建筑工程）　　　　　　　　　　　第 3 页（共 4 页）

序号	项目编码	项目名称	项目特征描述	计量单位	工程数量
20	010405001001	有梁板	1. 板底标高：4.2m 以内 2. 板厚度：150mm 3. 混凝土强度等级：C30 4. 混凝土拌合料要求：商品混凝土	m³	253.08
21	010405007001	挑檐板	1. 混凝土强度等级：C20 2. 混凝土拌合料要求：商品混凝土	m³	8.40
22	010405008001	雨篷	1. 混凝土强度等级：C30 2. 混凝土拌合料要求：商品混凝土	m³	5.45
23	010406001001	直形楼梯	1. 混凝土强度等级：C20 2. 混凝土拌合料要求：商品混凝土	m²	49.68
24	010407001001	其他构件	1. 构件的类型：压顶 2. 构件规格：240×80 3. 混凝土强度等级：C20 4. 混凝土拌合料要求：商品混凝土	m	79.04
25	010407001002	其他构件	1. 构件的类型：台阶 2. 构件规格 3. 混凝土强度等级：C10 4. 混凝土拌合料要求：商品混凝土	m²	8.37
26	010407002001	坡道	1. 垫层材料种类、厚度：100 厚连砂石 2. 面层厚度：80 厚混凝土 3. 混凝土强度等级：C20 4. 混凝土拌合料要求：商品混凝土 5. 填塞材料种类：无	m²	7.08
27	010407002002	散水	1. 基层：素土夯实 2. 面层厚度：100 厚混凝土 3. 混凝土强度等级：C15 4. 混凝土拌合料要求：商品混凝土 5. 填塞材料种类：沥青灌缝	m²	54.00
28	010410003001	过梁	1. 单件体积：0.17m³ 以内 2. 安装高度：3m 以内 3. 混凝土强度等级：C20 商品混凝土	m³	10.07
29	010416001001	现浇混凝土钢筋	钢筋种类、规格：φ10 以内	t	25.688
30	010416001002	现浇混凝土钢筋	钢筋种类、规格：φ10 以上	t	0.723
31	010416001003	现浇混凝土钢筋	钢筋种类、规格：螺纹钢综合	t	26.673
32	010416001005	现浇混凝土钢筋	钢筋种类、规格：φ6 墙体拉结筋	t	0.444
33	010416002001	预制构件钢筋	钢筋种类、规格：φ10 以内	t	0.260
34	010416002002	预制构件钢筋	钢筋种类、规格：φ10 以上	t	0.902
35	010417002003	预埋铁件	1. 钢板：-8×60×60 2. 钢筋：φ6	t	0.026

工程名称：××学院综合楼工程（建筑工程）　　　　　　　　　续表　第4页（共4页）

序号	项目编码	项目名称	项目特征描述	计量单位	工程数量
			屋面及防水工程		
36	010702002001	屋面、地面涂膜防水	1. 防水膜品种:屋面、雨棚、挑檐涂膜 2. 涂膜厚度、遍数、增强材料种类 3. 嵌缝材料种类 4. 防护材料种类	m²	230.22
37	010702003001	屋面刚性防水	1. 防水层厚度:40mm 2. 嵌缝材料种类:油膏嵌缝 3. 混凝土强度等级:C30 4. 钢筋:φ4 钢筋中距 150mm	m²	324.78
38	010703002001	涂膜防水	1. 卷材、涂膜品种:聚氨酯涂膜 2. 涂膜厚度、遍数、增强材料种类:1.5mm 3. 防水部位:剪力墙外侧 4. 防水做法:涂膜	m²	52.00
			防腐、隔热、保温工程		
39	010803001001	保温隔热屋面	1. 保温隔热部位:屋面 2. 保温隔热方式:外保温 3. 保温隔热面层材料品种、规格、性能:1:8 水泥珍珠岩	m²	324.78

分部分项工程量清单　　　　　　　　　表 5-25

工程名称：××学院综合楼工程（装饰工程）　　　　　　　　　第1页（共4页）

序号	项目编码	项目名称	项目特征描述	计量单位	工程数量
			楼地面工程		
1	020102002001	块料地面	1. 垫层材料种类、厚度:80 厚 C10 混凝土 2. 找平层厚度、砂浆配合比:素水泥浆一道 3. 结合层厚度、砂浆配合比:1:2 水泥砂浆 20mm 厚 4. 面层材料品种、规格、品牌、颜色:600×600 地砖 5. 嵌缝材料种类:水泥浆	m²	196.19
2	020102002002	块料地面	1. 垫层材料种类、厚度:80 厚 C10 混凝土 2. 找平层厚度、砂浆配合比:素水泥浆一道 3. 结合层厚度、砂浆配合比:1:2 水泥砂浆 20mm 厚 4. 面层材料品种、规格、品牌、颜色:300×300 地砖 5. 嵌缝材料种类:水泥浆	m²	141.40
3	020102002003	块料楼面	1. 找平层厚度、砂浆配合比:素水泥浆一道 2. 结合层厚度、砂浆配合比:1:2 水泥砂浆 3. 面层材料品种、规格、品牌、颜色:600×600 地砖 4. 嵌缝材料种类:水泥浆	m²	724.28

续表

工程名称：××学院综合楼工程（装饰工程）　　　　　第 2 页（共 4 页）

序号	项目编码	项目名称	项目特征描述	计量单位	工程数量
4	020102002004	块料楼面	1. 找平层厚度、砂浆配合比：素水泥浆一道 2. 结合层厚度、砂浆配合比：1：2 水泥砂浆 20mm 厚 3. 面层材料品种、规格、品牌、颜色：300×300 地砖 4. 嵌缝材料种类：水泥浆	m²	33.00
5	020105003001	块料踢脚线	1. 踢脚线高度：150mm（楼梯间、室内、走廊） 2. 粘贴层厚度、材料种类：1：1 水泥砂浆 15mm 厚 3. 面层材料品种、规格、品牌、颜色：150×300 黑色面砖	m²	69.31
6	020106002001	块料楼梯面层	1. 粘结层厚度、材料种类：1：1 水泥砂浆 2. 面层材料品种、规格、品牌、颜色：300×300 楼梯砖	m²	49.68
7	020107001001	金属扶手带栏杆、栏板	1. 扶手材料种类、规格、品牌、颜色：ϕ50 不锈钢管 2. 栏杆材料种类、规格、品牌、颜色：ϕ35、ϕ25 不锈钢管	m²	24.98
8	020108002001	块料台阶面	1. 粘结层厚度、材料种类：1：1 水泥砂浆 2. 面层材料品种、规格、品牌、颜色：300×300 地砖	m²	8.37
			墙柱面工程		
9	020201001001	墙面一般抹灰	1. 墙体类型：内墙 2. 底层厚度、砂浆配合比：1：3 水泥砂浆 15mm 厚 3. 面层厚度、砂浆配合比 1：2.5 水泥砂浆 5mm 厚	m²	1510.83
10	020203001001	零星项目一般抹灰	1. 墙体类型：内墙 2. 底层厚度、砂浆配合比：1：3 水泥砂浆 15mm 厚 3. 面层厚度、砂浆配合比 1：2.5 水泥砂浆 6mm 厚	m²	161.30
11	020204003001	块料墙面	1. 墙体类型：餐厅、走廊 2. 底层厚度、砂浆配合比：1：3 水泥砂浆找平 20mm 厚 3. 粘结层厚度、材料种类：1：1 水泥砂浆找平 15mm 厚 4. 面层材料品种、规格、品牌、颜色：200×300 瓷砖	m²	99.21
12	020204003002	块料墙面	1. 墙体类型：厨房、卫生间 2. 底层厚度、砂浆配合比：1：3 水泥砂浆找平 20mm 厚 3. 粘结层厚度、材料种类：1：1 水泥砂浆找平 10mm 厚 4. 面层材料品种、规格、品牌、颜色：150×200 瓷砖	m²	450.58

第五章 建筑工程工程量计算

续表

工程名称：××学院综合楼工程（装饰工程）　　　　第3页（共4页）

序号	项目编码	项目名称	项目特征描述	计量单位	工程数量
13	020204003003	块料墙面	1. 柱、墙体类型:外墙面 2. 底层厚度、砂浆配合比:1∶3水泥砂浆找平15mm厚 3. 粘结层厚度、材料种类:1∶0.5∶2水泥砂浆7mm厚 4. 挂贴方式:粘贴 5. 面层材料品种、规格、品牌、颜色:浅灰色大块外墙面砖 6. 缝宽、嵌缝材料种类:白水泥浆	m²	805.21
14	020205003001	块料柱面	1. 柱体材料:钢筋混凝土 2. 柱截面类型、尺寸:φ500圆形柱 3. 底层厚度、砂浆配合比:1∶3水泥砂浆15mm厚 4. 粘结层厚度、材料种类:1∶0.5∶2混合砂浆7mm厚 5. 挂贴方式:粘贴 6. 面层材料品种、规格、品牌、颜色:浅灰色饰面砖	m²	1.63
15	020206001001	石材零星项目	1. 柱、墙体类型:外墙勒脚处400mm高 2. 底层厚度、砂浆配合比:1∶3水泥砂浆20mm厚 3. 粘结层厚度、材料种类:1∶1水泥砂浆15mm厚 4. 挂贴方式:粘贴 5. 面层材料品种、规格、品牌、颜色:灰白色磨光花岗石	m²	26.88
16	020206003001	块料零星项目	1. 柱、墙体类型:钢筋混凝土雨篷外侧 2. 底层厚度、砂浆配合比:1∶3水泥砂浆找平15mm厚 3. 粘结层厚度、材料种类:1∶0.5∶2水泥砂浆7mm厚 4. 挂贴方式:粘贴 5. 面层材料品种、规格、品牌、颜色:浅灰色面砖 6. 缝宽、嵌缝材料种类:白水泥浆	m²	17.57
17	020206003002	块料零星项目	1. 柱、墙体类型:钢筋混凝土雨篷外侧 2. 底层厚度、砂浆配合比:1∶3水泥砂浆找平15mm厚 3. 粘结层厚度、材料种类:1∶0.5∶2水泥砂浆7mm厚 4. 挂贴方式:粘贴 5. 面层材料品种、规格、品牌、颜色:豆绿色大块外墙面砖 6. 缝宽、嵌缝材料种类:白水泥浆	m²	262.52
			天棚工程		
18	020301001001	天棚抹灰	1. 基层类型:钢筋混凝土板 2. 抹灰厚度、材料种类:1∶3水泥砂浆底7mm厚,1∶2水泥砂浆面5mm厚 3. 装饰线条道数:无	m²	773.63

续表

工程名称：××学院综合楼工程（装饰工程）　　　　　　　　　　　　第4页（共4页）

序号	项目编码	项目名称	项目特征描述	计量单位	工程数量
19	020302001001	天棚吊顶	1. 吊顶形式：轻钢龙骨石膏板 2. 龙骨类型、材料种类、规格、中距：轻钢主龙骨900～1000 次龙骨 500 或 600， 3. 基层材料种类、规格 4. 面层材料品种、规格、品牌、颜色：500×500、600×600 石膏板 5. 油漆品种、刷漆遍数：另列项目	m²	437.09
门窗工程					
20	020401003001	实木装饰门	1. 门类型：成品实木装饰门（含门套、五金）	m²	92.76
油漆、涂料工程					
21	020506001001	抹灰面油漆	1. 基层类型：抹灰墙面 2. 线条宽度、道数：无 3. 腻子种类：成品腻子 4. 刮腻子要求：两遍 5. 油漆品种、刷漆遍数：乳胶漆两遍	m²	1510.83
22	020506001002	抹灰面油漆	1. 基层类型：钢筋混凝土板底、石膏板底 2. 线条宽度、道数：无 3. 腻子种类：成品腻子 4. 刮腻子要求：两遍 5. 油漆品种、刷漆遍数：乳胶漆两遍	m²	1210.72
23	020506001003	抹灰面油漆	1. 基层类型：混凝土挑檐外侧 2. 线条宽度、道数：无 3. 腻子种类：成品腻子 4. 刮腻子要求：两遍 5. 油漆品种、刷漆遍数：外墙涂料	m²	48.86

措施项目清单（一）　　　　　　　　　　　　表 5-26

工程名称：××学院综合楼工程（建筑工程）　　　　　　　　　　　　第1页　共1页

序号		项目名称	计算基础	费率(%)	金额(元)
1		安全文明施工费			
其中	①	环境保护			
	②	文明施工			
	③	安全施工			
	④	临时设施			
2		夜间施工费			
3		二次搬运费			
4		冬雨期施工			
5		大型机械设备进出场及安拆费			
6		施工排水			
7		施工降水			
8		地上、地下设施、建筑物的临时保护设施			

注：1. 本表适用于以"项"计价的措施项目。
　　2. 根据建设部、财政部发布的《建筑安装工程费用组成》（建标［2003］206号）的规定，"计算基础"可为"直接费"、"人工费"或"人工费＋机械费"。

第五章 建筑工程工程量计算

措施项目清单（二）

表 5-27

工程名称：××学院综合楼工程（建筑工程）　　　　第1页 共1页

序号	项目编码	项目名称	项目特征描述	计量单位	工程量	备注
1	2.1	混凝土、钢筋混凝土模板及支架				
	2.1.1	基础模板安装、拆除	独立基础	m²	122.18	模板接触面积
	2.1.2	基础垫层模板安装、拆除		m²	20.32	模板接触面积
	2.1.3	基础梁模板安装、拆除		m²	24.01	模板接触面积
	2.1.4	直形墙模板安装、拆除		m²	94.00	模板接触面积
	2.1.5	异形柱模板安装、拆除	雨篷下圆柱	m²	17.04	模板接触面积
	2.1.6	矩形柱模板安装、拆除	各矩形柱	m²	494.91	模板接触面积
	2.1.7	矩形柱模板安装、拆除	楼梯下柱子	m²	12.77	模板接触面积
	2.1.8	有梁板模板安装、拆除		m²	1700.40	模板接触面积
	2.1.9	矩形梁模板安装、拆除		m²	26.40	模板接触面积
	2.1.10	雨篷模板安装、拆除		m²	30.92	水平投影
	2.1.11	悬挑板模板安装、拆除		m²	36.78	水平投影
	2.1.12	扶手、压顶模板安装、拆除		m	79.04	延长米
	2.1.13	整体楼梯模板安装、拆除	直形楼梯	m²	49.68	水平投影
	2.1.14	预制过梁模板安装、拆除		m²	112.85	模板接触面积
	2.1.15	台阶模板安装、拆除		m²	8.37	模板接触面积
2	2.2	脚手架				
	2.2.1	综合脚手架 （多层建筑、檐口高度≤9m）		m²	15.46	建筑面积
	2.2.2	综合脚手架 （多层建筑、檐口高度≤15m）		m²	567.87	建筑面积
	2.2.3	综合脚手架 （多层建筑、檐口高度≤24m）		m²	644.80	建筑面积
3	2.3	垂直运输机械				
	2.3.1	檐高 20m(6层)以内建筑物垂直运输机械费（现浇框架塔式起重机）		m²	1228.13	建筑面积

注：本表适用于以综合单价形式计价的措施项目。

措施项目清单（一）

表 5-28

工程名称：××学院综合楼工程（装饰工程）   第 1 页 共 1 页

序号		项目名称	计算基础	费率(%)	金额(元)
1		安全文明施工费			
其中	①	环境保护			
	②	文明施工			
	③	安全施工			
	④	临时设施			
2		夜间施工费			
3		二次搬运费			
4		冬雨期施工			
5		大型机械设备进出场及安拆费			
6		施工排水			
7		施工降水			
8		地上、地下设施、建筑物的临时保护设施			

注：1. 本表适用于以"项"计价的措施项目。
  2. 根据建设部、财政部发布的《建筑安装工程费用组成》（建标［2003］206 号）的规定，"计算基础"可为"直接费"、"人工费"或"人工费＋机械费"。

措施项目清单（二）

表 5-29

工程名称：××学院综合楼工程（建筑工程）   第 1 页 共 1 页

序号	项目编码	项目名称	项目特征描述	计量单位	工程数量	备注
1	2.1	脚手架				
	2.1.1	双排外脚手架	檐口高度≤15m	m²	1278.40	
	2.1.2	里脚手架		m²	2181.14	
2	2.2	垂直运输机械				
	2.2.1	垂直运输机械				
3	2.3	室内空气污染测试				
	2.3.1	室内空气污染测试	测试甲醛、可吸入颗粒物是否超标	点	4	每层楼一个点

注：本表适用于以综合单价形式计价的措施项目。

第五章 建筑工程工程量计算

其他项目清单　　　　　　　　　　　　　　　　　　　表 5-30

工程名称：××学院综合楼工程（建筑工程）　　　　　　第1页　共1页

序号	项目名称	计量单位	金额(元)	备注
1	暂列金额	项	50000.00	明细详见表 5-32
2	暂估价	元	—	
2.1	材料暂估价	元	—	无材料暂估价
2.2	专业工程暂估价	元	—	无专业工程暂估价
3	计日工	元	—	无计日工
4	总承包服务费	元	—	
	合　计		50000.00	

注：材料暂估单价进入清单项目综合单价，此处不汇总。

其他项目清单　　　　　　　　　　　　　　　　　　　表 5-31

工程名称：××学院综合楼工程（装饰工程）　　　　　　第1页　共1页

序号	项目名称	计量单位	金额(元)	备注
1	暂列金额	项	44000.00	明细详见表 5-33
2	暂估价	元	81717.30	
2.1	材料暂估价	元	—	明细详见表 5-34
2.2	专业工程暂估价	元	81717.30	明细详见表 5-35
3	计日工	元	6950.00	明细详见表 5-36
4	总承包服务费	元	—	
	合　计		132667.30	

注：材料暂估单价进入清单项目综合单价，此处不汇总。

暂列金额明细表（一）　　　　　　　　　　　　　　　　表 5-32

工程名称：××学院综合楼工程（建筑工程）　　　　　　　　第1页　共1页

序号	项　目　名　称	计量单位	金额(元)	备　注
1	预留金额		50000.00	
2				
3				
	合　　计		50000.00	

注：此表由招标人填写，如不能详列，也可只列暂定金额总额，投标人应将上述暂列金额计入投标总价中。

暂列金额明细表（二）　　　　　　　　　　　　　　　　表 5-33

工程名称：××学院综合楼工程（装饰工程）　　　　　　　　第1页　共1页

序号	项　目　名　称	计量单位	金额(元)	备　注
1	预留金额		44000.00	
2				
3				
	合　　计		44000.00	

注：此表由招标人填写，如不能详列，也可只列暂定金额总额，投标人应将上述暂列金额计入投标总价中。

第五章 建筑工程工程量计算

材料暂估单价表 表 5-34

工程名称：××学院综合楼工程（装饰工程）　　　　　　　　　第1页 共1页

序号	材料名称、规格、型号	计量单位	单价（元）	备注
1	灰白色磨光花岗石厚 20mm	m^2	150	
2	浅灰色大块外墙面砖	m^2	40	
3	豆绿色大块外墙面砖	m^2	50	
4	成品实木装饰门（含门套、五金）	m^2	600	

注：1. 此表由招标人填写，并在备注栏说明暂估价的材料拟用在哪些清单项目上，投标人应将上述材料暂估单价计入工程量清单综合单价报价中。
　　2. 材料包括原材料、燃料、构配件以及按规定应计入建筑安装工程造价的设备。

专业工程暂估价表 表 5-35

工程名称：××学院综合楼工程（装饰工程）　　　　　　　　　第1页 共1页

序号	工程名称	工程内容	金额（元）	备注
1	铝合金地弹簧门	13.86m^2×380元/m^2	5266.80	中空玻璃,待定
2	铝合金推拉窗	218.43m^2×350元/m^2	76450.50	中空玻璃,待定
	合　　计		81717.30	

注：此表由招标人填写，投标人应将上述专业工程暂估价计入投标总价中。

计日工表 表5-36

工程名称：××学院综合楼工程（装饰工程） 第1页 共1页

编号	项目名称	单位	暂定数量	备注
一	人工			
1	建筑普工	工日	20	
2	建筑技工	工日	10	
3	装饰细木工	工日	15	
二	材料			
1	铝塑板（40mm厚30丝）	m²	13	
三	施工机械			
1	履带式推土机（60kW）	台班	3	

注：此表项目名称、数量由招标人填写，编制招标控制价时，单价由招标人按有关计价规定确定；投标时，单价由投标人自主报价，计入投标总价。

第五章 建筑工程工程量计算

规费、税金项目清单 表 5-37

工程名称：××学院综合楼工程（建筑工程） 第1页 共1页

序号	项目名称	备 注
1	规费	
1.1	工程排污费	
1.2	社会保障费	
(1)	养老保险费	
(2)	失业保险费	
(3)	医疗保险费	
1.3	住房公积金	
1.4	工伤保险和危险作业意外伤害保险	
2	税金	

规费、税金项目清单 表 5-38

工程名称：××学院综合楼工程（装饰工程） 第1页 共1页

序号	项目名称	备 注
1	规费	
1.1	工程排污费	
1.2	社会保障费	
(1)	养老保险费	
(2)	失业保险费	
(3)	医疗保险费	
1.3	住房公积金	
1.4	工伤保险和危险作业意外伤害保险	
2	税金	

复习思考题

1. 什么是工程量，常用工程量的计量单位有哪些？
2. 工程量计算依据有哪些？
3. 工程量计算有哪"四统一"原则？项目编码怎样编列？
4. 为什么计算工程量时必须遵守计价规范中的工程量计算规则？
5. 什么是建筑面积，计算建筑面积有什么作用？什么是容积率？
6. 逐条理解建筑面积计算规则（根据《建筑工程建筑面积计算规范》GB/T 50353—2005 的规定）。
   (1) 单层建筑及多层建筑各怎样计算建筑面积？
   (2) 体育场看台怎样及计算建筑面积？
   (3) 地下室、半地下室怎样计算建筑面积？
   (4) 建筑物的门厅、大厅及其回廊怎样计算建筑面积？
   (5) 屋顶楼梯间、水箱间、电梯机房怎样计算建筑面积？
   (6) 电梯井、管道井怎样计算建筑面积？
   (7) 阳台、雨篷各怎样计算建筑面积？
   (8) 不计算建筑面积的范围有哪些？
7. 平整场地、挖基础土方、回填土的工程量怎样计算？各自的项目编码是什么？
8. 计价规范中的"挖土方"、"挖基础土方"有什么区别？按计价规范计算的挖基础土方量是否等于实际挖方量，为什么？
9. 预制预应力管桩的工程量怎样计算？项目编码是什么？
10. 人工挖孔桩、振冲灌注碎石的工程量各怎样计算？项目编码是什么？
11. 根据计价规范判断"锚杆支护"属于措施费项目还是分部分项工程费？
12. 砖基础与砖墙柱的划分界线是什么？砖基础的工程量怎样计算？
13. 砖混结构的砖墙长度怎样计算？在计算砖墙工程量时哪些体积应扣除，哪些体积不扣除，哪些体积不增加？框架结构的砌体工程量怎样计算？
14. 什么是"实心砖墙"、"空斗墙"、"空花墙"、"填充墙"，各自的项目编码是什么？"填充墙"与施工图中表述的框架间填充墙是同一概念吗？
15. 砖砌台阶、散水、明沟工程量怎样计算？各自的项目编码是什么？
16. 区别现浇混凝土"带形基础"、"独立基础"，什么样的基础是现浇混凝土"满堂基础"？它们的工程量怎样计算？箱式基础的工程量怎样计算。
17. 矩形柱和异形柱，矩形梁和异形梁怎样区别？
18. 柱高及梁长各怎样计算？现浇混凝土梁、柱工程量各怎样计算？
19. 区别现浇混凝土有梁板、无梁板、平板。各自的工程量怎样计算？
20. 天沟、挑檐、雨篷、阳台板与墙柱怎样划分？什么是叠合板？
21. 现浇混凝土螺旋楼梯的工程量怎样计算？
22. 现浇混凝土扶手、压顶、台阶、门框、垫块、散水、坡道的工程量这样计算？各执行什么项目编码？
23. 现浇混凝土后浇带的工程量怎样计算？执行什么项目编码？

24. 各类预制钢筋混凝土构件的工程量怎样计算，各执行什么项目编码？
25. 预制楼梯、预制空心板的工程量是否扣除空洞所占体积？
26. 预制楼梯斜梁、梯踏步、楼梯段的工程量怎样计算，各执行什么项目编码？
27. 现浇构件、预制构件钢筋的工程量怎样计算？怎样编列项目编码？
28. 计算××学院综合楼工程钢筋混凝土基础的钢筋工程量。见图 5-162、图 5-163、图 5-164。
29. 计算××学院综合楼工程第二层楼面钢筋混凝土有梁板（标高 11.650 处）的工程量。见图 5-169（梁）和图 5-172（板）。
30. 计算××学院综合楼工程圆柱螺旋钢筋的长度。计算××学院综合楼工程一层楼面结构 1/2 轴交 E 轴处的吊筋长度。
31. 哪些钢筋属于措施钢筋，措施钢筋是否计入钢筋工程量？
32. 熟悉金属构件的工程量计算规则。工程量内是否应该包括焊缝、螺栓、钢材损耗的量？
33. 说出钢筋和钢板的单位质量计算公式。各种型钢的单位质量怎样查找？
34. 屋面找平层、找坡层、保温层、防水层、保护层怎样编列项目编码？并根据计价规范查出相关项目编码。
35. 什么是膜结构屋面，其工程量怎样计算？执行什么项目编码？
36. 屋面排水管工程量怎样计算？
37. 变形缝的工程量怎样计算？
38. 楼地面的工程量怎样计算？为什么楼面和地面要分开编列项目编码？
39. 某工程地面做法是：100mm 厚 C10 混凝土垫层、1∶3 水泥砂浆找平层 20mm 厚、1∶1 水泥砂浆粘贴层 15mm 厚、中国红花岗石面层 15mm 厚度；楼面做法是：1∶3 水泥砂浆找平层 20mm 厚、1∶1 水泥砂浆粘贴层 15mm 厚、中国红花岗石面层 15mm 厚度。请问该内容应编列几个项目编码，其项目编码是多少？
40. 水泥砂浆踢脚线和花岗石踢脚线各怎样计算工程量？
41. 楼梯和台阶装饰的工程量怎样计算？
42. 扶手、栏杆、栏板装饰的工程量怎样计算？螺旋楼梯扶手、栏杆、栏板装饰的工程量怎样计算？
43. 墙面抹灰、墙面镶贴块料的工程量各怎样计算？
44. 什么部位的抹灰是"零星抹灰"、什么是部位的镶贴块料是"零星镶贴块料"？工程量怎样计算，项目编码是多少？
45. 顶棚抹灰和顶棚吊顶的工程量各怎样计算？项目编码是多少？
46. 实木装饰门、铝合金窗、金属卷闸门的工程量各怎样计算？项目编码各是多少？
47. 木门窗油漆的工程量怎样计算？项目编码是多少？
48. 什么是工程量清单？工程量清单由几部分组成，各包括哪些内容？
49. 脚手架、施工电梯、甲方采购供应材料（即甲方供料）、基础开挖支挡土板，各应列入什么清单的什么项目？
50. 工程量清单包括工程数量，还包括金额吗？

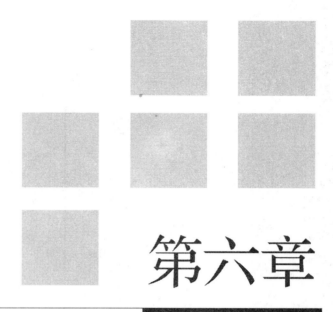

第六章

建筑工程费用计算

学习重点：

建筑工程费用计算的一般方法及实例。具体内容包括分部分项工程费、措施费、其他项目费、规费、税金，以及单位工程费、单项工程费用各种费用计算。

第六章 建筑工程费用计算

建筑工程费用按其计算顺序由分部分项工程费、措施费、其他项目费、规费、税金五部分组成。建筑工程费用计算如图 6-1 所示。

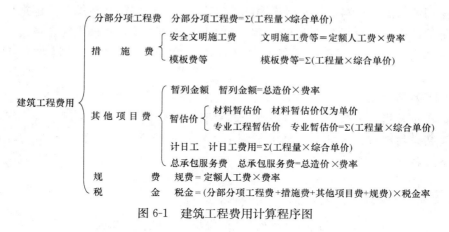

图 6-1 建筑工程费用计算程序图

第一节 分部分项工程费计算

一、概述

（一）分部分项工程费的计算

分部分项工程费由分项工程数量乘以综合单价汇总而成，其计算公式为：

$$分部分项工程费 = \Sigma(工程量 \times 综合单价)$$

（二）综合单价的概念

1. 综合单价的组成

综合单价的内容由人工费、材料费、机械费、管理费和利润五部分组成。

2. 综合单价的确定依据

综合单价的确定依据有工程量清单、定额、工料单价、费用及利润标准、施工组织设计、招标文件、施工图纸及图纸答疑、现场踏勘情况、计价规范等。

（1）工程量清单

工程量清单是由招标人提供的工程数量清单，综合单价应根据工程量清单中提供的项目名称及该项目所包括的工程内容来确定。

（2）定额

定额是指消耗量定额或企业定额。

消耗量定额是由建设行政主管部门根据合理的施工组织设计，按照正常施工条件下制定的，生产一个规定计量单位工程合格产品所需人工、材料、机械台班的社会平均消耗量的定额。消耗量定额是在编制标底时确定综合单价的依据。

企业定额是根据本企业的施工技术和管理水平，以及有关工程造价资料制定的，供本企业使用的人工、材料、机械台班消耗量的定额。企业定额是在编制投标报价时确定综合单价的依据。若投标企业没有企业定额时可参照消耗量定额确定综合单价。

定额的人工、材料、机械消耗量是计算综合单价中人工费、材料费、机械费的基础。

（3）工料单价

工料单价是指人工单价、材料单价（即材料预算价格）、机械台班单价。综合单价中的人工费、材料费、机械费，是由定额中工料消耗量乘以相应的工料单价计算得到的，见下列各式：

$$人工费 = \Sigma（工日数 \times 人工单价）$$
$$材料费 = \Sigma（材料数量 \times 材料单价）$$
$$机械费 = \Sigma（机械台班数 \times 机械台班单价）$$

（4）管理费费率、利润率

除人工费、材料费、机械费外的管理费及利润，是根据管理费费率和利润率乘以其基础计算的。

（5）计价规范

分部分项工程费的综合单价所包括的范围，应符合计价规范中项目特征及工程内容中规定的要求。

（6）招标文件

综合单价包括的内容应满足招标文件的要求，如工程招标范围、甲方供应材料的方式等。例如，某工程招标文件中要求钢材、水泥实行政府采购，由招标方组织供应到工程现场。在综合单价中就不能包括钢材、水泥的价，否则综合单价无实际意义。

（7）施工图纸及图纸答疑

在确定综合单价时，分部分项工程包括的内容除满足工程量清单中给出的内容外，还应注意施工图纸及图纸答疑的具体内容，才能有效地确定综合单价。

（8）现场踏勘情况、施工组织设计

现场踏勘情况及施工组织设计，是计算措施费的重要资料。

二、综合单价的确定

综合单价，即分部分项工程的单价。

综合单价的确定是一项复杂的工作。需要在熟悉工程的具体情况、当地市场价格、各种技术经济法规等的情况下进行。

由于计价规范与定额中的工程量计算规则、计量单位、项目内容不尽相同，综合单价的确定方法有直接套用定额组价、重新计算工程量组价、复合组价三种。

不论哪种确定方法，必须弄清以下两个问题：

（1）拟组价项目的内容

第六章 建筑工程费用计算

用计价规范规定的内容与相应定额项目的内容作比较，看拟组价项目应该用哪几个定额项目来组合单价。如"预制预应力 C20 混凝土空心板"项目，计价规范规定此项目包括制作、运输、吊装及接头灌浆，而定额分别列有制作、安装、吊装及接头灌浆，所以根据制作、安装、吊装及接头灌浆定额项目组合该综合单价。

(2) 计价规范与定额的工程量计算规则是否相同

在组合单价时要弄清具体项目包括的内容，各部分内容是直接套用定额组价，还是需要重新计算工程量组价。能直接套用定额组价的项目，用"直接套用定额组价"方法进行组价；若不能直接套用定额组价的项目，用"重新计算工程量组价"方法进行组价。

（一）直接套用定额组价

根据单项定额组价，指一个分项工程的单价仅用一个定额项目组合而成。这种组价较简单，在一个单位工程中大多数的分项工程均可利用这种方法组价。

1. 项目特点

(1) 内容比较简单；

(2) 计价规范与所使用定额中的工程量计算规则相同。

2. 组价方法，直接使用相应的定额中消耗量组合单价，具体有以下几个步骤：

第一步：直接套用定额的消耗量；

第二步：计算工料费用，包括人工费、材料费、机械费；

$$工料费用=\Sigma（工料消耗量 \times 工料单价）$$

第三步：计算管理费及利润

管理费及利润的计算见下列各式：

$$管理费 = 人工费 \times 管理费率$$

或：管理费 =（人工费 + 机械费）× 管理费率

或：管理费 = 直接工程费 × 管理费率

（式中：直接工程费 = 人工费 + 材料费 + 机械费）

$$利润费 = 人工费 \times 利润费率$$

或：利润费 =（人工费 + 机械费）× 利润费率

或：利润费 = 直接工程费 × 利润费率

（式中：直接工程费 = 人工费 + 材料费 + 机械费）

第四步：汇总形成综合单价

$$综合单价 = 人工费 + 材料费 + 机械费 + 管理费 + 利润$$

综合单价用"工程量清单综合单价分析表"计算。见表 6-1～表 6-3。为便于理解，将本章所使用的定额及其相应的工程量计算规则摘录于后，详表 6-4～表 6-7。下面分别举例说明综合单价的计算方法。

3. 组价举例

组价均用"学院综合楼工程"中的项目举例。后同。

【例 6-1】 计算 ×× 学院综合楼工程 M5 混合砂浆砌水泥煤渣空心砌块墙（细砂）

的综合单价

用"工程量清单综合单价分析表"(见表 6-1)计算。

项目编码：010304001001；计量单位：m^3

根据 AC0120 定额直接组合综合单价，AC0120 定额见表 6-4。

表头的"项目编码"是指"计价规范"的编码，定额编号是指所使用定额的编号。

人工单价，当地定额单价为技工 50 元/工日，普工按 35 元/工日，装饰技术工人 30 元/工日，人工费调整系数 63.86％。以后各例均同。计算方法是根据消耗量定额和定额单价计算出定额人工费后，用定额人工费乘以人工费调整系数 63.86％得到人工单价。

材料价格，按当地现行市场材料价格计算。

管理费及利润，管理费按（人工费＋机械费）×20％计算，利润按（人工费＋机械费）×10％计算。以后各例均同。

$$人工消耗量(技工)=0.7882 工日/m^3 \quad (直接套用定额)$$
$$人工消耗量(普工)=0.1970 工日/m^3 \quad (直接套用定额)$$
$$水泥(32.5)=15.931 kg/m^3 \quad (直接套用定额)$$
$$水泥煤渣空心砌块=0.9 m^3/m^3 \quad (直接套用定额)$$
$$红(青)砖=0.028 千匹/m^3 \quad (直接套用定额)$$
$$……$$

(1) 人工费计算

$$定额人工费=0.7882×50(技工)+0.1970×35(普工)=46.31 元/m^3$$
$$人工费调整=46.31×63.86\%=29.57 元/m^3$$
$$人工费小计=46.31+29.57=75.88 元/m^3$$

(2) 材料费计算

$$材料费=15.931×0.35(32.5 水泥)+0.9×90(砌块)+0.028×380(红(青)砖)+$$
$$0.103×80(细砂)+0.013×110(石灰膏)+0.185×2.50(水)=107.26 元/m^3$$

(3) 机械费计算

$$直接套定额，机械费=0.78 元/m^3$$

(4) 管理费计算

管理费按(人工费＋机械费)×20％计算。

$$管理费=(46.31+0.78)×20\%=9.42 元/m^3$$

(5) 利润计算

利润按(人工费＋机械费)×10％计算。

$$利润=(46.31+0.78)×10\%=4.71 元/m^3$$

(6) 综合单价计算

$$综合单价=75.88+107.26+0.78+9.42+4.71=198.04 元/m^3$$

计算方法及结果见表 6-1。综合单价为 198.04 元/m^3，其中定额人工费 46.31 元/m^3。

第六章 建筑工程费用计算

(二) 重新计算工程量组价

重新计算工程量组价，是指工程量清单给出的分项工程项目的单位，与所用的消耗量定额的单位不同或工程量计算规则不同，需要按定额的计算规则重新计算工程量来组价综合单价。

1. 特点

(1) 内容比较复杂；

(2) 计价规范与所使用定额中计量单位或工程量计算规则不相同。

2. 组价方法

第一步：重新计算工程量。即根据所使用定额中的工程量计算规则计算工程量。

第二步：求工料消耗系数。即用重新计算的工程量除以工程量清单（按计价规范计算）中给定的工程量，得到工料消耗系数。

$$工料消耗系数 = \frac{定额工程量}{规范工程量}$$

式中：

定额工程量，指根据所使用定额中的工程量计算规则计算的工程量。

规范工程量，指根据计价规范计算出来的工程量，即工程量清单中给定的工程量。

第三步：再用该系数去乘以定额中消耗量，得到组价项目的工料消耗量。

工料消耗量＝定额消耗量×工料消耗系数

以后步骤同"直接套用定额组价"的第二步～第四步。

3. 组价举例

【例 6-2】 计算××学院综合楼工程现浇 C20 混凝土压顶的综合单价

用"工程量清单综合单价分析表"（见表 6-2）计算。

项目编码：010407001001；计量单位：m

计价规范（项目编码 010407001）规定混凝土压顶按长度计算，计量单位是"m"；而定额（定额编号 AD0349，见表 6-5）规定混凝土压顶按体积计算，计量单位是"m^3"。

压顶设计断面＝240×80，每米体积＝0.24×0.08＝0.0192m^3。

$$工料消耗系数 = \frac{0.24 \times 0.08}{1} = 0.0192 \quad (m^3/m)$$

根据 AD0349 定额组合计算单价。

(1) 人工费计算

$$人工消耗量(技工) = 0.3219 \times 0.0192 = 0.0062 工日/m$$
$$人工消耗量(普工) = 0.0805 \times 0.0192 = 0.0015 工日/m$$
$$定额人工费 = 0.0062 \times 50(技工) + 0.0015 \times 35(普工) = 0.36 元/m$$
$$人工费调整 = 0.36 \times 63.86\% = 0.23 元/m$$
$$人工费合计 = 0.59 元/m$$

(2) 材料费计算

材料消耗量＝定额消耗量×供料消耗系数。材料消耗量计算结果见表 6-2。

$$商品混凝土 C20 = 1.015 \times 0.0192 = 0.0195 m^3/m$$
$$水 = 0.75 \times 0.0192 = 0.0144 m^3/m$$
$$其他材料费 = 2.251 \times 0.0192 = 0.0432 元/m$$
$$材料费 = 0.0195 \times 310 (C20商品混凝土) + 0.0144 \times 2.50(水) +$$
$$0.04(其他材料费) = 6.12 元/m$$

(3) 机械费计算

$$机械费直接套定额,机械费 = 0.05 元/m$$

(4) 管理费计算

$$管理费 = (人工费 + 机械费) \times 20\%$$
$$管理费 = (0.36 + 0.05) \times 20\% = 0.08 元/m$$

(5) 利润计算

$$利润 = (人工费 + 机械费) \times 10\%$$
$$利润 = (0.36 + 0.05) \times 10\% = 0.04 元/m$$

(6) 综合单价计算

$$综合单价 = 0.59 + 6.12 + 0.05 + 0.08 + 0.04 = 6.93 元/m$$

(三) 复合组价

根据多项定额组价，是指一个项目的综合单价，要根据多个定额项目组合而成，这种组价方法较为复杂。

【例 6-3】 计算××学院综合楼工程现浇 C15 混凝土散水的综合单价

用"工程量清单综合单价分析表"栏（见表 6-3）。

项目编码：010401002001；计量单位：m^2

根据规范的规定，混凝土散水项目包括混凝土散水和灌缝两部分，所以要套用散水和灌缝两个定额。散水定额见表 6-6，灌缝定额见表 6-7。

由于混凝土散水的定额单位（见表 6-6）是体积单位 m^3，沥青灌缝的定额单位（见表 6-7）是长度单位"m"，与规范的单位"m^2"不同，所以均应重新工程量后再计算出工料消耗系数。其步骤如下：

第一步：求工料消耗系数

学院综合楼工程现浇 C15 混凝土散水工程量为 $54.00 m^2$（见表 5-18"工程量计算表"序号 23），散水的厚度为 100mm。散水变形缝的定额工程量为 84.75m（见表 5-18"工程量计算表"序号 23）。

$$散水工料消耗系数 = \frac{定额工程量}{规范工程量} = \frac{54.00 \times 0.10}{54.00} = 0.10 \ (m^3/m^2)。即每 m^2 散水需要混凝土 0.1 m^3。$$

$$灌缝工料消耗系数 = \frac{定额工程量}{规范工程量} = \frac{84.75}{54.00} = 1.5694 \ (m/m^2)。即每 m^2 散水需要灌缝 1.5694 m。$$

第二步：根据工料消耗系数计算各种工料的消耗量

第六章 建筑工程费用计算

根据表 6-6 中相应的定额 AD0347 和表 6-7 中相应的定额 AG0544 消耗量，计算每 m^2 混凝土散水的工料消耗量，计算结果见表 6-3。

第三步：计算综合单价

计算结果见表 6-3，综合单价是 58.90 元/m^3。

三、分部分项工程费计算

$$分部分项工程费 = \Sigma(工程量 \times 综合单价)$$

分部分项工程费利用"工程量清单综合单价分析表"计算，见表 6-12（建筑工程）、表 6-13（装饰工程）。

为便于后面计算措施费和规费，计算分部分项工程费的同时要计算出相应的定额人工费。经计算，××学院综合楼工程建筑工程的分部分项工程费是 705483.97 元，其中定额人工费是 69193.78 元；装饰工程的分部分项工程费是 601778.90 元，其中定额人工费是 119410.19 元。

工程量清单综合单价分析表　　　　　　　　　　　　表 6-1

项目名称：M5 混合砂浆砌水泥煤渣空心砌块墙　　　　计量单位：m^3
项目编码：010304001001　　　　　　　　　　　　　综合单价：198.04 元

细目名称		单位	消耗量		单价	合价
			砌块墙 AC0120	小计		
人工费	技工	工日	0.7882	0.7882	50	39.41
	普工	工日	0.1970	0.1970	35	6.90
	定额人工费					46.31
	人工费调整				63.86%	29.57
	小计					75.88
材料费	32.5 水泥	kg	15.931	15.931	0.35	5.58
	水泥煤渣空心砌块	m^3	0.900	0.900	90	81.00
	红(青)砖	千匹	0.028	0.028	380	10.64
	细砂	m^3	0.103	0.103	80	8.24
	石灰膏	m^3	0.013	0.013	110	1.43
	水	m^3	0.185	0.185	2.50	0.37
	小计					107.26
机械费	机械费	元	0.78	0.78		0.78
	小计					0.78
管理费		（人工费+机械费）×20%			20.00%	9.42
利润		（人工费+机械费）×10%			10.00%	4.71
综合单价		人工费+材料费+机械费+管理费+利润				198.04

注：建筑工程的管理费费率 20%、利润率 10%，计算基数为定额人工费、机械费之和。

工程量清单综合单价分析表

表 6-2

项目名称：现浇 C20 混凝土压顶
项目编码：010407001001
计量单位：m
综合单价：6.93 元

细目名称		单位	消耗量		单价	合价
			零星构件 AD0349	小计		
人工费	技工	工日	0.3219/0.0062	0.0062	50	0.31
	普工	工日	0.0805/0.0015	0.0015	35	0.05
	定额人工费					0.36
	人工费调整				63.86%	0.23
	小 计					0.59
材料费	商品混凝土 C20	m³	1.015/0.0195	0.0195	310	6.04
	水	m³	0.75/0.0144	0.0144	2.50	0.04
	其他材料费	元	2.251/0.0432	0.0432		0.04
	小 计					6.12
机械费	机械费	元	2.536/0.0487	0.0487		0.05
	小 计					0.05
管理费			(人工费+机械费)×20%		20.00%	0.08
利 润			(人工费+机械费)×10%		10.00%	0.04
综合单价			人工费+材料费+机械费+管理费+利润			6.93

注：建筑工程的管理费费率 20%、利润率 10%，计算基数为定额人工费、机械费之和。

$$\text{工料消耗系数} = \frac{0.24 \times 0.08}{1} = 0.0192 \ (m^3/m)$$

工程量清单综合单价分析表

表 6-3

项目名称：现浇 C15 混凝土散水
项目编码：010407002001
计量单位：m²
综合单价：58.90 元

细目名称		单位	消耗量			单价	合价
			C15 散水 AD0347	沥青灌缝 BG0543	小计		
人工费	技工	工日	0.6763/0.0676	0.0142/0.0223	0.0899	50	4.50
	普工	工日	0.1691/0.0169	0.0036/0.0056	0.0225	35	0.78
	定额人工费						5.28
	人工费调整					63.86%	3.37
	小 计						8.65
材料费	商品混凝土 C15	m³	1.015/0.1015		0.1015	300	30.45
	水	m³	1.228/0.1228		0.1228	2.50	0.31
	石油沥青 30 号	kg		2.016/3.1639	3.1639	4.10	12.97
	汽油	kg		0.123/0.1930	0.1930	9.76	1.88
	其他材料费	元	0.511/0.0511	0.987/1.849	1.9001		1.90
	小 计						47.51
机械费	机械费	元	8.915/0.8915	—	0.8915		0.89
	小 计						0.89
管理费			(人工费+机械费)×20%			20.00%	1.23
利 润			(人工费+机械费)×10%			10.00%	0.62
综合单价			人工费+材料费+机械费+管理费+利润				58.90

注：建筑工程的管理费费率 20%、利润率 10%，计算基数为定额人工费、机械费之和。

$$\text{散水工料消耗系数} = 0.10 \ (m^3/m^2), \quad \text{灌缝工料消耗系数} = \frac{84.75}{54.00} = 1.5694 \ (m/m^2)$$

第六章 建筑工程费用计算

《××消耗量定额》摘录（见表 6-4～表 6-7）：

A.C.4.1 砌块墙（010304001）

表 6-4

工程内容：调、运、铺砂浆，运砌块（砖），安放木砖、铁件，砌砖。

单位：10m³

定额编号			AC0120	AC0121	AC0122
项目		单位	水泥煤渣空心砌块墙		
			混合砂浆（细砂）		
			M5	M7.5	M10
人工	技工	工日	0.7702	0.7702	0.7702
	普工	工日	0.1926	0.1926	0.1926
材料	混合砂浆	m³	0.89	0.89	0.89
	32.5级水泥	kg	159.31	197.58	234.96
	水泥煤渣空心砌块	m³	9.00	9.00	9.00
	红（青）砖	千匹	0.28	0.28	0.28
	细砂	m³	1.03	1.03	1.03
	石灰膏	m³	0.13	0.10	0.07
	水	m³	1.48	1.48	1.48
机械	机械费	元	8.26	8.26	8.26

A.D.7.1 零星项目（010407001）

表 6-5

工程内容：1. 将送到浇灌点的混凝土进行固、养护。2. 安拆、清洗输送管。

单位：10m³

定额编号			AD0347	AD0348	AD0349
项目		单位	其他构件及零星项目（商品混凝土）		
			C10	C15	C20
人工	技工	工日	3.219	3.219	3.219
	普工	工日	0.805	0.805	0.805
材料	C10 商品混凝土	m³	10.15		
	C15 商品混凝土			10.15	
	C20 商品混凝土				10.15
	水	kg	7.50	7.50	7.50
	其他材料费	元	22.51	22.51	22.51
机械	机械费	元	25.36	25.36	25.36

B.D.6.1 散水（编码：010407002） 表6-6

工程内容：1. 将送到浇灌点的混凝土进行固、养护。2. 安拆、清洗输送管。 计量单位：10m³

定额编号			AD0437	AD0438
项目		单位	散水坡C15	散水坡C20
人工	技工	工日	0.6763	0.6763
	普工	工日	0.1691	0.1691
材料	C15商品混凝土	m³	10.15	
	C20商品混凝土	m³		10.15
	水	m³	12.28	12.28
	其他材料费	元	5.11	5.11
机械	机械费	元	89.15	89.15

B.D.6.1 变形缝（编码：010703004） 表6-7

工程内容：1. 清理变形缝。2. 填塞缝。 单位：10m

定额编号			AG0543	AG0544	AG0545
项目		单位	嵌木条	灌沥青	沥青砂浆
人工	技工	工日	0.3583	1.4298	0.4800
	普工	工日	0.0896	0.3574	0.1200
材料	二等锯材	m³	0.06		
	30:70冷底子油	kg		1.60	
	1:2:7沥青砂浆	m³			0.05
	30号石油沥青	kg		19.65	(12.86)
	30号石油沥青	kg		(0.51)	(12.35)
	汽油	kg		(1.23)	(1.23)
	滑石粉	kg			(23.90)
	中砂	m³			(0.06)
	其他材料费	元	1.05	9.87	12.38
机械	机械费	元	6.32	2.49	8.46

第六章 建筑工程费用计算

第二节 措施费计算

措施费的计算方法有按费率计算、按综合单价计算和按经验计算三种。

一、按费率计算

按费率计算的措施费有：安全文明施工费（包括环境保护费、文明施工费、安全施工费、临时设施费）、夜间施工费、冬雨期施工费、二次搬运费等。

按费率计算，是指按费率乘以直接费或人工费计算，其计算公式是：

措施费＝人工费×费率或：措施费＝直接工程费×费率

（一）措施费的计算基数

措施费的计算基数可以是人工费，也可以是直接工程费。

人工费是指分部分项工程费中定额人工费的总和。直接工程费是指分部分项工程费中人工费、材料费、机械费的总和（不含人工及材料价差调整）。措施费的计算基数应以当地的具体规定为准。

（二）措施费的费率

根据我国目前的实际情况，措施费的费率有按当地行政主管部门规定计算和企业自行确定两种情况。

1. 按当地行政主管部门规定计算

为防止建筑市场的恶性竞争，确保安全生产、文明施工以及安全文明施工措施的落实到位，切实改善施工从业人员的作业条件和生产环境，防止安全事故发生，安全文明施工费为"不可竞争费"，所以安全文明施工费按当地行政主管部门规定计算。

某地行政主管部门规定：

（1）环境保护费：按分部分项定额人工费 0.5%～1% 计算。

（2）文明施工费：按分部分项定额人工费 5%～10% 计算。

（3）安全施工费：按分部分项定额人工费 7.5%～15% 计算。

（4）临时设施费：按分部分项定额人工费 7.5%～15% 计算。

当编制标底和投标报价时按最高限计算，在办理工程竣工结算时按现场测评表打分计算，最低不低于底限。

计算实例，见表 6-14、表 6-16。

2. 企业自行确定

企业根据本自己的情况并结合工程实际自行确定措施费的计算费率。费用包括夜间施工费、冬雨期施工费、二次搬运费。

夜间施工费、冬雨期施工费、二次搬运费，在编制标底时按当地行政主管部门的规定计算，某地行政主管部门规定夜间施工费费率2.5%、冬雨期施工费2%、二次搬运费1.5%。投标报价时施工企业应根据自己规定的费率计算。

计算实例，见表6-14、表6-16。

措施费本应是市场竞争费用，待我国建筑市场竞争秩序逐步走上正轨后，措施费都应由企业自行确定。

二、按综合单价计算

按综合单价计算，即按工程量乘以综合单价计算。即：

$$措施费 = \sum（工程量 \times 综合单价）$$

其计算方法同分部分项工程费的计算方法。按综合单价计算的费用包括：大型机械设备进出场及安装拆除费、混凝土钢筋混凝土模板及支架费、脚手架费、施工排水降水费、垂直运输机械费等。

1. 大型机械设备进出场及安装拆除费

大型机械设备进出场及安装拆除费工程量按"台次"计算。

2. 模板费

混凝土钢筋混凝土模板及支架费（简称模板费），各地定额的规定不同，其计算方法也不同。有的地区规定按混凝土构件的体积"m^3"乘以综合单价计算，有的地区规定按混凝土构件模板的接触面积"m^2"乘以综合单价计算。

3. 脚手架费

脚手架费的工程量一般按建筑面积"m^2"计算。

4. 垂直运输机械费

垂直运输机械费的工程量一般按建筑面积"m^2"计算。

5. 施工排水降水费

施工排水降水费按施工组织设计计算。施工排水降水工程量项目一般应包括打井、排水管道、抽水台班等内容。

计算实例，见表6-15、表6-17。

三、按经验计算

措施项目费的计算一般可根据上述两种方法计算，也可根据经验计算。如：混凝土及钢筋混凝土模板费、脚手架费、垂直运输费。

1. 混凝土及钢筋混凝土模板费

混凝土及钢筋混凝土模板费，可根据以往经验，按建筑面积分不同的结构类型，并结合市场价格计算。如某企业在某个时期积累的经验是：全框架结构按每平方米建筑面积30元计算；框剪结构按每平方米建筑面积45元计算；砖混结构按每平方米建筑面积14.50元计算。

【例6-4】 某混合结构工程总建筑面积32000m^2，其中框架结构3600m^2，框剪结构按28400m^2。则该工程模板费为：

(1) 框架结构：3600×30＝108000 元；
(2) 框剪结构：28400×45＝1278000 元
合　计：1386000 元
当然应随着结构的不同和市场价格的变化而调整。

2. 垂直运输费

垂直运输费，可根据工程的工期及垂直运输机械的租金计算。

【例 6-5】 某工程使用某种规格型号的塔吊 1 台，在当地建筑设备租赁公司租用该塔吊，每天租金 460 元（租金中不含塔吊司机及配合塔吊的工人工资），主体施工工期 180 天；塔吊司机 2 人、指挥 2 人、起吊工 2 人，共 6 人，每个工人工资 45 元/工日；施工期间每天耗电 360kW·h，电单价 0.80 元/kW·h。则该工程的垂直运输费：

(1) 租赁费：460 元/天×180 天＝82800 元；
(2) 电　费：200kW·h/天×0.80 元/kW·h×180 天＝28800 元；
(3) 人工费：6 人×45 元/人.天×180 天＝48600 元
合计：160200 元

3. 脚手架费

脚手架费，可根据不同的结构类型以及建筑物的高度，按每平方米建筑面积多少价值综合计算。

措施费计算，应在实际工作中不断积累经验，形成自己的经验数据，以便正确的计算措施费。

第三节　其他项目费计算

其他项目费包括暂列金额、暂估价、计日工和总承包服务费四部分。它是招标过程中出现的费用，在编制标底或投标报价时计算，在竣工结算时没有其他项目费，因这些费用将分散计入相关费用中。

一、暂列金额

暂列金额即预留金。计价规范规定按分部分项工程费的 10%～15% 计算，有的地区规定按总造价的 5% 计算。具体按多少计算暂列金额，应根据工程的具体实际情况确定。

$$本系列金额＝分部分项工程×费率$$
$$或：暂列金额＝总造价×费率$$

计算实例见表 6-20、表 6-21。

二、暂估价

暂估价包括材料暂估价和专业工程暂估价两部分。

1. 材料暂估价

材料暂估价不计算具体金额,只列出"材料暂估价表",见表 6-22。材料暂估价表中的材料费计入"分别分项工程费"。

材料暂估价表中的材料单价,要求投标人在投标报价时按该表中所列出的材料单价计入分别分项工程费,结算时这些材料根据实际单价调整结算时的"分部分项工程费"。

比如:××学院综合楼工程"20mm 厚灰白色磨光花岗石"的材料暂估价为 150 元/m^2,材料耗用量 27.42m^2,若实际单价为 170 元/m^2,则在结算时调整价为 27.42×(170−150)=548.40 元,即增加 548.40 元,若实际单价为 135 元/m^2 则在结算时调整价为 27.42×(135−150)=−411.30 元,即减少 411.30 元。

2. 专业工程暂估价

专业工程暂估价是指需要单独资质的工程项目,实行专业工程暂估,这些项目由招标人另行分包。投标人在投标报价时按该价计入报价中。

$$专业工程暂估价 = \Sigma(工程量 \times 工程单价)$$

计算实例见表 6-23。

三、计日工

指施工过程中应招标人要求,而发生的不是以实物计量和定价的零星项目所发生的费用。零星工作费在工程竣工结算时按实际完成的工程量所需费用结算。计算方法是:

$$人工费 = \Sigma(人工工日数 \times 人工单价)$$
$$材料费 = \Sigma(材料数量 \times 材料单价)$$
$$机械费 = \Sigma(机械台班数 \times 台班单价)$$

计算实例见表 6-24。

四、总承包服务费

指投标人配合协调招标人分包工程和招标人采购材料(即"甲供材料")所发生的费用。即:

$$总承包服务费 = 分包工程配合协调费 + 甲供材料配合协调费$$

1. 分包工程配合协调费

对于工程分包,总包单位应计算分包工程的配合协调费,费用包括分包工程需要的脚手架、用水用电、垂直运输、施工组织协调配合等费用。工程分包配合协调费可按分包工程造价的 1%~3% 计算。即:

$$工程分包配合协调费 = 分包工程造价 \times 费率$$

计算实例见表 6-25。

2. 甲供材料配合协调费

对于甲供材料，总包单位应计算甲方采购材料的协调配合费用，费用包括材料的卸车费、市内短途运输费和材料的工地保管费等。甲供材料的配合协调费可按甲供材料费用的 0.5%～1%计算。即：

$$甲供材料配合协调费＝甲供材料费×费率$$

第四节 规费及税金计算

一、规费计算

规费包括工程排污费、社会保障费、住房公积金、危险作业意外伤害保险费等。规费按当地有权部门的规定计算。如某地规费的计算规定如下：

1. 社会保障费
(1) 养老保险费：按分部分项工程定额人工费的 6%～11%计算
(2) 失业保险费：按分部分项工程定额人工费的 0.6%～1.1%计算
(3) 医疗保险费：按分部分项工程定额人工费的 3%～4.5%计算

2. 住房公积金：按分部分项工程定额人工费的 2%～5%计算

3. 危险作业意外伤害保险费：按分部分项工程定额人工费的 0.8%～1.3%计算

并且还规定招标标底按最高限计算，投标报价及工程竣工结算是按本企业取费证上核定的费率计算。

计算实例见表 6-26、表 6-27。

4. 工程排污费

按工程所在地环保部门规定按实计算。如某地环保部门规定：工程排污费按每平方米建筑面积每月 0.3 元计算，最高按 10 个月计。如某工程施工工期 13 个月，建筑面积 1228.13m²，则：工程排污费＝0.3×10×1228.13＝3684.39 元。

计算实例见表 6-26。

二、税金计算

（一）税金规定

根据我国现行税法规定，建筑安装工程的税金包括营业税、城市维护建设税、教育费附加三部分。税金率如下：

1. 营业税

$$营业税＝总造价×3\%$$

2. 城市维护建设税

城市维护建设税＝营业税×7%（工程所在地在市区）；

城市维护建设税＝营业税×5%（工程所在地在县城、镇）；
城市维护建设税＝营业税×1%（工程所在地不在市区、县城、镇）。

3. 教育费附加

$$教育费附加＝营业税×5\%$$

由于营业税是按"总造价"计算，而"总造价"包括税金本身，总造价＝分部分项工程费＋措施费＋其他项目费＋规费＋税金。但是，在计算营业税时税金还未计算出来，所以税金只能按"税前造价"计算（税前造价是分部分项工程费、措施费、其他项目费、规费之和）。所以税金的计算方法只能是：税金＝（分部分项工程费＋措施费＋其他项目费＋规费）×总税金率。根据上述规定，总税金率计算方法如下：

设：分部分项工程费＋措施费＋其他项目费＋规费＝a

则：总造价＝a＋税金

设：税金率为n，n＝营业税率×（1＋城市维护建设税率＋教育费附加率）

则：税金＝总造价×n

即：税金＝（a＋税金）×n

即：税金＝a×n＋税金×n

即：税金－税金×n＝a×n

税金×（1－n）＝a×n

所以：税金＝$a \times \dfrac{n}{1-n}$

总税金率＝$\dfrac{n}{1-n}$

总税金率＝$\dfrac{营业税金率(1＋城市维护建设税率＋教育费附加率)}{1－营业税金率(1＋城市维护建设税率＋教育费附加率)}$

总税金率＝$\dfrac{3\% \times (1＋7\%＋5\%)}{1－3\% \times (1＋7\%＋5\%)}$＝3.48%（工程所在地在市区）

总税金率＝$\dfrac{3\% \times (1＋5\%＋5\%)}{1－3\% \times (1＋5\%＋5\%)}$＝3.41%（工程所在地在县城、镇）

总税金率＝$\dfrac{3\% \times (1＋1\%＋5\%)}{1－3\% \times (1＋1\%＋5\%)}$＝3.28%（工程所在地不在市区、县城、镇）

（二）税金计算

税金＝税前造行×总税金率

＝（分部分项工程费＋措施费＋其他项目费＋规费）×总税金率

税金计算实例见表6-10、表6-11。

三、工程总费用计算

（一）单位工程费

单位工程费＝分部分项工程＋措施费＋其他项目费＋规费＋税金

计算实例见表6-10、表6-11。

（二）单项工程费计算

单项工程费将"建筑工程"、"装饰工程"、"安装工程"等各个单位工程费汇总即可。计算实例见表 6-9。

四、封面

工程总费用计算完成之后，应书写封面。封面应按计价规范的要求格式书写。见实例。

第五节 建筑工程费用计算实例

为便于理解和掌握建筑工程费用计算的基本知识和基本方法，下面以"××学院综合楼工程"为例，介绍建筑工程费用计算。

××学院综合楼工程建筑面积 1228.13m²，4 层（局部 3 层）、一、二层层高 4.2m、三、四层层高 3.3m，总高 15m。框架结构、钢筋混凝土独立柱基础、空心砖墙、楼地面地砖、内墙面刷乳胶漆、顶棚轻钢龙骨石膏板吊顶及抹水泥砂浆面刷乳胶漆，外墙贴浅灰色外墙面砖，成品实木门、铝合金窗。

一、费用计算依据

1. 工程量清单（详第五章第五节工程量清单编制实例）。
2. ××学院综合楼工程全套施工图。
3. 《建设工程工程量清单计价规范》（GB 50500—2008）。
4. 《××省建设工程工程量清单计价定额》（2009 年某地区建设行政主管部门颁发）。
5. 建筑材料的市场材料价格见表 6-8。
6. 相关资料：
（1）工程在市区内。
（2）垂直运输采用塔吊一台（起重力矩在 60kn.m 以内）。
（3）本工程不存在排水及降水。
（4）人工费调整系数：1.6386，即调增 63.86%。
7. 材料暂估价及专业工程暂估价。
（1）材料暂估价 按工程量清单中给定的价格（见表 5-34）计算。
（2）专业工程暂估价 按工程量清单中给定的内容（见表 5-35）计算。

材料价格表　　　　　　　　　　表 6-8

工程名称：××学院综合楼工程

序号	材料名称	规格、型号	单位	单价(元)	备注
1	水泥	32.5 级	kg	0.35	
2	水泥	42.5 级	kg	0.40	

续表

序号	材料名称	规格、型号	单位	单价(元)	备注
3	白水泥		kg	0.60	
4	锯材	综合	m³	2200.00	
5	预埋铁件		kg	6.50	
6	钢筋	综合	t	4910.00	
7	组合钢模板	包括附件	kg	5.50	
8	摊销卡具和支撑钢材		kg	5.00	
9	脚手架钢材		kg	5.00	
10	标准砖	240×115×53	千匹	380.00	
11	水泥煤渣砌块		m³	90.00	
12	细砂		m³	80.00	
13	中砂		m³	80.00	
14	砾石	5～10mm	m³	60.00	
15	砾石	5～40mm	m³	60.00	
16	连砂石		m³	28.00	
17	毛石		m³	30.00	
18	石灰膏		m³	110.00	
19	石油沥青	30号	kg	4.10	
20	珍珠岩		m³	90.00	
21	水		m³	2.50	
22	汽油		kg	9.76	
23	柴油		kg	8.71	
24	商品混凝土	C10	m³	290.00	
25	商品混凝土	C15	m³	300.00	
26	商品混凝土	C20	m³	310.00	
27	商品混凝土	C30	m³	340.00	
28	150×200 瓷砖		m²	67.00	

续表

序号	材料名称	规格、型号	单位	单价(元)	备注
29	150×300 黑色面砖		m²	33.00	
30	200×300 瓷砖		m²	50.00	
31	300×300 楼梯砖		m²	50.00	
32	豆绿色大块外墙面砖		m²	50.00	为给定的材料暂估价
33	灰白色磨光花岗石厚 20mm		m²	150.00	为给定的材料暂估价
34	浅灰色大块外墙面砖		m²	40.00	为给定的材料暂估价
35	成品实木装饰门	(含门套、五金)	m²	600.00	为给定的材料暂估价
36	浅灰色面砖		m²	30.00	
37	浅灰色饰面砖		m²	36.00	
38	彩釉地砖	300×300	m²	80.00	
39	彩釉地砖	600×600	m²	90.00	
40	纸面石膏板	12mm 厚	m²	10.00	
41	装配式 U 型轻钢龙骨		m²	18.00	
42	乳胶漆底漆		kg	25.00	
43	乳胶漆面漆		kg	27.00	
44	不锈钢钢管	$\phi 25$	m	16.00	
45	不锈钢钢管	$\phi 35$	m	25.00	
46	不锈钢钢管	$\phi 50$	m	35.00	

注：序号 32~序号 35 所列材料为给定的材料暂估价（详表 5-34），其余材料均为市场价格。

二、建筑工程费用计算

（一）计算分部分项工程费

1. 计算综合单价

综合单价利用"清单项目综合单价组成表"计算（见表 6-1~表 6-3）；

2. 计算分部分项工程费

分部分项工程费＝Σ(工程量×综合单价)，利用"分部分项工程量清单计价表"（见表 6-12、表 6-13）计算。

分部分项定额人工费＝Σ(工程量×定额人工费)，利用"分部分项工程量清单计价表"（见表 6-12、表 6-13）计算。

例：见表 6-12 中序 22。

（二）计算措施费

措施费利用"措施项目清单计价表"计算。建筑工程措施项目清单计价表（一）见表 6-14，建筑工程措施项目清单计价表（二）见表 6-15，装饰工程措施项目清单计价表（一）见表 6-16，装饰工程措施项目清单计价表（二）见表 6-17。

（三）计算其他项目费

其他项目费包括暂列金额、暂估价、计日工、总承包服务费四部分。

1. 列金额

列金额按总造价的 5% 计算，建筑工程列金额见表 6-20，装饰工程列金额见表 6-21。

2. 暂估价

暂估价包括材料暂估价和专业工程暂估价。材料暂估价见表 6-22，专业工程暂估价见表 6-23。

3. 计日工

计日工包括清单以外的零星用工和零星工程费用。见表 6-24。

4. 总承包服务费

总承包服务费包括分包工程服务费和甲供材料服务费，本工程仅有分包工程服务费。分包工程服务费计算见表 6-25。

最后将表 6-21~表 6-25 计算的数据汇总到其他项目费总表，见表 6-18、表 6-19。

（四）规费计算

规费计算见表 6-27、表 6-28。

（五）税金计算

税金按税前造价计算。即税金＝（分部分项工程费＋措施费＋其他项目费＋规费）×总税金率，由于工程在市区，其税金率为 3.48%。建筑工程税金计算见表 6-10，装饰工程税金计算见表 6-11。

（六）单位工程费用计算

单位工程费用计算见表 6-10、表 6-11。

（七）工程总费用计算

工程总费用计算见表 6-9。

（八）填写封面

封面内容根据计价规范要求的格式填写。内容包括工程名称、总造价（招标控制价）、招标人、法人代表、编制人、编制时间等内容。

三、材料用量计算

在计算工程造价的同时，还应计算工程的各种材料耗用量并汇总，其计算方法见表 6-29、表 6-30。即用表 6-29 "红砖用量分析表"~表 6-30 "C20 商品混凝土用量分析表"计算某中材料的耗用量，最后汇总于表 6-28。

仅以红砖用量和 C20 商品混凝土用量计算举例，其余材料用量计算方法相同。

第六章 建筑工程费用计算

××学院综合楼 工程

招 标 控 制 价

招标控制价(小写)： 1882851 元

（大写）： 壹佰捌拾捌万贰仟捌佰伍拾壹元

招 标 人： ××大学
（签字或盖章）

工程造价
咨 询 人： _____
（单位资质专用章）

法定代表人
或其授权人： _____
（签字或盖章）

法定代表人
或其授权人： _____

编 制 人： _____
（造价人员签字盖专用章）

复 核 人： _____
（造价工程师签字盖专用章）

编制时间：2012 年 3 月 9 日　　　　复核时间： 年 月 日

单项工程招标控制价汇总表　　　　　　　表 6-9

工程名称：××学院综合楼工程（单项工程）　　　　　第 1 页　共 1 页

序号	单位工程名称	金额（元）	其中			
			规费（元）	安全文明施工费（元）	评标价（元）	暂估价（元）
1	建筑工程	1000018.06	30800.17	28369.46	940848.43	
2	装饰工程	882832.65	29928.96	48958.18	803945.51	189433.41
3	安装工程（略）					
	合计	1882850.71	60729.13	77327.64	1744793.94	189433.41

注：本表适用于单项工程招标控制价或投标报价的汇总。暂估价包括分部分项工程中的暂估价和专业工程暂估价。评标价＝总金额－规费－安全文明施工费。

第六章 建筑工程费用计算

单位工程招标控制价汇总表 表 6-10

工程名称：××学院综合楼工程（建筑工程）　　　　第1页　共1页

序号	汇总内容	金额（元）	备注
1	分部分项工程	705483.97	
1.1	土(石)方工程	9159.60	
1.2	砌筑工程	65053.35	
1.3	混凝土及钢筋混凝土工程	532384.13	
1.4	屋面及防水工程	19244.34	
1.5	防腐、隔热、保温工程	79642.55	
2	措施项目	180103.63	
2.1	措施项目（一）	56348.93	
	其中:安全文明施工费	28369.46	
2.2	措施项目（二）	123754.70	
3	其他项目	50000.00	
3.1	其中:暂列金额	50000.00	
3.2	其中:专业工程暂估价	—	
3.3	其中:计日工	—	
3.4	其中:总承包服务费	—	
4	规费	30800.17	
5	税金(1+2+3+4)×规定费率	33630.29	
	招标控制价合计＝1+2+3+4+5	1000018.06	

注：本表适用于单位工程招标控制价或投标报价的汇总。本表结果汇入表 6-9。

单位工程招标控制价汇总表 表 6-11

工程名称：××学院综合楼工程（装饰工程）　　　　第1页　共1页

序号	汇总内容	金额（元）	备注
1	分部分项工程	601778.90	
1.1	楼地面工程	179199.13	
1.2	墙、柱面工程	243462.43	
1.3	天棚工程	39425.19	
1.4	门窗工程	58056.63	
1.5	油漆、涂料、裱糊工程	81635.52	
2	措施项目	86316.58	
2.1	措施项目（一）	57318.63	
	其中:安全文明施工费	48958.18	
2.2	措施项目（二）	28997.95	
3	其他项目	135118.82	
3.1	其中:暂列金额	44000.00	
3.2	其中:专业工程暂估价	81717.30	
3.3	其中:计日工	6950.00	
3.4	其中:总承包服务费	2451.52	
4	规费	29928.96	
5	税金(1+2+3+4)×规定费率	29689.39	
	招标控制价合计＝1+2+3+4+5	882832.65	

注：本表适用于单位工程招标控制价或投标报价的汇总。本表结果汇入表 6-9。

分部分项工程量清单与计价表

工程名称：××学院综合楼工程（建筑工程）　　　　　　　　表 6-12　　第 1 页　共 6 页

序号	项目编码	项目名称	项目特征描述	计量单位	工程数量	金额（元）		其中
						综合单价	合价	定额人工费 暂估价
			土（石）方工程					
1	010101001001	平整场地	1. 土类别：综合 2. 弃土运距：根据自行考虑 3. 取土运距：根据自行考虑	m²	343.75	1.33	457.19	129.77
2	010101003001	挖基础土方	1. 土类别：一类土 2. 基础类型：独立柱基础 3. 垫层底宽、底面积 4. 挖土深度：2.2m 5. 弃土运距：根据现场自行考虑	m³	290.24	19.38	5624.85	3189.74
3	010101003002	挖基础土方	1. 土类别：一类土 2. 基础类型：基础梁 3. 垫层底宽、底面积 4. 挖土深度：2m 以内 5. 弃土运距：根据现场自行考虑	m³	29.46	33.94	999.87	587.73
4	010103001001	土（石）方回填	1. 土质要求：一类 2. 夯填（碾压）：夯填 3. 运输距离：100mm 内	m³	266.37	7.80	2077.69	867.03
			分部小计				9159.60	4774.27
			砌筑工程					
5	010302001001	实心砖墙	1. 砖品种、规格、强度等级：MU5 页岩标准砖 2. 墙体类型：±0.000 以下的基础墙 3. 墙体厚度：370mm 4. 墙体高度：1m 5. 勾缝要求：无 6. 砂浆强度等级、配合比：M5 水泥砂浆	m³	13.47	341.54	4600.54	691.21

第六章 建筑工程费用计算

续表

工程名称：×××学院综合楼工程（建筑工程） 第 2 页 共 6 页

序号	项目编码	项目名称	项目特征描述	计量单位	工程数量	金额（元）			
						综合单价	合价	其中	
								定额人工费	暂估价
6	010302001002	实心砖墙	1. 砖品种、规格、强度等级：MU5 页岩标准砖 2. 墙体类型：厕所隔墙 3. 墙体厚度：120mm 4. 墙体高度 5. 勾缝要求 6. 砂浆强度等级、配合比：M10 水泥砂浆	m³	8.82	346.51	3056.22	452.60	
7	010302006001	零星砌砖	1. 零星砌砖名称、部位：混凝土剪力墙贴120mm砖 2. 勾缝要求：无 3. 砂浆强度等级、配合比：M5 混合砂浆	m³	6.50	379.33	2465.65	385.09	
8	010302006002	零星砌砖	1. 零星砌砖名称、部位：厕所隔断、屋顶栏杆 2. 勾缝要求：无 3. 砂浆强度等级、配合比：M2.5 水泥砂浆	m³	21.29	372.01	7920.09	1396.20	
9	010304001001	空心砖墙、砌块墙	1. 墙体类型：地下室墙 2. 墙体厚度：370mm 3. 空心砖、砌块品种、规格、强度等级：黏土空心砖 4. 勾缝要求：无 5. 砂浆强度等级、配合比：M5 混合砂浆	m³	30.60	198.04	6060.02	1417.09	
10	010304001002	空心砖墙、砌块墙	1. 墙体类型：框架同填充墙 2. 墙体厚度：外墙300mm、内墙180mm 3. 空心砖、砌块品种、规格、强度等级：水泥煤渣空心砌块 4. 勾缝要求：无 5. 砂浆强度等级、配合比：M5 混合砂浆	m³	206.03	198.04	40802.18	9540.22	

工程名称：××学院综合楼工程（建筑工程） 第3页 共6页

序号	项目编码	项目名称	项目特征描述	计量单位	工程数量	综合单价	金额（元） 合价	其中 定额人工费	其中 暂估价
11	010305001001	石基础	1. 垫层材料种类、厚度：无 2. 材料种类、规格：毛石 3. 基础深度：0.90m 4. 基础类型：楼梯基础 5. 砂浆强度等级、配合比：M5 水泥砂浆	m³	0.75	198.20	148.65	36.65	
		分部小计					65053.35	13918.90	
			混凝土及钢筋混凝土工程						
12	010401002001	独立基础	1. 混凝土强度等级：C20 2. 混凝土拌合料要求：商品混凝土	m³	69.43	345.22	23968.62	959.18	
13	010401006001	垫层	1. 垫层材料种类、厚度、强度等级：C10 2. 混凝土拌合料要求：商品混凝土，100mm厚	m³	14.47	323.60	4682.49	191.00	
14	010402001001	矩形柱	1. 柱高度：5.8m（层高） 2. 柱截面尺寸：500×500 3. 混凝土强度等级：C30 4. 混凝土拌合料要求：商品混凝土	m³	61.61	381.54	23506.68	1002.70	
15	010402001002	矩形柱	1. 柱高度：1.12m 2. 柱截面尺寸：屋顶栏杆构造柱 3. 混凝土强度等级：C20 4. 混凝土拌合料要求：商品混凝土	m³	1.85	351.09	649.52	30.11	
16	010402002001	异形柱	1. 柱高度：6.1m（雨篷下圆柱） 2. 柱截面尺寸：圆柱直径450mm 3. 混凝土强度等级：C30 4. 混凝土拌合料要求：商品混凝土	m³	1.94	381.54	740.19	31.57	

第六章 建筑工程费用计算

续表

工程名称：××学院综合楼工程（建筑工程）　　　　　　　　　　　　　　　第 4 页　共 6 页

序号	项目编码	项目名称	项目特征描述	计量单位	工程数量	综合单价	金额（元） 合价	其中 定额人工费	其中 暂估价
17	010403001001	基础梁	1. 梁底标高：-1.5m 2. 梁截面：370×500 3. 混凝土强度等级：C20 4. 混凝土拌合料要求：商品混凝土	m³	24.01	350.86	8424.15	381.28	
18	010403002001	矩形梁	1. 梁底标高 2. 梁截面尺寸：300×650 3. 混凝土强度等级：C30 4. 混凝土拌合料要求：商品混凝土	m³	3.22	381.31	1227.82	51.13	
19	010404001001	直形墙	1. 墙类型：直形墙 2. 墙厚度：240mm 3. 混凝土强度等级：C20 4. 混凝土拌合料要求：商品混凝土	m³	11.28	351.85	3968.87	187.98	
20	010405001001	有梁板	1. 板底标高：4.2m以内 2. 板厚度：150mm 3. 混凝土强度等级：C30 4. 混凝土拌合料要求：商品混凝土	m³	253.08	382.33	96760.08	4030.30	
21	010405007001	挑檐板	1. 混凝土强度等级：C20 2. 混凝土拌合料要求：商品混凝土	m³	8.40	457.64	3844.18	520.84	
22	010405008001	雨篷	1. 混凝土强度等级：C30 2. 混凝土拌合料要求：商品混凝土	m³	5.45	483.81	2636.76	330.38	
23	010406001001	直形楼梯	1. 混凝土强度等级：C20 2. 混凝土拌合料要求：商品混凝土	m²	49.68	97.08	4822.93	518.41	
24	010407001001	其他构件	1. 构件的类型：压顶 2. 构件规格：240×80 3. 混凝土强度等级：C20 4. 混凝土拌合料要求：商品混凝土	m	79.04	6.93	547.75	28.45	

续表

工程名称：××学院综合楼工程（建筑工程） 第 5 页 共 6 页

序号	项目编码	项目名称	项目特征描述	计量单位	工程数量	金额（元）		其中	
						综合单价	合价	定额人工费	暂估价
25	010407001002	其他构件	1.构件的类型：台阶 2.构件规格 3.混凝土强度等级：C10 4.混凝土拌合料要求：商品混凝土	m²	8.37	51.09	427.62	23.74	
26	010407002001	坡道	1.垫层材料种类、厚度：100 厚连砂石 2.面层厚度：80 厚混凝土 3.混凝土强度等级：C20 4.混凝土拌合料要求：商品混凝土 5.填塞材料种类：无	m²	7.08	36.79	260.47	26.72	
27	010407002002	散水	1.基层：素土夯实 2.面层厚度：100 厚混凝土 3.混凝土强度等级：C15 4.混凝土拌合料要求：商品混凝土 5.填塞材料种类：沥青灌缝	m²	54.00	58.90	3180.60	285.12	
28	010410003001	过梁	1.单件体积：0.17m³ 以内 2.安装高度：3m 以内 3.混凝土强度等级：C20商品混凝土	m³	10.07	725.64	7307.19	1042.85	
29	010416001001	现浇混凝土钢筋	钢筋种类、规格：φ10 以内	t	25.688	6550.04	168257.43	15289.50	
30	010416001002	现浇混凝土钢筋	钢筋种类、规格：φ10 以上	t	0.723	6098.33	4409.09	237.07	
31	010416001003	现浇混凝土钢筋	钢筋种类、规格：螺纹钢综合	t	26.673	6098.33	162660.76	8746.08	
32	010416001005	现浇混凝土钢筋	钢筋种类、规格：φ6 墙体拉结筋	t	0.444	6550.04	2908.22	264.27	
33	010416002001	预制构件钢筋	钢筋种类、规格：φ10 以内	t	0.260	6178.04	1606.29	125.83	
34	010416002002	预制构件钢筋	钢筋种类、规格：φ10 以上	t	0.902	5925.29	5344.61	267.62	
35	010417002003	预埋铁件	1.钢板：8×60×60 2.钢筋：φ6	t	0.026	9404.12	244.51	26.94	
		分部小计					532384.13	34599.08	

第六章 建筑工程费用计算

工程名称：×××学院综合楼工程（建筑工程）

续表
第 6 页 共 6 页

序号	项目编码	项目名称	项目特征描述	计量单位	工程数量	综合单价	金额（元） 合价	其中 定额人工费	暂估价
			屋面及防水工程						
36	010702002001	屋面、地面涂膜防水	1. 防水膜品种：屋面、雨蓬、挑檐涂膜 2. 涂膜厚度、遍数、增强材料种类 3. 嵌缝材料种类 4. 防护材料种类	m²	230.22	31.49	7249.63	624.47	
37	010702003001	屋面刚性防水	1. 防水层厚度：40mm 2. 嵌缝材料种类：油膏嵌缝 3. 混凝土强度等级：C30 4. 钢筋：ϕ4钢筋中距150mm	m²	324.78	31.89	10357.23	2152.93	
38	010703002001	涂膜防水	1. 卷材、涂膜品种：聚氨酯涂膜 2. 涂膜厚度、遍数、增强材料类：1.5mm 3. 防水部位：剪力墙外侧 4. 防水做法：涂膜	m²	52.00	31.49	1637.48	141.05	
			分部小计				19244.34	2918.45	
			防腐、隔热、保温工程						
39	010803001001	保温隔热屋面	1. 保温隔热部位：屋面 2. 保温隔热方式：外保温 3. 保温隔热面层材料品种、规格、性能：1:8水泥珍珠岩	m²	324.78	245.22	79642.55	12983.08	
			分部小计				79642.55	12983.08	
			合　计				705483.97	69193.78	

注：本表结果汇入表6.10。

分部分项工程量清单与计价表

工程名称：××学院综合楼工程（装饰工程）

第 1 页 共 4 页 表 6-13

序号	项目编码	项目名称	项目特征描述	计量单位	工程数量	金额（元）		其中	
						综合单价	合价	定额人工费	暂估价
			楼地面工程						
1	020102002001	块料地面	1. 垫层材料种类、厚度：80厚C10混凝土 2. 找平层厚度、砂浆配合比： 3. 结合层厚度、砂浆配合比：1:2水泥砂浆20mm厚 4. 面层材料品种、规格、颜色：600×600地砖 5. 嵌缝材料种类：水泥浆	m²	196.190	161.25	31635.64	3489.04	
2	020102002002	块料地面	1. 垫层材料种类、厚度：80厚C10混凝土 2. 找平层厚度、砂浆配合比： 3. 结合层厚度、砂浆配合比：1:2水泥砂浆20mm厚 4. 面层材料品种、规格、颜色：300×300地砖 5. 嵌缝材料种类：水泥浆	m²	141.40	149.58	21150.61	2406.00	
3	020102002003	块料楼面	1. 找平层厚度、砂浆配合比： 2. 结合层厚度、砂浆配合比：1:2水泥砂浆20mm厚 3. 面层材料品种、规格、颜色：600×600地砖 4. 嵌缝材料种类：水泥浆	m²	724.28	135.26	97966.11	12115.75	
4	020102002004	块料楼面	1. 找平层厚度、砂浆配合比：素水泥浆一道 2. 结合层厚度、砂浆配合比：1:2水泥砂浆20mm厚 3. 面层材料品种、规格、颜色：300×300地砖 4. 嵌缝材料种类：水泥浆	m²	33.00	123.59	4078.47	526.66	
5	020105003001	块料踢脚线	1. 踢脚线高度：150mm（楼梯间、室内、走廊） 2. 粘贴层厚度、材料种类：1:1水泥砂浆15mm厚 3. 面层材料品种、规格、颜色：150×300黑色面砖	m²	69.31	103.20	7152.79	2064.19	
6	020106002001	块料楼梯面层	1. 粘结层厚度、材料种类：1:1水泥砂浆 2. 面层材料品种、规格、颜色：300×300楼梯砖	m²	49.68	162.24	8060.08	1715.85	

工程名称：××学院综合楼工程（装饰工程)　　　　　　　　　　　　　　第 2 页　共 4 页

续表

序号	项目编码	项目名称	项目特征描述	计量单位	工程数量	综合单价	金额（元）		
							合价	其中 定额人工费	暂估价
7	020107001001	金属扶手带栏杆、栏板	1. 扶手材料种类、规格、品牌、颜色：φ50不锈钢管 2. 栏杆材料种类、规格、品牌、颜色：φ35.425不锈钢管	m	24.98	292.62	7309.65	1221.65	
8	020108002001	块料台阶面	1. 粘结层厚度、材料种类、规格、品牌：1:1水泥砂浆 2. 面层材料品种、规格、品牌、颜色：300×300地砖	m²	8.37	205.95	1723.80	273.59	
		分部小计					179199.13	23812.73	
		墙、柱面工程							
9	020201001001	墙面一般抹灰	1. 墙体类型：内墙 2. 底层厚度、砂浆配合比：1:3水泥砂浆 15mm厚 3. 面层厚度、砂浆配合比：1:2.5水泥砂浆 5mm厚	m²	1510.83	17.85	26968.32	9988.10	
10	020203001001	零星项目一般抹灰	1. 墙体类型：内墙 2. 底层厚度、砂浆配合比：1:3水泥砂浆 15mm厚 3. 面层厚度、砂浆配合比：1:2.5水泥砂浆 6mm厚	m²	161.30	33.31	5372.90	2370.63	
11	020204003001	块料墙面	1. 墙体类型：餐厅、走廊 2. 底层厚度、砂浆配合比：1:3水泥砂浆找平 20mm厚 3. 粘结层厚度、材料种类：1:1水泥砂浆找平 15mm厚 4. 面层材料品种、规格、品牌、颜色：200×300瓷砖	m²	99.21	116.33	11541.10	2539.63	
12	020204003002	块料墙面	1. 墙体类型：厨房、卫生间 2. 底层厚度、砂浆配合比：1:3水泥砂浆找平 20mm厚 3. 粘结层厚度、材料种类：1:1水泥砂浆找平 10mm厚 4. 面层材料品种、规格、品牌、颜色：150×200瓷砖	m²	450.58	126.44	56971.34	10417.86	
13	020204003003	块料墙面	1. 柱、墙体类型：外墙面 2. 底层厚度、砂浆配合比：1:3水泥砂浆找平 15mm厚 3. 粘结层厚度、材料种类：1:0.5:2水泥砂浆 7mm厚 4. 挂贴方式：粘贴 5. 面层材料品种、规格、品牌、颜色：浅灰色大块外墙面砖 6. 缝宽、嵌缝材料种类：白水泥浆	m²	805.21	117.79	94845.69	26937.89	

续表

工程名称：×××学院综合楼工程（装饰工程）　　　　　　　　　　　　　　　　　　　　　　　　　　　　　　　　第 3 页　共 4 页

序号	项目编码	项目名称	项目特征描述	计量单位	工程数量	金额（元）		
						综合单价	合价	其中
								定额人工费	暂估价
14	020205003001	块料柱面	1. 柱体材料：钢筋混凝土 2. 柱截面类型、尺寸：φ500 圆形柱 3. 底层厚度、砂浆配合比：1：3 水泥砂浆 15mm 厚 4. 粘结层厚度、材料种类：1：0.5：2 混合砂浆 7mm 厚 5. 粘贴方式：粘贴 6. 面层材料品种、规格、品牌、颜色：浅灰色饰面砖	m²	1.65	137.41	226.73	75.90	
15	020206001001	石材零星项目	1. 柱、墙体类型：外墙勒脚处 400mm 高 2. 底层厚度、砂浆配合比：1：3 水泥砂浆 20mm 厚 3. 粘结层厚度、材料种类：1：1 水泥砂浆 15mm 厚 4. 粘贴方式：粘贴 5. 面层材料品种、规格、品牌、颜色：灰白色磨光花岗石	m²	26.88	238.22	6403.35	905.65	4112.64
16	020206003001	块料零星项目	1. 柱、墙体类型：钢筋混凝土雨棚外侧 2. 底层厚度、砂浆配合比：1：3 水泥砂浆找平 15mm 厚 3. 粘结层厚度、材料种类：1：0.5：2 水泥砂浆 7mm 厚 4. 粘贴方式：粘贴 5. 面层材料品种、规格、品牌、颜色：浅灰色面砖 6. 缝宽、嵌缝材料种类：白水泥浆	m²	17.57	118.66	2084.86	645.33	
17	020206003002	块料零星项目	1. 柱、墙体类型：钢筋混凝土雨棚外侧 2. 底层厚度、砂浆配合比：1：3 水泥砂浆找平 15mm 厚 3. 粘结层厚度、材料种类：1：0.5：2 水泥砂浆 7mm 厚 4. 粘贴方式：粘贴 5. 面层材料品种、规格、品牌、颜色：豆绿色大块外墙面砖 6. 缝宽、嵌缝材料种类：白水泥浆	m²	262.52	141.66	37188.58	9642.10	15094.90
			分部小计				243462.43	63523.09	52060.11
		天棚工程							
18	020301001001	天棚抹灰	1. 基层类型：钢筋混凝土板 2. 抹灰厚度、材料种类：1：3 水泥砂浆底 7mm 厚，1：2 水泥砂浆面 5mm 厚	m²	773.63	17.00	13151.71	5064.96	

第六章 建筑工程费用计算

续表

工程名称：××学院综合楼工程（装饰工程）

第 4 页 共 4 页

序号	项目编码	项目名称	项目特征描述	计量单位	工程数量	综合单价	金额（元） 合价	其中 定额人工费	其中 暂估价
19	020302001001	天棚吊顶	1. 吊顶形式：轻钢龙骨石膏板 2. 龙骨类型、材料种类、规格、中距：轻钢主龙骨900～1000 次龙骨500 或 600 3. 基层材料种类、规格 4. 面层材料品种、规格、品牌、颜色：500×500、600×600 石膏板	m²	437.09	60.11	26273.48	5271.09	
			分部小计				39425.19	10336.05	
20	020401003001	实木装饰门	门类型：成实木装饰门（含门套 五金）		92.76	625.88	58056.63	1122.40	55656.00
			分部小计				58056.63	1122.40	55656.00
			油漆、涂料、裱糊工程						
21	020506001001	抹灰面油漆	1. 基层类型：抹灰墙面 2. 线条宽度、道数 3. 腻子种类：成品腻子 4. 刮腻子遍数：两遍 5. 油漆品种、刷漆遍数、要求：乳胶漆两遍 石膏板底	m²	1510.83	29.28	44237.10	11190.72	
22	020506001002	抹灰面油漆	1. 基层类型：钢筋混凝土板底 2. 线条宽度、道数 3. 腻子种类：成品腻子 4. 刮腻子遍数：两遍 5. 油漆品种、刷漆遍数、要求：乳胶漆两遍	m²	1210.72	29.28	35449.88	8967.80	
23	020506001003	抹灰面油漆	1. 基层类型：混凝土挑檐外侧 2. 线条宽度、道数 3. 腻子种类：成品腻子 4. 刮腻子遍数：无 5. 油漆品种、刷漆遍数、要求：外墙涂料	m²	48.86	39.88	1948.54	457.40	
			分部小计				81635.52	20615.92	
			合 计				601778.90	119410.19	107716.11

注：本表结果汇入表6-11。

措施项目清单与计价表（一）　　　　　表 6-14

工程名称：××学院综合楼工程（建筑工程）　　　　　第1页　共1页

序号		项目名称	计算基础	费率(%)	金额(元)	其中：定额人工费(元)
1		安全文明施工费			28369.46	
其中	①	环境保护	分部分项清单定额人工费	1	691.94	
	②	文明施工	分部分项清单定额人工费	10	6919.38	
	③	安全施工	分部分项清单定额人工费	15	10379.07	
	④	临时设施	分部分项清单定额人工费	15	10379.07	
2		夜间施工费	分部分项清单定额人工费	2.5	1729.85	
3		二次搬运费	分部分项清单定额人工费	1.5	1037.91	
4		冬雨期施工	分部分项清单定额人工费	2	1383.88	
5		大型机械设备进出场及安拆费			23827.83	4209.75
6		施工排水			—	—
7		施工降水			—	—
8		地上、地下设施、建筑物的临时保护设施			—	—
		合　计			56348.93	4209.75

注：本表适用于以"项"计价的措施项目。本表结果汇入表 6-10。

第六章 建筑工程费用计算

措施项目清单与计价表（二）

表 6-15

工程名称：××学院综合楼工程（建筑工程）　　　　　　　　　第1页　共1页

序号	项目编码	项目名称	项目特征描述	计量单位	工程数量	金额（元） 综合单价	金额（元） 合价	金额（元） 其中：定额人工费
1	2.1	混凝土、钢筋混凝土模板及支架	接触面积				94337.13	36520.15
2	2.1.1	独立基础模板安装、拆除		m²	122.18	38.20	4667.28	1183.01
3	2.1.2	基础垫层模板安装、拆除		m²	20.32	41.47	842.67	131.27
4	2.1.3	基础梁模板安装、拆除		m²	24.01	26.98	647.79	252.17
5	2.1.4	直形墙模板安装、拆除		m²	94.00	24.09	2264.46	1057.17
6	2.1.5	异形柱模板安装、拆除		m²	17.04	38.57	657.23	307.32
7	2.1.6	矩形柱模板安装、拆除		m²	494.91	28.89	14297.95	6089.13
8	2.1.7	矩形柱模板安装、拆除（TZ）		m²	12.77	28.89	368.93	157.12
9	2.1.8	有梁板模板安装、拆除		m²	1700.40	30.82	52406.33	19633.67
10	2.1.9	矩形梁模板安装、拆除		m²	26.40	30.13	795.43	324.28
11	2.1.10	雨篷模板安装、拆除		m² 水平投影	30.92	99.42	3074.07	1082.05
12	2.1.11	悬挑板模板安装、拆除		m² 水平投影	36.78	99.42	3656.67	1287.12
13	2.1.12	扶手、压顶模板安装、拆除		m	79.04	27.18	2148.31	867.54
14	2.1.13	整体楼梯（直形）模板安装、拆除		m² 水平投影	49.68	107.09	5320.23	2363.03
15	2.1.14	预制过梁模板安装、拆除		m²	112.85	25.87	2919.43	1686.09
16	2.1.15	台阶模板安装、拆除		m²	8.37	32.30	270.35	99.18
17	2.2	脚手架					14446.67	3855.79
18	2.2.1	综合脚手架（多层建筑、檐高≤9m）		m²	15.46	7.15	110.54	29.03
19	2.2.2	综合脚手架（多层建筑、檐高≤15m）		m²	567.87	9.61	5457.23	1314.62
20	2.2.3	综合脚手架（多层建筑、檐高≤24m）		m²	644.80	13.77	8878.90	2512.14
21	2.3	垂直运输机械					14970.90	4630.05
22	2.3.1	檐高20m以内建筑物垂直运输机械费（现浇框架、塔式起重机）		m²	1228.13	12.19	14970.90	4630.05
		合　计					123754.70	45005.99

注：本表适用于以综合单价形式计价的措施项目。本表结果汇入表6-10。

措施项目清单与计价表（一）

表 6-16

工程名称：××学院综合楼工程（装饰工程）　　　　第1页 共1页

序号		项目名称	计算基础	费率（%）	金额（元）	其中：定额人工费（元）
1		安全文明施工费			48958.18	
其中	①	环境保护	分部分项清单定额人工费	1	1194.10	
	②	文明施工	分部分项清单定额人工费	10	11941.02	
	③	安全施工	分部分项清单定额人工费	15	17911.53	
	④	临时设施	分部分项清单定额人工费	15	17911.53	
2		夜间施工费	分部分项清单定额人工费	2.5	2985.26	
3		二次搬运费	分部分项清单定额人工费	1.5	1791.15	
4		冬雨期施工	分部分项清单定额人工费	2	2388.20	
5		大型机械设备进出场及安拆费				
6		地上、地下设施、建筑物的临时保护设施				
7		已完工程及设备保护			1195.84	417.15
		合　计			57318.63	417.15

注：本表适用于以"项"计价的措施项目。本表结果汇入表 6-11。

措施项目清单与计价表（二）

表 6-17

工程名称：××学院综合楼工程（装饰工程）　　　　第1页 共1页

序号	项目编码	项目名称	项目特征描述	计量单位	工程数量	金额(元)		
						综合单价	合价	其中：定额人工费
1	2.1	脚手架					14262.83	4896.27
2	2.1.1	外脚手架（檐口高度）双排（≤15m）		m²	1278.40	5.39	6890.58	1440.25
3	2.1.2	里脚手架		m²	2181.14	3.38	7372.25	3456.02
4	2.2	垂直运输机械					13135.12	5970.51
5	2.2.1	垂直运输机械		元	119410.19	0.11	13135.12	5970.51
6	2.3	室内空气污染测试					1600.00	
7	2.3.1	室内空气污染测试		点	4	400.00	1600.00	
		本页小计					28997.95	10866.78
		合　计					28997.95	10866.78

注：本表适用于以综合单价形式计价的措施项目。本表结果汇入表 6-11。

第六章 建筑工程费用计算

其他项目清单与计价汇总表　　　　　　　　　　　　表 6-18

工程名称：××学院综合楼工程（建筑工程）　　　　　　　第1页　共1页

序号	项目名称	计量单位	金额(元)	备注
1	暂列金额	项	50000.00	明细详见表6-20
2	暂估价	元	—	
2.1	材料暂估价	元	—	
2.2	专业工程暂估价	元	—	
3	计日工	元		
4	总承包服务费	元	—	
	合　计		50000.00	

注：材料暂估单价进入清单项目综合单价，此处不汇总。本表结果汇入表6-10。

其他项目清单与计价汇总表　　　　　　　　　　　　表 6-19

工程名称：××学院综合楼工程（装饰工程）　　　　　　　第1页　共1页

序号	项目名称	计量单位	金额(元)	备注
1	暂列金额	项	44000.00	明细详见表6-21
2	暂估价	元	81717.30	
2.1	材料暂估价	元	—	明细详见表6-22
2.2	专业工程暂估价	元	81717.30	明细详见表6-23
3	计日工	元	6950.00	明细详见表-6-24
4	总承包服务费	元	2451.52	明细详见表-6-25
	合　计		135118.82	

注：材料暂估单价进入清单项目综合单价，此处不汇总。本表结果汇入表6-11。

暂列金额明细表　　　　　　　　　　　　　　　表 6-20

工程名称：××学院综合楼工程（建筑工程）　　　　　　　　第 1 页　共 1 页

序号	项目名称	计量单位	暂列金额(元)	备注
1	预留金额		50000.00	
2				
3				
4				
5				
合　计			50000.00	

注：此表由招标人填写，如不能详列，也可只列暂定金额总额，投标人应将上述暂列金额计入投标总价中。本表结果汇入表 6-18。

暂列金额明细表　　　　　　　　　　　　　　　表 6-21

工程名称：××学院综合楼工程（装饰工程）　　　　　　　　第 1 页　共 1 页

序号	项目名称	计量单位	暂列金额(元)	备注
1	预留金额		44000.00	
2				
3				
4				
5				
合　计			44000.00	

注：此表由招标人填写，如不能详列，也可只列暂定金额总额，投标人应将上述暂列金额计入投标总价中。本表结果汇入表 6-19。

第六章 建筑工程费用计算

材料暂估单价表 表6-22

工程名称：××学院综合楼工程（装饰工程）　　　　　第1页 共1页

序号	材料名称、规格、型号	计量单位	单价(元)	备注
1	灰白色磨光花岗石厚20mm	m²	150.000	
2	浅灰色大块外墙面砖	m²	40.000	
3	豆绿色大块外墙面砖	m²	50.000	
4	成品实木装饰门（含门套、五金）	m²	600.000	

注：1. 此表由招标人填写，并在备注栏说明暂估价的材料拟用在哪些清单项目上，投标人应将上述材料暂估单价计入工程量清单综合单价报价中。
　　2. 材料包括原材料、燃料、构配件以及按规定应计入建筑安装工程造价的设备。

专业工程暂估价表　　表6-23

工程名称：××学院综合楼工程（装饰工程）　　　　　第1页 共1页

序号	工程名称	工程内容	金额(元)	备注
1	铝合金地弹簧门	13.86m²×380元/m²	5266.80	中空玻璃,待定。
2	铝合金推拉窗	218.43m²×350元/m²	76450.50	中空玻璃,待定。
	合　计		81717.30	

注：此表由招标人填写，投标人应将上述专业工程暂估价计入投标总价中。本表数据汇入表6-19。

计日工表

表 6-24

工程名称：××学院综合楼工程（建筑、装饰工程）　　　　第 1 页　共 1 页

编号	项目名称	单位	暂定数量	综合单价	合价
一	人　工				
1	建筑普工	工日	20	55	1100.000
2	建筑技工	工日	10	87	870.000
3	装饰细木工	工日	15	98	1470.000
	人工小计				3440.00
二	材　料				
1	铝塑板(40mm厚30丝)	m²	13	120	1560.000
2					
	材料小计				1560.00
三	施工机械				
1	履带式推土机(60kW)	台班	3	650	1950.000
2					
	施工机械小计				1950.00
	总　　计				6950.00

注：此表项目名称、数量由招标人填写，编制招标控制价时，单价由招标人按有关计价规定确定；投标时，单价由投标人自主报价，计入投标总价；本表数据汇入表 6-19。

总承包服务费计价表

表 6-25

工程名称：××学院综合楼工程（装饰工程）　　　　第 1 页　共 1 页

序号	项目名称	项目价值(元)	服务内容	费率(%)	金额(元)
一	发包人发包专业工程				2451.52
1	铝合金门、窗	81717.30		3	2451.52
2					
3					
4					
5					
二	发包人供应材料				
1					
2					
3					
4					
5					
	合　计				2451.52

注：本表数据汇入表 6-19。

第六章 建筑工程费用计算

规费项目清单与计价表 表6-26

工程名称：××学院综合楼工程（建筑工程） 第1页 共1页

序号	项目名称	计算基础	费率(%)	金额(元)
1	工程排污费	按工程所在地环保部门规定按实计算		3684.39
2	社会保障费	(1)+(2)+(3)		19655.98
(1)	养老保险费	分部分项清单定额人工费＋措施项目清单定额人工费	11	13025.05
(2)	失业保险费	分部分项清单定额人工费＋措施项目清单定额人工费	1.1	1302.50
(3)	医疗保险费	分部分项清单定额人工费＋措施项目清单定额人工费	4.5	5328.43
3	住房公积金	分部分项清单定额人工费＋措施项目清单定额人工费	5	5920.48
4	工伤保险和危险作业意外伤害保险	分部分项清单定额人工费＋措施项目清单定额人工费	1.3	1539.32
	合　　计			30800.17

本表结果汇入表6-10。

规费项目清单与计价表 表6-27

工程名称：××学院综合楼工程（装饰工程） 第1页 共1页

序号	项目名称	计算基础	费率(%)	金额(元)
1	工程排污费	按工程所在地环保部门规定按实计算		
2	社会保障费	(1)+(2)+(3)		21695.23
(1)	养老保险费	分部分项清单定额人工费＋措施项目清单定额人工费	11	14376.35
(2)	失业保险费	分部分项清单定额人工费＋措施项目清单定额人工费	1.1	1437.64
(3)	医疗保险费	分部分项清单定额人工费＋措施项目清单定额人工费	4.5	5881.24
3	住房公积金	分部分项清单定额人工费＋措施项目清单定额人工费	5	6534.71
4	工伤保险和危险作业意外伤害保险	分部分项清单定额人工费＋措施项目清单定额人工费	1.3	1699.02
	合　　计			29928.96

主要材料耗用量及单价汇总表

表 6-28

工程名称：××学院综合楼工程　　　　　　　　　　　　　第 1 页　共 2 页

序号	材料名称	规格、型号及特殊要求	单位	数量	单价（元）	备注
1	汽油（机械用）		kg	149.430	9.76	
2	柴油（机械用）		kg	1233.393	8.71	
3	水泥	32.5	kg	120626.198	0.35	
4	水泥	42.5	kg	3268.000	0.40	
5	白水泥		kg	862.937	0.60	
6	水泥煤渣砌块		m³	212.967	90.00	
7	标准砖		千匹	33.874	380.00	
8	中砂		m³	117.589	80.00	
9	细砂		m³	46.299	80.00	
10	砾石	5～10mm	m³	10.815	60.00	
11	砾石	5～40mm	m³	9.200	60.00	
12	连砂石		m³	0.876	28.00	
13	毛石		m³	0.842	30.00	
14	石灰膏		m³	6.105	110.00	
15	装配式U型轻钢龙骨		m²	445.832	18.00	
16	不锈钢管	φ25	m	134.367	16.00	
17	不锈钢管	φ35	m	34.198	25.00	
18	不锈钢管	φ50	m	26.479	35.00	
19	纸面石膏板	12mm厚	m²	467.686	10.00	
20	灰白色磨光花岗石	20mm厚	m²	27.418	150.00	为材料暂估价
21	浅灰色大块外墙面砖		m²	821.314	40.00	为材料暂估价
22	豆绿色大块外墙面砖		m²	301.898	50.00	为材料暂估价
23	成品实木装饰门	含门套、五金	m²	92.760	600.00	为材料暂估价
24	浅灰色饰面砖		m²	1.515	36.00	
25	浅灰色面砖		m²	20.206	30.00	
26	200×300瓷砖		m²	103.178	50.00	

第六章 建筑工程费用计算

续表

工程名称：××学院综合楼工程　　　　　　　　　　　　　　　　第2页　共2页

序号	材料名称	规格、型号及特殊要求	单位	数量	单价（元）	备注
27	150×200瓷砖		m²	468.603	67.00	
28	彩釉地砖	300×300	m²	192.240	80.00	
29	150×300黑色面砖		m²	70.696	33.00	
30	300×300楼梯砖		m²	80.010	50.00	
31	彩釉地砖	600×600	m²	943.482	90.00	
32	铁件		kg	7.556	6.50	
33	水		m³	613.175	2.50	
34	脚手架钢材		kg	1059.646	5.00	
35	二等锯材		m³	7.904	2200.00	
36	立邦永得丽底漆		kg	379.262	25.00	
37	立邦永得丽面漆		kg	986.579	27.00	
38	珍珠岩		m³	384.280	90.00	
39	石油沥青	30#	kg	178.618	4.10	
40	汽油		kg	29.067	9.76	
41	钢筋	综合	t	0.400	4910.00	
42	圆钢	≤Φ10	t	28.877	4910.00	
43	圆钢	>Φ10	t	30.252	4910.00	
44	锯材	综合	m³	2.111	2200.00	
45	摊销卡具和支撑钢材		kg	2321.222	5.00	
46	组合钢模板	包括附件	kg	1225.138	5.50	
47	商品混凝土	C10	m³	43.374	290.00	
48	商品混凝土	C15	m³	5.481	300.00	
49	商品混凝土	C20	m³	140.970	310.00	
50	商品混凝土	C30	m³	330.562	340.00	
51	湿拌地面砂浆		m³	16.533	320.00	

红砖用量分析表　　　　　　　　　　　　　　　　　表 6-29

工程名称：××学院综合楼工程　　　　　　　　　　　　　　　　　单位：千匹

序号	定额编号	项 目 名 称	单位	工程量	定额耗用量	材料用量
1	AC0014	M5(细砂)水泥砂浆砌砖墙	m³	13.47	0.531	7.153
2	AC0013	M10(细砂)混合砂浆砌砖墙	m³	8.82	0.531	4.683
3	AC0074	M5(细砂)混合砂浆贴砖(1/2厚)	m³	6.50	0.563	3.660
4	AC0065 换	M2.5(细砂)混合砂浆零星砌砖	m³	21.29	0.552	11.752
5	AC0113	M5(细砂)混合砂浆硅酸盐砌块墙	m³	30.60	0.028	0.857
6	AC0113	M5(细砂)混合砂浆硅酸盐砌块墙	m³	206.03	0.028	5.769
		合计				33.874

注：将本表计算结果汇入表 6-28 序号 7。

C20 商品混凝土用量分析表　　　　　　　　　　　　　　　　表 6-30

工程名称：××学院综合楼工程　　　　　　　　　　　　　　　　　单位：m³

序号	定额编号	项 目 名 称	单位	工程量	定额耗用量	材料用量
1	AD0011	现浇 C20 商品混凝土基础	m³	69.40	1.015	70.47
2	AD0077	现浇 C20 商品混凝土柱	m³	1.90	0.989	1.88
3	AD0102	现浇 C20 商品混凝土梁	m³	24.00	1.015	24.37
4	AD0209	现浇 C20 商品混凝土墙	m³	11.30	1.013	11.45
5	AD0295 换	现浇 C20 商品混凝土檐沟	m³	8.40	1.015	8.53
6	AD0319	现浇 C20 商品混凝土直形楼梯	m²	49.70	0.239	11.87
7	AD0349	现浇 C20 商品混凝土零星项目	m³	1.50	1.027	1.54
8	AD0425	现浇 C20 商品混凝土楼地面垫层	m³	0.60	0.950	0.57
9	AD0541	预制 C20 商品混凝土过梁	m³	10.10	1.019	10.29
		合计				140.970

注：将本表计算结果汇入表 6-28 序号 49。

复习思考题与习题

1. 分部分项工程费包括哪些内容？分部分项工程费怎样计算？
2. 什么是综合单价？综合单价包括哪些内容？计算综合单价的依据有哪些？
3. 确定综合单价有哪几种方法？
4. 为什么要重新计算工程量组合单价？工料消耗系数有什么作用？
5. 根据建设工程工程量清单计价规范和本地区建设行政主管部门制定的消耗量定额和当地市场材料价格，确定第五章"××学院综合楼工程"下列项目的综合单价，并计算出相应的分部分项工程费。

第六章 建筑工程费用计算

(1) 平整场地（见表 5-22 序号 1）
(2) 挖基础土方（挖土深度：2.1m 以内）（见表 5-22 序号 2）
(3) M5 水泥砂浆砌砖基础（防潮层：1∶2 防水砂浆 20mm 厚）（见表 5-22 序号 6）
(4) M2.5 水泥砂浆屋顶砖砌栏杆（见表 5-22 序号 9）
(5) C20 现浇混凝土独立基础（C10 混凝土垫层 100mm 厚）（见表 5-22 序号 13）
(6) C30 现浇混凝土有梁板（见表 5-22 序号 21）
(7) C20 现浇混凝土挑檐板（见表 5-22 序号 22）
(8) 500×500 地砖地面（C10 混凝土垫层 80mm 厚，水泥砂浆 1∶2 厚度 20mm 厚）（见表 5-23 序号 1）
(9) 500×500 地砖楼面（水泥砂浆 1∶2 厚度 20mm 厚）（见表 5-23 序号 3）
(10) 铝合金推拉窗（0.9m×1.5m）（见表 5-23 序号 29）

6. 什么是措施项目费？措施项目费包括哪些内容？
7. 措施项目费有哪几种计算方法？
8. 根据本地区建设行政主管部门制定的消耗量定额，确定"××学院综合楼工程"的脚手架费用和垂直运输费。
9. 什么是其他项目费？工程结算时是否还存在此费用，为什么？
10. 其他项目费招标人部分及投标人部分各怎样计算？
11. 规费包括哪些内容？怎样计算？结合本地实际计算"××学院综合楼工程"的相关规费。
12. 税金怎样计算？
13. 单位工程费及工程总费用怎样计算？

第七章

工程结算

学习重点：

1. 工程结算的概念和工程结算的规定。具体内容包括预付工程款、工程进度款、竣工结算和工程尾款。

2. 竣工结算的编制方法。

第七章 工程结算

第一节 概 述

一、工程结算

工程结算是指承包方在工程实施过程中,依据施工合同中关于付款条件的规定和已经完成的工程量,并按照规定的程序向发包方收取工程价款的一项经济活动。

从事工程价款结算活动,应当遵循合法、平等、客观、公正、诚信的原则,并符合国家有关法律、法规和政策。

建设工程由于工期长、资金数额大,都采用分次支付方式支付工程价款。所以,工程价款的支付有预付工程款、工程进度款、竣工结算以及工程尾款几种方式。

(一)预付工程款

预付工程款是指施工合同签定后工程开工前,发包方预先支付给承包方的工程价款(该款项一般用于准备材料,所以又称工程备料款)。预付工程款一般不超过合同金额的30%。

(二)工程进度款

工程进度款是指工程在施工过程中,根据合同约定按照工程形象进度,划分不同阶段支付的工程款。

(三)竣工结算

竣工结算是指工程竣工后,根据施工合同、招投标文件、竣工资料、现场签证等,编制的工程结算总造价的文件。根据竣工结算文件,承包方与发包方办理竣工总结算。

(四)工程尾款

工程尾款是指办理工程竣工结算时,保留的工程质量保证(保修)金,待工程交付使用质保期满后清算的款项。

二、结算办法

根据中华人民共和国财政部、建设部2004年颁发的"建设工程价款结算暂行办法"(财建(2004)369号)的规定,工程结算的办法如下:

(一)预付工程款

预付工程款结算应符合下列规定:

1. 包工包料工程的预付款按合同约定拨付,原则上预付比例不低于合同金额的10%,不高于合同金额的30%,对重大工程项目,按年度工程计划逐年预付。执行《建设工程工程量清单计价规范》GB 50500—2003计价的工程,实体性消耗和非实体性消耗部分应在合同中分别约定预付款比例。

2. 在具备施工条件的前提下，发包人应在双方签订合同后的一个月内或不迟于约定的开工日期前的 7 天内预付工程款，发包人不按约定预付，承包人应在预付时间到期后 10 天内向发包人发出要求预付的通知，发包人收到通知后仍不按要求预付，承包人可在发出通知 14 天后停止施工，发包人应从约定应付之日起向承包人支付应付款的利息（利率按同期银行贷款利率计），并承担违约责任。

　　3. 预付的工程款必须在合同中约定抵扣方式，并在工程进度款中进行抵扣。

　　4. 凡是没有签订合同或不具备施工条件的工程，发包人不得预付工程款，不得以预付款为名转移资金。

　　（二）工程进度款

　　工程进度款结算与支付应当符合下列规定：

　　1. 工程进度款结算方式

　　（1）按月结算与支付。即实行按月支付进度款，竣工后清算的办法。合同工期在两个年度以上的工程，在年终进行工程盘点，办理年度结算。

　　（2）分段结算与支付。即当年开工、当年不能竣工的工程按照工程形象进度，划分不同阶段支付工程进度款。具体划分在合同中明确。

　　2. 工程量计算

　　（1）承包人应当按照合同约定的方法和时间，向发包人提交已完工程量的报告。发包人接到报告后 14 天内核实已完工程量，并在核实前 1 天通知承包人，承包人应提供条件并派人参加核实，承包人收到通知后不参加核实，以发包人核实的工程量作为工程价款支付的依据。发包人不按约定时间通知承包人，致使承包人未能参加核实，核实结果无效。

　　（2）发包人收到承包人报告后 14 天内未核实完工程量，从第 15 天起，承包人报告的工程量即视为被确认，作为工程价款支付的依据，双方合同另有约定的，按合同执行。

　　（3）对承包人超出设计图纸（含设计变更）范围和因承包人原因造成返工的工程量，发包人不予计量。

　　3. 工程进度款支付

　　（1）根据确定的工程计量结果，承包人向发包人提出支付工程进度款申请，14 天内，发包人应按不低于工程价款的 60%，不高于工程价款的 90% 向承包人支付工程进度款。按约定时间发包人应扣回的预付款，与工程进度款同期结算抵扣。

　　一般情况下，预付工程款是在剩余工程款中的材料费等于预付工程款时开始抵扣（即"起扣点"）。如，某工程合同价是 1200 万元（其中材料费占 60%），预付工程款是 240 万元（1200×20%＝240 万元）。预付工程款的"起扣点"应为：1200－240÷0.6＝800 万元。既是说，整个工程款付至 800 万元（含 240 万元的预付工程款及工程进度款）时，才开始扣除 240 万元的预付工程款。

　　（2）发包人超过约定的支付时间不支付工程进度款，承包人应及时向发包人发出要求付款的通知，发包人收到承包人通知后仍不能按要求付款，可与承包人协商签订延期付款协议，经承包人同意后可延期支付，协议应明确延期支付的时间和从工程计量结果确认后第15天起计算应付款的利息（利率按同期银行贷款利率计）。

（3）发包人不按合同约定支付工程进度款，双方又未达成延期付款协议，导致施工无法进行，承包人可停止施工，由发包人承担违约责任。

（三）竣工结算

工程竣工后，双方应按照约定的合同价款及合同价款调整内容以及索赔事项，进行工程竣工结算。

1. 工程竣工结算方式

工程竣工结算分为单位工程竣工结算、单项工程竣工结算和建设项目竣工总结算。

2. 工程竣工结算编审

（1）单位工程竣工结算由承包人编制，发包人审查；若实行总承包的工程，由具体承包人编制，在总包人审查的基础上，发包人审查。

（2）单项工程竣工结算或建设项目竣工总结算由总（承）包人编制，发包人可直接进行审查，也可以委托具有相应资质的工程造价咨询机构进行审查。政府投资项目，由同级财政部门审查。单项工程竣工结算或建设项目竣工总结算经发、承包人签字盖章后有效。

承包人应在合同约定期限内完成项目竣工结算编制工作，未在规定期限内完成的并且提不出正当理由延期的，责任自负。

3. 工程竣工结算审查期限

单项工程竣工后，承包人应在提交竣工验收报告的同时，向发包人递交竣工结算报告及完整的结算资料，发包人应按以下规定时限进行核对（审查）并提出审查意见。

工程竣工结算报告金额审查时间：

（1）500万元以下，从接到竣工结算报告和完整的竣工结算资料之日起20天。

（2）500～2000万元，从接到竣工结算报告和完整的竣工结算资料之日起30天。

（3）2000～5000万元，从接到竣工结算报告和完整的竣工结算资料之日起45天。

（4）5000万元以上，从接到竣工结算报告和完整的竣工结算资料之日起60天。

建设项目竣工总结算在最后一个单项工程竣工结算审查确认后15天内汇总，送发包人后30天内审查完成。

发包人收到承包人递交的竣工结算报告及完整的结算资料后，应按上述规定的期限（合同约定有期限的，从其约定）进行核实，给予确认或者提出修改意见。

4. 索赔价款结算

发承包人未能按合同约定履行自己的各项义务或发生错误，给另一方造成经济损失的，由受损方按合同约定提出索赔，索赔金额按合同约定支付。

5. 合同以外零星项目工程价款结算

发包人要求承包人完成合同以外零星项目，承包人应在接受发包人要求的7天内就用工数量和单价、机械台班数量和单价、使用材料和金额等向发包人提出施工签证，发包人签证后施工，如发包人未签证，承包人施工后发生争议的，责任由承包人自负。

（四）工程尾款

发包人根据确认的竣工结算报告向承包人支付工程竣工结算价款，保留5%左右的质量保证（保修）金，待工程交付使用一年质保期到期后清算（合同另有约定的，从其约定），质保期内如有返修，发生费用应在质量保证（保修）金内扣除。

（五）合同未约定的工程价款结算

工程价款结算应按合同约定办理，合同未作约定或约定不明的，发、承包双方应依照下列规定协商处理：

1. 国家有关法律、法规和规章制度；
2. 国务院建设行政主管部门、省、自治区、直辖市或有关部门发布的工程造价计价标准、计价办法等有关规定；
3. 建设项目的合同、补充协议、变更签证和现场签证，以及经发、承包人认可的其他有效文件；
4. 其他可依据的材料。

三、工程合同价款的约定与调整

（一）施工合同订立

招标工程的合同价款应当在规定时间内，依据招标文件、中标人的投标文件，由发包人与承包人（以下简称"发、承包人"）订立书面合同约定。

非招标工程的合同价款依据审定的工程预（概）算书由发、承包人在合同中约定。

合同价款在合同中约定后，任何一方不得擅自改变。

（二）施工合同对工程价款结算的约定

发包人、承包人应当在合同条款中对涉及工程价款结算的下列事项进行约定：

1. 预付工程款的数额、支付时限及抵扣方式；
2. 工程进度款的支付方式、数额及时限；
3. 工程施工中发生变更时，工程价款的调整方法、索赔方式、时限要求及金额支付方式；
4. 发生工程价款纠纷的解决方法；
5. 约定承担风险的范围及幅度以及超出约定范围和幅度的调整办法；
6. 工程竣工价款的结算与支付方式、数额及时限；
7. 工程质量保证（保修）金的数额、预扣方式及时限；
8. 安全措施和意外伤害保险费用；
9. 工期及工期提前或延后的奖惩办法；
10. 与履行合同、支付价款相关的担保事项。

（三）合同价款方式

承包人在签订合同时对于工程价款的约定，可选用下列一种约定方式：

1. 固定总价。合同工期较短且工程合同总价较低的工程，可以采用固定总价合同方式。某地区规定：合同工期在180天以内（含180天）且工程合同总价在200万元以内的工程，可采用固定总价合同方式。

2. 固定单价。双方在合同中约定综合单价包含的风险范围和风险费用的计算方法，在约定的风险范围内综合单价不再调整。风险范围以外的综合单价调整方法，应当在合同中约定。

3. 可调价格。可调价格包括可调综合单价和措施费等，双方应在合同中约定综合单价和措施费的调整方法，调整因素包括：

（1）法律、行政法规和国家有关政策变化影响合同价款；
（2）工程造价管理机构的价格调整；
（3）经批准的设计变更；
（4）发包人更改经审定批准的施工组织设计（修正错误除外）造成费用增加；
（5）双方约定的其他因素；
（6）一周内非承包人原因停水、停电造成停工累计超过8小时。

（四）工程设计变更价款调整

1. 施工中发生工程变更，承包人按照经发包人认可的变更设计文件，进行变更施工，其中，政府投资项目重大变更，需按基本建设程序报批后方可施工。

2. 在工程设计变更确定后14天内，设计变更涉及工程价款调整的，由承包人向发包人提出，经发包人审核同意后调整合同价款。变更合同价款按下列方法进行：

（1）合同中已有适用于变更工程的价格，按合同已有的价格变更合同价款；
（2）合同中只有类似于变更工程的价格，可以参照类似价格变更合同价款；
（3）合同中没有适用或类似于变更工程的价格，由承包人或发包人提出适当的变更价格，经对方确认后执行。如双方不能达成一致的，双方可提请工程所在地工程造价管理机构进行咨询或按合同约定的争议或纠纷解决程序办理。

3. 工程设计变更确定后14天内，如承包人未提出变更工程价款报告，则发包人可根据所掌握的资料决定是否调整合同价款和调整的具体金额。重大工程变更涉及工程价款变更报告和确认的时限由发承包双方协商确定。

收到变更工程价款报告一方，应在收到之日起14天内予以确认或提出协商意见，自变更工程价款报告送达之日起14天内，对方未确认也未提出协商意见时，视为变更工程价款报告已被确认。

确认增（减）的工程变更价款作为追加（减）合同价款与工程进度款同期支付。

（五）工程价款调整期限

工程价款调整期限：承包人_____14天_____发包人_____14天_____承包人。

承包人应当在合同规定的调整情况发生后14天内，将调整原因、金额以书面形式通知发包人，发包人确认调整金额后将其作为追加合同价款，与工程进度款同期支付。发包人收到承包人通知后14天内不予确认也不提出修改意见，视为已经同意该项调整。

当合同规定的调整合同价款的调整情况发生后，承包人未在规定时间内通知发包人，或者未在规定时间内提出调整报告，发包人可以根据有关资料，决定是否调整和调整的金额，并书面通知承包人。

四、工程价款结算争议处理

（一）工程造价咨询机构接受发包人或承包人委托，编审工程竣工结算，应按合同约定和实际履约事项认真办理，出具的竣工结算报告经发、承包双方签字后生效。若当事人一方对报告有异议的，可对工程结算中有异议部分，向有关部门申请咨询后协商处理，若不能达成一致的，双方可按合同约定的争议或纠纷解决程序办理。

（二）发包人对工程质量有异议，已竣工验收或已竣工未验收但实际投入使用的工程，其质量争议按该工程保修合同执行；已竣工未验收且未实际投入使用的工程以及停工、停建工程的质量争议，应当就有争议部分的竣工结算暂缓办理，双方可就有争议的工程委托有资质的检测鉴定机构进行检测，根据检测结果确定解决方案，或按工程质量监督机构的处理决定执行，其余部分的竣工结算依照约定办理。

（三）当事人对工程造价发生合同纠纷时，可通过下列办法解决：
1. 双方协商确定；
2. 按合同条款约定的办法提请调解；
3. 向有关仲裁机构申请仲裁或向人民法院起诉。

五、工程价款结算管理

（一）工程竣工后，发、承包双方应及时办清工程竣工结算，否则，工程不得交付使用，有关部门不予办理权属登记。

（二）发包人与中标的承包人不按照招标文件和中标的承包人的投标文件订立合同的，或者发包人、中标的承包人背离合同实质性内容另行订立协议，造成工程价款结算纠纷的，另行订立的协议无效，由建设行政主管部门责令改正，并按《中华人民共和国招标投标法》第五十九条进行处罚。

（三）接受委托承接有关工程结算咨询业务的工程造价咨询机构应具有工程造价咨询单位资质，其出具的办理拨付工程价款和工程结算的文件，应当由造价工程师签字，并应加盖执业专用章和单位公章。

第二节　竣工结算的编制

一、竣工结算的作用

1. 竣工结算是确定工程竣工结算总造价的经济文件。
2. 竣工结算是发承包人双方办理最终工程竣工结算的重要依据。
3. 竣工结算是承包方企业进行内部成本核算的重要依据。

二、竣工结算的编制依据

竣工结算的编制依据主要有以下内容：
1. 施工合同或协议书
2. 招标文件、投标文件
3. 竣工资料（包括设计变更、各种技术签证、费用签证等）
4. 竣工图纸
5. 计价规范
6. 国家及地方有关法律、法规和政策

三、竣工结算编制基本方法

竣工结算编制的基本方法：竣工结算价＝合同价＋调整价

合同价是指合同订立的价。

调整价是指按合同约定应该调整的价。调整价内容主要包括工程量调整价、工料价格调整价、政策性调整价、索赔费用、合同以外零星项目费用以及奖惩费用等。

（一）工程量调整

工程量调整主要是指施工过程中设计变更或工程量清单的工程量计算误差造成的工程量增减变化。其调整价的计算公式为：

$$工程量调整＝\Sigma(工程量\times综合单价)$$

1. 工程量

工程量主要是指设计变更和清单误差的工程数量。一般情况下，固定总价包干的合同不存在工程量调整。工程量是否调整要视合同的具体约定。

2. 综合单价

综合单价的确定如下：

合同中已有适用于变更工程的价格，按合同已有的价格确定；

合同中只有类似于变更工程的价格，可以参照类似价格确定；

合同中没有适用或类似于变更工程的价格，由承包人或发包人提出适当的变更价格，经双方认可后确定。

（二）工料价格调整

工料是指人工、材料、机械。工料价格调整是指按合同约定可以调整的人工、材料、机械的单价差调整（若合同约定不予调整的不得调整），其计算方法如下：

（1）人工单价调整＝人工费×调整系数

式中，调整系数根据合同的约定确定。

（2）材料单价调整＝Σ（材料数量×材料调整价差）

式中，材料数量是指合同约定可以调整材料的数量，一般是指价高、量大的材料；材料调整价差是指合同约定的价差。

（3）机械单价调整＝机械费×调整系数

式中，调整系数根据合同的约定确定。

（三）政策性调整价

政策性调整价主要是指按合同规定可以调整的政策性费用。比如规费、安全施工费等。

规费，由于规费是按有权部门规定收取的费用，有的地区规定规费不参与市场竞争，工程投标报价时不计入总报价，在办理结算时按规定计算进入结算总价。安全施工费也是如此。

（四）合同以外零星项目费用

发包人要求承包人完成合同以外零星项目的费用，计算公式如下：

人工费＝Σ（签证用工数量×人工单价）

材料费＝Σ（签证材料数量×材料单价）

机械费＝Σ（签证机械台班数量×机械台班单价）

（五）索赔费用

索赔费用是指发承包人未能按合同约定履行自己的各项义务或发生错误，给另一方造成的经济损失的，由受损方按合同约定提出索赔，索赔金额按合同约定支付。

索赔费用＝承包人索赔费用－发包人索赔费用

1. 承包人索赔费用

是指非承包人原因造成承包人损失的费用。如由于发包人进行设计变更未及时造成施工现场塔吊闲置、停窝工损失、材料浪费等。

2. 发包人索赔费用

是指非发包人原因造成发包人损失的费用。

（六）奖惩费用

如合同约定获得"鲁班奖"或提前工期时，发包人给承包人予奖励，奖励费用按合同约定计算。如合同约定由于承包人的原因（承包人施工组织不善等）造成工期延后，发包人给承包人以惩罚，惩罚费用按合同约定计算。

四、竣工结算编制实例

为便于理解和掌握工程竣工结算编制的基本知识和基本方法，下面以"××学院综合楼工程"为例，介绍竣工结算的编制。

××学院综合楼工程，建筑面积 1228.13m²，4 层（局部 3 层）、一二层层高 4.2m、三四层层高 3.3m，总高 15m，框架结构。由××建筑公司中标，中标价 122.72 万元，合同总价为 122.72 万元，为可调价格（注：该工程可按总价包干订立合同，但为阐述价格调整的结算编制方法，故为可调价格合同）。开工时间 2006 年 8 月 20 日，工期 110 天，于 2006 年 12 月 8 日如期完成整个工程的建设，并办理工程竣工结算。

（一）竣工结算的相关资料

1. 2006 年 11 月 2 日设计变更通知，将所有胶合板门改为成品装饰木门。由于该设计变更通知太晚，收到设计变更通知单时施工单位已完成了胶合板门的加工制作，给施

第七章 工程结算

工单位造成经济损失，经建设、施工单位双方协商，建设单位按原投标报价的60%的赔偿经济损失。经协商成品装饰木门结算价格见表7-1。

成品装饰木门协商结算价格表　　　　　　　　　　表7-1

序号	木　门	单位	协议结算价	备　注
1	成品装饰木门（1.5×2.4）	樘	1600.00	含门套及门锁
2	成品装饰木门（1.8×2.4）	樘	1600.00	含门套及门锁
3	成品装饰木门（0.9×2.4）	樘	850.00	含门套及门锁
4	成品装饰木门（0.9×2.0）	樘	850.00	含门套及门锁
5	成品装饰木门（0.7×2.0）	樘	800.00	含门套及门锁
6	成品装饰木门（1.2×2.7）	樘	1500.00	含门套及门锁

2. 2006年9月15日设计变更通知，将雨篷下 $\phi 450$ 的圆柱改为 $\phi 600$ 圆柱，强度等级不变，主筋改为 $8\phi 20$，箍筋直径不变。

3. 2006年11月2日设计变更通知，将雨篷下地面及台阶原地砖改为彩色水磨石。做法为：面层1∶1.5白水泥彩色石子浆15mm厚，底层1∶3水泥砂浆25mm厚。

4. 原合同规定，凡遇政策性调整，按当地有权部门的规定办理结算。

该工程招标文件要求养老保险费、失业保险费、医疗保险费三项规费按当时规定报价，结算时按当地有权部门给施工单位核定的费率计算调整，调整的基数按原报价时的人工费计算。该工程施工企业的三项规费费率经当地有权部门核定（每年核定一次）为：养老保险费10%、失业保险费1.5%、医疗保险费5%。

5. 施工合同规定，除钢材外人工、材料、机械不作调整。钢材调整的具体规定为：如果钢材价格波动超过5%时，调整超过5%的部分。在工程实施过程中钢材价格普涨400元/t，涨幅超过5%。经发、承包人双方协商钢材按200元/t调整。

（二）竣工结算编制

根据上述情况编制竣工结算。

1. 胶合板门改为成品装饰木门费用增减调整。

本项目减少870.46元（见表7-2），增加40800.00元（见表7-3），净增40800.00－870.46=39929.54元。

扣减胶合板门费用表　　　　　　　　　　表7-2

序号	木　门	单位	数量	投标报价的综合单价	比例	减少金额（元）	备　注
1	胶合板门（1.5×2.4）	樘	3	－476.26	40%	－190.50	
2	胶合板门（1.8×2.4）	樘	2	－568.87	40%	－227.55	
3	胶合板门（0.9×2.4）	樘	20	－285.76	40%	－114.30	
4	胶合板门（0.9×2.0）	樘	2	－234.85	40%	－93.94	
5	胶合板门（0.7×2.0）	樘	12	－182.67	40%	－73.07	
6	胶合板门（1.2×2.7）	樘	3	－427.75	40%	－171.10	
	合　计					－870.46	

注："减少金额"按投标报价的40%计算。即：减少金额=数量×投标报价的综合单价×40%。表中的"投标报价的综合单价"和"数量"见表6-20的序21～序26。

增加成品装饰木门费用表　　　　　　　　　　　　　　　　表 7-3

序号	木 门	单位	数量	协议结算价	增加金额（元）	备 注
1	成品实木门（1.5×2.4）	樘	3	1600.00	4800.00	含门套及门锁
2	成品实木门（1.8×2.4）	樘	2	1600.00	3200.00	含门套及门锁
3	成品实木门（0.9×2.4）	樘	20	850.00	17000.00	含门套及门锁
4	成品实木门（0.9×2.0）	樘	2	850.00	1700.00	含门套及门锁
5	成品实木门（0.7×2.0）	樘	12	800.00	9600.00	含门套及门锁
6	成品实木门（1.2×2.7）	樘	3	1500.00	4500.00	含门套及门锁
	合　计				40800.00	

2. $\phi450$ 的圆柱改为 $\phi600$ 圆柱，强度等级不变，主筋改为 $8\phi20$，箍筋直径不变。

该项增加"现浇 C30 混凝土异形柱"、"现浇混凝土钢筋 $\phi10$ 以内圆钢"、"现浇混凝土钢筋 $\phi10$ 以上螺纹钢"三个项目。需要调整工程量，工程量计算见表 7-4。

工程量计算表　　　　　　　　　　　　　　　　　　　　表 7-4

序号	项目名称	单位	工程量	计 算 式
1	现浇 C30 混凝土异形柱	m³	1.51	（1）原投标工程量：1.94m³（见表 5-18） （2）改后工程量：0.60×0.60×0.7854×6.1×2=3.45m³ 净增工程量：3.45－1.94=1.51m³
2	现浇混凝土钢筋 $\phi10$ 以内圆钢	t	0.016	$\phi8$ 螺旋钢筋： $L\text{设计更改}=\sqrt{6.485^2+\left(\pi\times0.548\times\frac{6.485}{0.15}\right)^2}+12.5\times0.08=74.84\text{m}$ $L\text{原设计}=\sqrt{6.485^2+\left(\pi\times0.398\times\frac{6.485}{0.15}\right)^2}+12.5\times0.08=54.54\text{m}$ 钢筋质量＝（74.84－54.54）×0.395×2＝16.04kg
3	现浇混凝土钢筋 $\phi10$ 以上螺纹钢	t	0.068	$2\phi20$ 螺纹钢：（6.55－0.035－0.03＋0.15＋12×0.02）×2×2.466×2＝67.82kg

费用计算：该项设计变更涉及三个项目的价格均属"合同中已有适用于变更工程的价格"，按合同已有的价格（即投标报价）执行。原投标报价见表 6-20 序 17、序 30、序 32。增加费用计算见表 7-5。

圆柱设计变更费用表　　　　　　　　　　　　　　　　表 7-5

序号	项目编码	项目名称	单位	工程量	综合单价	合价
1	010402002001	现浇 C30 混凝土异形柱(雨棚下)	m³	1.51	275.95	416.68
2	010416001001	现浇混凝土钢筋($\phi10$ 以内圆钢)	t	0.016	5152.65	82.44
3	010416001003	现浇混凝土钢筋($\phi10$ 以上螺纹钢)	t	0.068	4833.86	328.70
		合　计				827.82

3. 雨篷下地面及台阶地砖改为彩色水磨石

工程量计算见表 7-6。

工程量计算表　　　　表 7-6

序号	项目名称	单位	工程量	计算式
1	台阶面彩色水磨石	m²	8.37	(4.6×3.14－2×0.25)×0.6＝8.37m²
2	雨篷下地面彩色水磨石	m²	26.88	4.3×4.3×3.14÷2－8.6×0.25＝26.88m²

费用计算：该项设计变更涉及两个项目的价格均属"合同中没有适用或类似于变更工程的价格"，由承包人或发包人提出适当的变更价格，经对方确认后确定。见表 7-7、表 7-8，该项设计变更净增费用 2778.92－1700.99＝1077.93 元。

增加雨篷下地面及台阶彩色水磨石费用表　　　　表 7-7

序号	项目名称	单位	工程量	综合单价	合价
1	台阶面彩色水磨石	m²	8.37	91.76	768.03
2	雨篷下彩色水磨石	m²	26.88	74.81	2010.89
	合计				2778.92

表中"综合单价"的计算方法详第六章，略。

减少雨篷下地面及台阶地砖费用表　　　　表 7-8

序号	项目编码	项目名称	单位	工程量	综合单价	合价
1	020102002001	台阶面贴地砖	m²	8.37	－45.83	－383.60
2	020108002001	雨篷下地面 500×500 地砖地面	m²	26.88	－49.01	－1317.39
		合计				－1700.99

表中"综合单价"按原投标报价计算，见表 6-20 序 1、序 9。

4. 养老保险费、失业保险费、医疗保险费三项规费调整

养老保险费、失业保险费、医疗保险费三项规费调整见表 7-9。原人工费即投标报价人工费，建筑工程 53780.77 元（见表 6-19）、建筑工程 98913.12 元（见表 6-20），两项之和等于 152693.90 元。经计算，三项规费调整减少费用 8398.17 元。

规费调整表　　　　表 7-9

序号	费用名称	计算基数（原人工费）	投标报价费率	新计费率	费率差	金额（元）	备注
1	养老保险费	152693.90	14%	10%	－4%	－6107.76	
2	失业保险费	152693.90	2%	1.5%	－0.5%	－763.47	
3	医疗保险费	152693.90	6%	5%	－1%	－1526.94	
	合计					－8398.17	

5. 钢材价格调整

本工程钢材总消耗量（见表6-32）：φ10以内圆钢 28.878t＋φ10以内圆钢 1.712t＋φ10以内圆钢 28.540t＋圆柱变更增加 (0.016+0.068)×1.03(加损耗)＝59.217t。

钢材价格调整金额＝59.217×200＝11843.40元。

6. 竣工结算总价计算

竣工结算总价按合同总价扣除"招标人部分"金额，加增减调整金额，计算方法见表7-10。经计算该工程竣工结算总价为107.60万元。

竣工结算造价汇总表　　　　　　　　　　　　　　　表7-10

序号	费用名称	金额(万元)	备注
一	合同包干价	122.7200	合同包干
二	招标人部分	－19.6466	
1	建筑工程	－2.9817	见表6-25(预留金)
2	装饰工程	－16.6649	见表6-26(预留金、甲供材料)
三	增减调整价	4.5280	
1	胶合板门改为成品装饰木门	3.9930	设计变更
2	φ450的圆柱改为φ600圆柱	0.0827	设计变更
3	雨篷下地面及台阶原地砖改为彩色水磨石	0.1078	设计变更
4	三项规费调整	－0.8398	政策性调整
5	钢材价格调整	1.1843	材料价差调整
	结算总价	107.6014	

复习思考题

1. 什么是工程结算，工程结算有哪几种方式？
2. 工程结算应遵循的原则是什么？
3. 预付工程款、工程进度款、竣工结算以及工程尾款的最低、最高限额各是多少？
4. 预付工程款在什么时间拨付？
5. 工程进度款的结算方式有哪两种？
6. 工程竣工结算由谁编谁审？审查时限是多少？
7. 什么情况下会发生索赔？谁向谁索赔？
8. 建设工程施工合同（即承包合同）的合同价款方式有哪几种？
9. 工程设计变更价款的调整方法有哪三种情况？
10. 竣工结算有哪些作用？竣工结算的编制依据有哪些？
11. 竣工结算编制的基本方法是合同价加调整价，调整价包括哪几个方面？
12. 什么情况下可进行工程量的调整，怎样调整？调整的依据是什么？
13. 什么情况下可进行工料价格的调整，怎样调整？调整的依据是什么？
14. 合同未约定或约定不明的工程价款结算可依据什么进行？
15. 合同以外的零星项目如何办理工程竣工结算？依据是什么？

参考文献

1. 建设工程工程量清单计价规范 GB 50500—2003. 北京：中国计划出版社，2008 年
2. 建筑工程建筑面积计算规范 GB/T 50353—2005. 北京：中国建筑工业出版社，2005 年
3. 王武齐. 建筑工程工程量清单计价实用手册. 北京：中国电力出版社，2005 年
4. 王武齐. 建筑装饰工程预算. 北京：中国建筑工业出版社，2004 年
5. 建筑安装工程费用项目组成（建标［2003］206 号文）建设部颁发
6. 建设工程价款结算暂行办法（财建［2004］369 号文）建设部，财政部联合颁发